普通高等教育"十四五"规划教材

无机化学学习指导

主　编　韩义德　张　霞
副主编　桑晓光　王　赟
　　　　孟　皓　吴俊标

北　京
冶金工业出版社
2024

内 容 提 要

本书分为 16 章，包括物质的聚集状态，化学热力学基础，化学反应速率，酸碱平衡，沉淀-溶解平衡，氧化还原平衡，原子结构，分子结构，晶体结构，配位化学基础，氢和稀有气体，碱金属和碱土金属，硼族、碳族和氮族元素，氧族元素和卤素，过渡元素，镧系元素与锕系元素等内容。本书为《无机化学》（第 3 版）配套教材。

本书可供高等学校化学专业师生和化学化工行业从业人员阅读。

图书在版编目（CIP）数据

无机化学学习指导/韩义德，张霞主编. —北京：冶金工业出版社，2022.8（2024.8 重印）

普通高等教育"十四五"规划教材

ISBN 978-7-5024-9152-9

Ⅰ. ①无…　Ⅱ. ①韩…　②张…　Ⅲ. ①无机化学—高等学校—教学参考资料　Ⅳ. ①O61

中国版本图书馆 CIP 数据核字（2022）第 077384 号

无机化学学习指导

出版发行	冶金工业出版社	电　话	(010)64027926
地　址	北京市东城区嵩祝院北巷 39 号	邮　编	100009
网　址	www. mip1953. com	电子信箱	service@ mip1953. com

责任编辑　曾　媛　美术编辑　彭子赫　版式设计　郑小利
责任校对　王永欣　责任印制　禹　蕊

三河市双峰印刷装订有限公司印刷

2022 年 8 月第 1 版，2024 年 8 月第 3 次印刷

787mm×1092mm　1/16；15.5 印张；373 千字；238 页

定价 45.00 元

投稿电话　(010)64027932　投稿信箱　tougao@cnmip. com. cn
营销中心电话　(010)64044283
冶金工业出版社天猫旗舰店　yjgycbs. tmall. com

（本书如有印装质量问题，本社营销中心负责退换）

前　言

　　本书是与无机化学教学同步配合的学习指导书，其宗旨是帮助读者了解无机化学教学的学习重点，深刻理解无机化学的基础知识和基本原理，牢固掌握无机化学反应的基本规律，灵活运用所学知识解决相关问题，培养正确的思维方式，提高自身的学习能力。

　　本书共分为16章，内容包括物质的聚集状态、化学热力学基础、化学反应速率、酸碱平衡、沉淀-溶解平衡、氧化还原平衡、原子结构、分子结构、晶体结构、配位化学基础以及主族元素、副族元素等。各章设有知识概要、重点和难点、典型例题、课后习题及解答等。

　　参加本书编写工作的有韩义德、张霞、桑晓光、王赟、孟皓、吴俊标，全书由韩义德、张霞统稿。

　　本书是《无机化学》（第3版）（张霞、韩义德主编，冶金工业出版社，2022）的配套教材，可作为高等院校化学、化工、冶金、环境、生物、材料和医药等专业学生学习无机化学的辅助教材和教师教学参考书，也可供考研应试者或相关行业技术人员阅读。

　　由于编者水平有限及编写时间仓促，不足之处在所难免，恳请读者批评指正。

编　者

2022 年 5 月

目　　录

1 物质的聚集状态

1.1 知 识 概 要

本章主要内容涉及两个部分：

（1）气体的性质：主要包括理想气体状态方程、道尔顿分压定律、真实气体与理想气体的差异及产生的原因。

（2）溶液的性质：溶液的饱和蒸气压、稀溶液的依数性（蒸气压下降、沸点上升、凝固点下降、渗透压）；浓溶液、电解质溶液的性质。

1.2 重点、难点

1.2.1 气体

1.2.1.1 理想气体

（1）理想气体状态方程式为：

$$pV = nRT \tag{1-1}$$

已知在 273.15K、101.3kPa 条件下（理想气体标准状况），1mol 任何气体的体积为 22.4L。将上述数值代入式（1-1）可以计算得到 R 的数值为 8.314J/(mol·K)。注意：在国际单位制中，p、V、T 的单位分别为 Pa、m^3 和 K，R 的数值和单位随着各物理量单位的不同而改变。

（2）道尔顿分压定律：混合气体的总压等于各组分气体的分压之和，即：

$$p_{总} = p_a + p_b + \cdots + p_i \tag{1-2}$$

（3）分压强（p_i）：在相同温度下，组分气体单独占有与混合气体相同体积时所产生的压强。

（4）分体积（V_i）：组分气体与混合气体具有相同的温度、压强时所占有的体积。

1.2.1.2 真实气体

真实气体的状态方程为：

$$\left(p + \frac{n^2 a}{V^2}\right)(V - nb) = nRT \tag{1-3}$$

式中，a 和 b 称为范德华常数。

1.2.2 溶液性质

1.2.2.1 溶液浓度的表示方法

$$物质的量浓度(M) = \frac{溶质的物质的量}{溶液的体积} \tag{1-4}$$

$$摩尔分数(X_i) = \frac{组分\ i\ 的物质的量}{所有组分总的物质的量} \tag{1-5}$$

$$质量分数 = \frac{溶质质量}{溶液总质量} \times 100\% \tag{1-6}$$

$$质量摩尔浓度(m) = \frac{溶质的物质的量}{溶剂的质量} \times 100\% \tag{1-7}$$

1.2.2.2　液体的饱和蒸气压

如果把一部分液体（如水）置于密闭的容器中，液面上那些能量较大的分子就会克服液体分子间的引力从表面逸出，成为蒸气分子（蒸发过程）。与此同时，某些蒸发出来的蒸气分子在液面上的空间不断运动时可能撞到液面，为液体分子所俘获而重新进入液体中（凝聚过程）。在一定的温度下，蒸发刚开始时，蒸气分子不多，蒸发的速率远大于凝聚的速率。随着蒸发的进行，蒸气分子逐渐增多，凝聚的速率也就随之增大。当凝聚的速率和蒸发的速率达到相等时，液体和它的蒸气就处于平衡状态。此时，蒸气所具有的压强称作该温度下液体的饱和蒸气压，简称蒸气压。

1.2.2.3　稀溶液的依数性

每种溶液都有自己的特性，但有几种性质是一般稀溶液所共有，如蒸气压下降、沸点升高、凝固点降低，在不同浓度的溶液之间以及溶液与溶剂之间产生渗透压等性质。这些性质主要决定于溶质的粒子的数目，而与溶液的化学组成无关，因此被称为稀溶液的依数性。

（1）溶液的蒸气压下降。拉乌尔定律：在一定温度下，难挥发非电解质的稀溶液蒸气压下降值（Δp）与溶质的物质的量分数成正比，其数学表达式为：

$$\Delta p = \frac{n(B)}{n} \times p(A) \tag{1-8}$$

式中，$n(B)$ 为溶质 B 的物质的量；$n(B)/n$ 为溶质 B 的物质的量分数；n 为溶液的物质的量；$p(A)$ 为纯溶剂的蒸气压。

（2）溶液的沸点上升和凝固点下降。对于难挥发的非电解质稀溶液，其沸点上升 ΔT_b 和凝固点下降 ΔT_f 与溶液的质量摩尔浓度 m（即在 1kg 溶剂中所含溶质的物质的量）成正比，可用下列数学式表示：

$$\Delta T_b = k_b \cdot m \tag{1-9}$$

$$\Delta T_f = k_f \cdot m \tag{1-10}$$

式中，k_b 和 k_f 分别为溶剂的摩尔沸点上升常数和溶剂的摩尔凝固点下降常数，单位为 K·kg/mol。

（3）渗透压计算公式如下：

$$\pi V = nRT \quad 或 \quad \pi = cRT \tag{1-11}$$

式中，π 为渗透压，Pa；n 为溶质的物质的量，mol；c 为溶质的物质的量浓度，mol/L；T 为热力学温度，K；V 为溶液体积，L。这里需要注意 R 的取值和单位。

1.3　典　型　例　题

【例 1-1】　容积为 23.4L 的氧气罐安装了在 24.3×10^5 Pa 下能自动打开的安全阀，冬季时曾灌入 700g 氧气。夏天某天阀门突然自动打开了，试问该天气温达到多少摄氏度？

解：根据理想气体状态方程：

$$pV = nRT$$

$$T = \frac{pV}{nR} = \frac{MpV}{mR} = \frac{32 \times 24.3 \times 10^5 \times 23.4 \times 10^{-3}}{700 \times 8.314} = 313K = 40℃$$

【例 1-2】 冬季草原上的空气主要含氮气（N_2）、氧气（O_2）和氩气（Ar）。在 9.7×10^4Pa 及 -22℃下收集的一份空气试样，经测定其中氮气、氧气和氩气的体积分数依次为 0.78、0.21 和 0.01。求收集试样时各气体的分压。

解：根据道尔顿分压定律：

$$p_i = \frac{n_i}{n}p = \frac{V_i}{V}p$$

$$p(N_2) = 0.78p = 0.78 \times 9.7 \times 10^4 = 7.57 \times 10^4 Pa$$

$$p(O_2) = 0.21p = 0.21 \times 9.7 \times 10^4 = 2.04 \times 10^4 Pa$$

$$p(Ar) = 0.01p = 0.01 \times 9.7 \times 10^4 = 9.7 \times 10^2 Pa$$

【例 1-3】 已知一种液体的凝固点是 -0.50℃，求其沸点及此溶液在 0℃时的渗透压。（已知，水的 k_b 和 k_f 分别为 0.515K·kg/mol 和 1.853K·kg/mol）

解：稀溶液的四个依数性是通过溶液的质量摩尔浓度相互关联的，即：

$$m = \frac{\Delta p}{k} = \frac{\Delta T_b}{k_b} = \frac{\Delta T_f}{k_f} \approx \frac{\pi}{RT}$$

因此，只要知道四个依数性中的任何一个，即可通过 m 计算其他三个依数性。

$$\Delta T_f = k_f \cdot m$$

$$m = \frac{\Delta T_f}{k_f} = \frac{0.50}{1.853} = 0.270 mol/kg$$

$$\Delta T_b = k_b \cdot m = 0.515 \times 0.270 = 0.139K$$

故其沸点为：　　　　　　　$100 + 0.139 = 100.139℃$

近似认为 0℃时该水溶液密度为 1g/L=1kg/m^3，故：

$$c = m\rho = 0.270 mol/m^3$$

0℃时的渗透压为：

$$\pi \approx cRT = 0.270 \times 8.314 \times 273.15 = 613kPa$$

1.4 课后习题及解答

1-1 简述水中加入乙二醇可以防冻的原理。

答案：乙二醇沸点高（197℃），挥发性小，水中加入乙二醇后，溶液的蒸气压下降，从而使溶液的凝固点下降，达到防止结冰的目的。

【解析】考察稀溶液的依数性。

1-2 什么是渗透，什么是渗透压？简述反渗透现象。

答案：溶剂（水）分子通过半透膜，由纯溶剂进入溶液（或从稀溶液向浓溶液）的自发过程称为渗透。

渗透压是指维持被半透膜所隔开的溶液与纯溶剂之间的渗透平衡所需要的额外压力。

如果外加在溶液上的压力超过了渗透压，则反而使溶液中的溶剂向纯溶剂方向流动，这种使渗透作用逆向进行的过程称为反渗透。

【解析】考察渗透、渗透压和反渗透定义。

1-3　试以渗透现象解释盐碱土地上栽种植物难以生长的原因。

答案：由于土壤盐分的增加，使土壤溶液浓度增加，导致土壤溶液渗透压不断升高，植物从土壤中吸收水分能力下降，表现为缺水。当土壤溶液的渗透压大于植物细胞内渗透压时，植物就不能吸收土壤中的水分，发生"生理干旱"而死亡。

【解析】考察渗透现象。

1-4　为什么食盐和冰的混合物可以作为制冷剂？

答案：食盐属于难挥发物质，食盐溶解在冰表面的水中成为溶液，溶液的蒸气压低于冰的蒸气压力，冰就融化。冰融化时要吸收热，使周围物质的温度降低。

【解析】考察稀溶液的依数性。

1-5　$CaCl_2$、P_2O_5作为干燥剂使用的原理。

答案：干燥剂 $CaCl_2$、P_2O_5能使表面形成的溶液的蒸气压显著下降，当低于空气中水蒸气的分压时，空气中的水蒸气可不断凝聚进入干燥剂，并形成结晶水合物 $CaCl_2 \cdot 6H_2O$ 和相应酸物质 H_3PO_4。

【解析】考察稀溶液的依数性。

1-6　选择题：

（1）下列各物质的溶液浓度均为 0.01mol/kg，它们的渗透压递减的顺序是（　　）。

A. $HAc > C_6H_{12}O_6 > NaCl > CaCl_2$　　　B. $C_6H_{12}O_6 > NaCl > CaCl_2 > HAc$

C. $CaCl_2 > NaCl > HAc > C_6H_{12}O_6$　　　D. $CaCl_2 > HAc > C_6H_{12}O_6 > NaCl$

答案：C

【解析】渗透压是维持被半透膜所隔开的溶液与纯溶剂之间的渗透平衡所需要的额外压力。难挥发的非电解质稀溶液，渗透压与溶液的浓度及绝对温度成正比。电解质溶于水，其质点数因电离而增加，所以渗透压数值也会增大。

（2）0.58% NaCl 溶液产生的渗透压与下列溶液渗透压较接近的是（　　）。

A. 0.1mol/L 蔗糖溶液　　　　　　　B. 0.2mol/L 葡萄糖溶液

C. 0.1mol/L 葡萄糖溶液　　　　　　D. 0.1mol/L $BaCl_2$ 溶液

答案：B

【解析】溶液的渗透压与溶质的物质的量浓度成正比，比较两种溶液的渗透压大小，可直接比较两种溶液中质点的浓度大小。

$$c = \frac{n}{V} = \frac{m}{MV} = \frac{100 \times 0.58\%}{58.5 \times 0.1} \approx 0.1 \text{mol/L}$$

根据计算 100g 0.58% NaCl 溶液的物质的量浓度约为 0.1mol/L，由于溶液中有 94% 的 NaCl 电离成 Na^+ 与 Cl^-，故 0.58% NaCl 溶液产生的渗透压与 0.2mol/L 葡萄糖溶液较接近。

（3）在一定温度下，某容器中含有相同质量的 $H_2(g)$、$O_2(g)$、$N_2(g)$ 及 $He(g)$ 的混合气体，混合气体中分压最小的是（　　）。

A. $H_2(g)$　　　　B. $O_2(g)$　　　　C. $N_2(g)$　　　　D. $He(g)$

答案：B

【解析】根据道尔顿分压定律，在相同温度下，同一容器中的混合气体，某组分气体的分压，正比于该气体的物质的量。在质量相同条件下，摩尔质量大的气体，物质的量小。所以，O_2 摩尔质量在四种气体中最大，故物质的量最小、分压最小。

（4）27℃、101kPa 的 O_2 恰好和 4.0L、27℃、50.5kPa 的 NO 反应生成 NO_2，则 O_2 的体积为（　　）。

A. 1.0L　　　　B. 3.0L　　　　C. 0.75L　　　　D. 0.20L

答案：A

【解析】两种气体发生反应，方程式为：$O_2 + 2NO \longrightarrow 2NO_2$

根据理想气体状态方程：$pV=nRT$，而且从题目可知 O_2 恰好和 NO 完全反应，可以推导出：

$$\frac{p(O_2) \cdot V(O_2)}{p(NO) \cdot V(NO)} = \frac{n(O_2)}{n(NO)} = \frac{1}{2}$$

$$V(O_2) = \frac{1}{2} \times \frac{p(NO) \cdot V(NO)}{p(O_2)} = \frac{50.5 \times 4.0}{2 \times 101} = 1.0L$$

（5）1000℃、98.7kPa 时硫蒸气密度为 0.5977g/L，则硫的分子式为（　　）。

A. S　　　　B. S_8　　　　C. S_4　　　　D. S_2

答案：D

【解析】根据理想气体状态方程：$pV=nRT$，再将 $n=m/M$ 代入可得：

$$M = \frac{mRT}{pV} = \frac{\rho RT}{p} = \frac{0.5977 \times 8.3144 \times 1273.15}{98.7} = 64g/mol$$

则分子式中 S 原子个数为 64/32=2，所以硫的分子式为 S_2。

（6）某容器含有 2.016g 的 H_2 和 16.00g 的 O_2，则 H_2 的分压是总压的（　　）。

A. $\frac{1}{8}$　　　　B. $\frac{1}{16}$　　　　C. $\frac{1}{4}$　　　　D. $\frac{2}{3}$

答案：D

【解析】根据气体分压定律：

$$\frac{p(H_2)}{p} = \frac{n(H_2)}{n} = \frac{n(H_2)}{n(H_2) + n(O_2)} = \frac{\dfrac{m(H_2)}{M(H_2)}}{\dfrac{m(H_2)}{M(H_2)} + \dfrac{m(O_2)}{M(O_2)}} = \frac{\dfrac{2.016}{2.016}}{\dfrac{2.016}{2.016} + \dfrac{16.00}{32.00}} = \frac{2}{3}$$

（7）在 298K 和 101kPa 时，已知丁烷气中含有 1%（质量）的硫化氢，则 H_2S 的分压为（　　）。

A. 99.3kPa　　　　　B. 1.71kPa　　　　　C. 0.293kPa　　　　　D. 17.0kPa

答案：B

【解析】根据气体分压定律：

$$\frac{p(H_2S)}{p} = \frac{n(H_2S)}{n}$$

$$p(H_2S) = \frac{n(H_2S)}{n} \cdot p = \frac{n(H_2S)}{n(H_2S) + n(C_4H_{10})} \cdot p = \frac{\dfrac{m(H_2S)}{M(H_2S)}}{\dfrac{m(H_2S)}{M(H_2S)} + \dfrac{m(C_4H_{10})}{M(C_4H_{10})}} \cdot p$$

$$= \frac{\dfrac{1\%}{34}}{\dfrac{1\%}{34} + \dfrac{100\% - 1\%}{58}} \times 101 = 1.71kPa$$

1-7 将下列水溶液按其凝固点的高低顺序排列：

(1) 0.1mol/kg $C_6H_{12}O_6$；(2) 1mol/kg $C_6H_{12}O_6$；

(3) 1mol/kg H_2SO_4；(4) 0.1mol/kg CH_3COOH；

(5) 0.1mol/kg $CaCl_2$ (6) 1mol/kg NaCl；

(7) 0.1mol/kg NaCl。

答案：凝固点从高到低顺序：(1) (4) (7) (5) (2) (6) (3)

【解析】对于难挥发的非电解质稀溶液，其凝固点下降 ΔT_f 与溶液的质量摩尔浓度 m（即在1kg溶剂中所含溶质的物质的量）成正比；对于电解质稀溶液，m 是溶液中所有溶质含有离子的质量摩尔浓度。

$C_6H_{12}O_6$ 为非电解质，CH_3COOH 为弱电解质，H_2SO_4、$CaCl_2$ 和 NaCl 为强电解质。7种溶液中质点数从大到小的顺序是 (3) (6) (2) (5) (7) (4) (1)。

因此，上述溶液凝固点下降 ΔT_f 从小到大的顺序是 (1) (4) (7) (5) (2) (6) (3)。ΔT_f 越小，凝固点越高。所以，凝固点从高到低的顺序为 (3) (6) (2) (5) (7) (4) (1)。

1-8 已知20℃时水的蒸气压为2333Pa，将17.1g某易溶难挥发非电解质溶于100g水中，溶液的蒸气压为2312Pa，试计算该物质的摩尔质量。

解：根据拉乌尔（Raoult）公式：

$$\Delta p = \frac{n(B)}{n} \times p(A)$$

对于只有一种难挥发非电解质的稀溶液，可以推得：

$$p = x(A) \times p(A)$$

上式表明，在一定温度下，难挥发非电解质稀溶液的蒸气压（p）等于纯溶剂的蒸气压与溶剂的物质的量分数 x 的乘积。

$$x(A) = \frac{\dfrac{m(A)}{M(A)}}{\dfrac{m(A)}{M(A)} + \dfrac{m(B)}{M(B)}} = \frac{p}{p(A)}$$

$$\frac{\dfrac{100}{18}}{\dfrac{100}{18}+\dfrac{17.1}{M(B)}}=\frac{2312}{2333}$$

$$M(B)=338.9\text{g/mol}$$

1-9 取 2.50g 葡萄糖（相对分子质量 180）溶解在 100g 乙醇中，乙醇的沸点升高了 0.143℃，而某有机物 2.00g 溶于 100g 乙醇中，沸点升高了 0.125℃，已知乙醇的 $K_f=1.86\text{K}\cdot\text{kg/mol}$，密度 $\rho=0.789\text{g/cm}^3$（20℃），求：

（1）该有机物的乙醇溶液 ΔT_f 是多少？

（2）在 20℃时，该有机物乙醇溶液的渗透压是多少？

解：

（1）对于难挥发的非电解质稀溶液，其沸点上升 ΔT_b 和凝固点下降 ΔT_f 与溶液的质量摩尔浓度 m（即在 1kg 溶剂中所含溶质的物质的量）成正比，可用下列数学式表示：

$$\Delta T_b=k_b\cdot m$$
$$\Delta T_f=k_f\cdot m$$

式中，k_b 和 k_f 分别为溶剂的摩尔沸点上升常数和溶剂的摩尔凝固点下降常数，单位为 $\text{K}\cdot\text{kg/mol}$。

按照公式，首先根据葡萄糖乙醇溶液沸点升高的数据计算出乙醇的摩尔沸点上升常数 k_b。

$$k_b=\frac{\Delta T_b}{m}=\frac{0.143}{\dfrac{2.50}{180\times0.1}}=1.0296\text{K}\cdot\text{kg/mol}$$

然后根据某有机物乙醇溶液沸点升高的参数，可计算凝固点下降 ΔT_f。

$$\Delta T_f=k_f\cdot m=k_f\cdot\frac{\Delta T_b}{k_b}=1.86\times\frac{0.125}{1.0296}=0.2258\text{K}$$

（2）
$$\Delta T_b=k_b\cdot m$$

$$m=\frac{\Delta T_b}{k_b}=\frac{0.125}{1.0296}=\frac{n(B)}{0.1}$$

$$n(B)=0.0121\text{mol}$$

$$\pi=cRT=\frac{n(B)RT}{V}=\frac{n(B)RT\rho}{m(A)+m(B)}=\frac{0.0121\times8.314\times293.15\times0.789\times10^6}{2+100}=228\text{kPa}$$

1-10 海水中盐的总浓度约为 0.60mol/L（质量分数约为 3.5%）。若以 NaCl 计算，试估算海水开始结冰的温度和沸腾的温度，以及在 25℃时用反渗透法提取纯水所需要的最低压强（设海水中盐的总浓度若以质量摩尔浓度 m 表示时可近似为 0.60mol/kg）。

解： 查表可得水的 $k_b=0.515\text{K}\cdot\text{kg/mol}$，$k_f=1.853\text{K}\cdot\text{kg/mol}$，以 NaCl 计算，溶液中钠离子和氯离子的质量摩尔浓度和 m 为 1.20mol/kg，$\Delta T_f=k_f\cdot m=1.853\times1.2=2.22℃$。

海水开始结冰的温度为：

$$T_f=0-2.22=-2.22℃$$

$$\Delta T_b = k_b \cdot m = 0.515 \times 1.2 = 0.618℃$$

海水开始沸腾的温度为：

$$T_f = 100 + 0.618 = 100.618℃$$

在 25℃时用反渗透法提取纯水所需要的最低压强为：

$$\pi = cRT = 1.2 \times 10^3 \times 8.314 \times 298.15 = 2974kPa$$

1-11 Dalton 分压定律的内容是什么？对理想气体来说，某一组分气体的分压定义是什么？

答案：（1）混合气体的总压等于各组分气体的分压之和。

（2）在相同温度下，组分气体单独占有与混合气体相同体积时所产生的压强。

【解析】 考察 Dalton 分压定律及分压定义。

1-12 在实验室中用排水取气法收集氢气，在 20℃、100.5kPa 下，收集了 370mL 的气体。试求：（1）该温度时气体中氢气的分压及氢气的物质的量；（2）若在收集氢气之前，集气瓶中已有氮气 20mL，收集气体的总体积为 390mL，问此时收集的氢气的分压是多少？氢气的物质的量又是多少？（已知 20℃时水的饱和蒸气压为 2338Pa）

解：

（1）根据气体分压定律：

$$p = p(H_2) + p(H_2O)$$
$$p(H_2) = p - p(H_2O) = 100.5 - 2.338 = 98.162kPa$$

根据理想气体状态方程：

$$pV = nRT$$

$$n(H_2) = \frac{p(H_2)V}{RT} = \frac{98.162 \times 10^3 \times 370 \times 10^{-6}}{8.314 \times 293.15} = 0.0149mol$$

（2）收集气体前后，系统中的 $n(N_2)$、$p(H_2O)$、p、T 不变，则：

$$n(N_2) = \frac{p(N_2) \cdot V(N_2)}{RT} = \frac{(100.5 - 2.338) \times 10^3 \times 20 \times 10^{-6}}{8.314 \times 293.15} = 8.06 \times 10^{-4}mol$$

收集后，混合气体中 H_2 与 N_2 分压之和为：

$$p'(H_2) + p(N_2) = p - p(H_2O) = 100.5 - 2.338 = 98.162kPa$$

$$n'(H_2) + n(N_2) = \frac{[p'(H_2) + p(N_2)] \cdot V(N_2)}{RT} = \frac{98.162 \times 10^3 \times 390 \times 10^{-6}}{8.314 \times 293.15} = 0.0157mol$$

$$n'(H_2) = 0.0157 - 8.06 \times 10^{-4} = 0.0149mol$$

$$p'(H_2) = \frac{n'(H_2)}{n'(H_2) + n(N_2)}[p'(H_2) + p(N_2)] = \frac{0.0149}{0.0157} \times 98.162 = 93.16kPa$$

1-13 在 273.15K、101kPa 下，某混合气体中含有 80.0%的 CO_2 和 20.0%的 CO（按质量计）。问 100mL 该混合气体的质量是多少？二者的分压各是多少？它们的分体积各是多少？

解： 根据理想气体状态方程：

$$pV = nRT$$

$$n = \frac{pV}{RT} = \frac{101 \times 10^3 \times 100 \times 10^{-6}}{8.314 \times 273.15} = 0.00445 \text{mol}$$

设混合气体质量为 mg，则：

$$n = n(CO_2) + n(CO) = \frac{80\%m}{44} + \frac{20\%m}{28} = 0.00445\text{mol}$$

$$m = 0.176\text{g}$$

$$\frac{n(CO_2)}{n(CO)} = \frac{\frac{80\%m}{44}}{\frac{20\%m}{28}} = \frac{28}{11}$$

根据气体分压定律：

$$p_i = \frac{n_i}{n}p$$

$$p(CO_2) = \frac{28}{28+11} \times 101 = 72.51\text{kPa}$$

$$p(CO) = \frac{11}{28+11} \times 101 = 28.48\text{kPa}$$

根据气体分体积定律：

$$V_i = \frac{n_i}{n}V$$

$$V(CO_2) = \frac{28}{28+11} \times 100 = 71.79\text{mL}$$

$$V(CO) = \frac{11}{28+11} \times 100 = 28.21\text{mL}$$

1-14 在体积为50L的容器中，含有140g CO 和20g H_2，温度为300K，试求：
（1）CO 和 H_2 的分压；
（2）混合气体的总压。

解：（1）根据理想气体状态方程：

$$pV = nRT$$

$$p(CO) = \frac{n(CO)RT}{V} = \frac{\frac{140}{28} \times 8.314 \times 300}{50 \times 10^{-3}} = 249.4\text{kPa}$$

$$p(H_2) = \frac{n(H_2)RT}{V} = \frac{\frac{20}{2} \times 8.314 \times 300}{50 \times 10^{-3}} = 498.8\text{kPa}$$

（2）混合气体的总压为：

$$p = p(CO) + p(H_2) = 249.4 + 498.8 = 748.2\text{kPa}$$

1-15 下图为一带隔板的容器，两侧氧气和氮气的 T、p 相同，试分析：
（1）隔板两边的气体的物质的量是否相等？

（2）如将隔板抽掉（忽略隔板体积），保持温度不变，p 是否会改变，各物质的量是否会改变？

O$_2$ 2L （T、p）	N$_2$ 2L （T、p）

解：（1）根据 $pV = nRT$，当两种气体的 p、V、T 完全相同时，n 必然相等。

（2）隔板抽掉后，由于没有额外加入此两种气体，所以两种气体的物质的量不会发生改变。而两种气体自身体积扩大一半，所以分压变为原来的一半，即 $p(O_2) = p(N_2) = 0.5p$，而系统的总压与原来的压强一致，即 $p_总 = p$。

1-16   两个容积均为 V 的玻璃球泡之间用细管连接，泡内密封着标准状态下的空气。若将其中一个球加热到 100℃，另一个球维持 0℃，忽略连接管中空气的体积，试求容器内空气的压强。

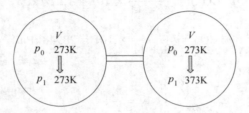

解：设标准状态下压强为 p_0，温度为 T_0，每个玻璃球内气体摩尔数为 n_0。加热后压强为 p_1，100℃气体温度为 T_1，物质的量为 n_1，0℃气体物质的量为 n_2。

标准状态下： $p_0 V = n_0 R T_0$

100℃： $p_1 V = n_1 R T_1$

0℃： $p_1 V = n_2 R T_0$

由此可得 $n_1 T_1 = n_2 T_0$，而且 $n_1 + n_2 = 2n_0$，故：

$$n_2 = \frac{2n_0 T_1}{T_0 + T_1}$$

$$p_1 = \frac{n_2}{n_0} p_0 = \frac{2T_1}{T_1 + T_0} p_0 = \frac{2 \times 373}{273 + 373} p_0 = 1.15 p_0$$

故该容器内为 1.15 个标准大气压。

1-17   已知 CO 与 H$_2$ 的混合气体总压为 3.56×10^4 kPa，其中 CO 的物质的量分数为 0.25，试求 CO 与 H$_2$ 的分压各为多少 kPa？

解：根据气体分压定律：

$$p_i = \frac{n_i}{n} p$$

$$p(CO) = \frac{n(CO)}{n} p = 0.25 \times 3.56 \times 10^4 = 8.9 \times 10^3 \text{kPa}$$

$$p(H_2) = \frac{n(H_2)}{n} p = (1 - 0.25) \times 3.56 \times 10^4 = 2.67 \times 10^4 \text{kPa}$$

1-18　氯乙烯、氯化氢及乙烯构成的混合气体中，各组分的摩尔分数分别为 0.89、0.09 和 0.02。于恒定压力 101.325kPa 下，用水吸收其中氯化氢，所得混合气体中增加了分压为 2.670kPa 的水蒸气，试求此时混合气体中氯乙烯及乙烯的分压。

解：洗涤后，氯乙烯和乙烯的压力和为：

$$p = p(C_2H_3Cl) + p(C_2H_4) = 101.325 - 2.670 = 98.655kPa$$

$$p(C_2H_3Cl) = \frac{n(C_2H_3Cl)}{n(C_2H_3Cl) + n(C_2H_4)}p = \frac{0.89}{0.89 + 0.02} \times 98.655 = 96.487kPa$$

$$p(C_2H_4) = p - p(C_2H_3Cl) = 98.655 - 96.487 = 2.168kPa$$

1-19　氧气钢瓶的容积为 40.0L，压强为 1.01MPa，室温 27℃，求钢瓶内尚有氧气的质量是多少克？

解：根据理想气体状态方程：

$$pV = nRT$$

$$n = \frac{pV}{RT} = \frac{1.01 \times 10^6 \times 40.0 \times 10^{-3}}{8.314 \times 300.15} = 16.2mol$$

$$m = nM = 16.2 \times 32 = 518.4g$$

1-20　某气体化合物是氮的氧化物，其中含氮的质量分数为 30.5%。今有一容器中装有该氮氧化物 4.107g，其体积为 0.500L，压强为 202.7kPa，温度为 0℃。试求：

（1）在压强为 101.325kPa 状态下，该气体的密度是多少？

（2）它的相对分子质量是多少？

（3）它的化学式。

解：

（1）该气体在标准状态下的体积为：

$$p_1V_1 = p_2V_2$$

$$V_2 = \frac{p_1V_1}{p_2} = \frac{202.7 \times 0.5}{101.325} = 1L$$

故

$$\rho = \frac{m}{V} = \frac{4.107}{1} = 4.107g/L$$

（2）根据理想气体状态方程：

$$pV = nRT$$

$$n = \frac{pV}{RT} = \frac{202.7 \times 10^3 \times 0.5 \times 10^{-3}}{8.314 \times 273.15} = 0.0446mol$$

$$M = \frac{m}{n} = \frac{4.107}{0.0446} = 92g/mol$$

（3）设该气体的分子式为 N_xO_y，所以 $14x + 16y = 92$。

$$x = \frac{92 \times 30.5\%}{14} = 2$$

$$y = 4$$

该气体的分子式为 N_2O_4。

2 化学热力学基础

2.1 知 识 概 要

本章主要内容涉及四个部分：

（1）热力学第一定律。

（2）化学反应的热效应：恒容反应热、恒压反应热和焓、热化学方程、盖斯定律、标准摩尔生成焓和标准摩尔燃烧焓。

（3）化学反应的方向：化学反应的自发性、熵和熵变、熵增原理——热力学第二定律、吉布斯自由能和化学反应自发过程的判断。

（4）化学反应平衡：化学平衡状态、经验平衡常数、标准平衡常数、化学反应等温方程式。

2.2 重点、难点

2.2.1 热力学基本术语

2.2.1.1 系统与环境

热力学把被研究的对象称为系统，系统以外与系统密切联系的部分称为环境。

（1）敞开系统：系统与环境之间既有物质交换又有能量交换。

（2）封闭系统：系统与环境之间只有能量交换而没有物质交换。

（3）孤立系统：系统与环境之间既没有物质交换也没有能量交换。

2.2.1.2 状态和状态函数

系统的性质（如温度、压强、体积、质量等）总和决定了系统的状态。系统的性质一定时，系统的状态也就确定了，与系统到达该状态前的经历无关。若系统中某一性质改变了，系统的状态也就必然改变。通常把这些用来描述系统状态性质的函数称为状态函数。描述系统状态的状态函数有两种性质：

（1）强度性质：这种性质的数值与系统内物质的数量无关，不具有加和性。例如，温度、密度都属于强度性质。

（2）广度性质：这种性质的数值与系统内物质的数量成正比，具有加和性。例如，质量、体积都属于广度性质。

2.2.1.3 过程和途径

处于热力学平衡态的系统，当状态函数改变时，系统的状态就会发生改变。我们常常定义系统的起始状态为始态，发生变化的状态为终态，系统从始态到终态的变化，称为过程。实现过程所经历的具体步骤为途径。

常见的热力学过程有以下几种：

（1）等压过程：系统在整个变化过程中压强始终保持恒定。

（2）等容过程：系统在整个变化过程中体积始终保持恒定。

（3）等温过程：系统的终态温度等于始态温度。

与等压、等容过程不同，等温过程中温度可能发生变化，但只要终态温度回到始态温度，则认为是等温过程。与等温过程相区别，对于系统变化过程中温度始终保持恒定的过程，称之为恒温过程。

2.2.1.4　热力学能

热力学能又称为内能，是系统内部能量的总和，用符号 U 表示，单位为 kJ/mol。热力学能包括了系统内分子的平动能、转动能、振动能、电子运动能量、原子核内能量以及分子与分子之间相互作用能等。内能是系统的状态函数。

2.2.1.5　热与功

热和功是系统的状态变化时与环境交换能量的两种不同形式。热是由于温度的不同，在系统与环境之间交换的能量，用符号 Q 表示，单位为 J（或 kJ）。通常规定：系统从环境吸收热量 Q 为正值，系统放出热量 Q 为负值。系统与环境之间除了热，以其他形式交换的能量统称为功，用符号 W 表示。通常规定：系统对环境做功 W 为负值，环境对系统做功 W 为正值。

功有多种形式，可分为体积功和非体积功。体积功是指系统与环境之间因体积变化所做的功；非体积功是指除体积功之外，系统与环境之间以其他形式所做的功。本章只讨论体积功。

系统反抗恒外压 $p_{外}$ 对环境所做的功，可以用下式进行计算：

$$W = - p_{外} \times \Delta V \quad 或 \quad \delta W = - p_{外} \times dV \tag{2-1}$$

式中，ΔV 为气体体积的变化值。由于化学反应过程一般不做非体积功，对于有气体参与的化学反应，体积功显得尤为重要。

2.2.1.6　化学反应计量式

化学反应计量式与化学反应方程式形式相同，但是化学反应计量式不仅说明了参加反应的物质的种类和生成物质的种类，同时还说明了任一物质 i 的物质的量的变化关系。

2.2.2　热力学第一定律

热力学第一定律的内容就是能量守恒定律：自然界一切物质都具有能量，能量有不同的表现形式，可以从一种形式转化为另一种形式，也可以从一个物体传递给另一个物体，在转化和传递过程中能量的总和不变。

对于一封闭系统，它的内能为 U_1，该系统从环境吸收热量 Q，同时环境对系统做功 W，结果使这个系统从内能为 U_1 的始态变为内能为 U_2 的终态。根据能量守恒定律：

$$\Delta U = U_2 - U_1 = Q + W \tag{2-2}$$

该式为热力学第一定律的数学表达式，即系统内能的变化等于系统从环境吸收的热量加上环境对系统做的功。

2.2.3　化学反应热效应

化学反应伴随的能量变化形式有多种，但通常以热量形式表现出来。化学反应的热效应，简称反应热，是指当系统发生化学变化后，使反应系统的温度回到始态温度，系统放出或吸收的热量。

2.2.3.1　恒容反应热

根据反应过程是恒容还是恒压，热效应又分为恒容热效应（Q_v）和恒压热效应（Q_p）。若反应系统在化学变化过程中，体积始终保持不变，则系统不做体积功，即：$W = 0$。根据热力学第一定律可知：

$$Q_v = \Delta U \tag{2-3}$$

即在恒容条件下，热效应等于系统内能的变化。

2.2.3.2　恒压反应热和焓

只做体积功，在恒压条件下进行的反应，根据热力学第一定律可得：

$$\Delta U = Q + W = Q_p - p\Delta V \tag{2-4}$$

所以

$$Q_p = \Delta U + p\Delta V = (U_2 + pV_2) - (U_1 + pV_1) \tag{2-5}$$

热力学定义这个（$U + pV$）为新的复合函数，称作焓，用符号 H 表示，即：

$$H = U + pV \tag{2-6}$$

ΔH 为焓变，$\Delta H = H_2 - H_1$。

$$Q_p = \Delta H \tag{2-7}$$

在等压变化中，系统的焓变（ΔH）和热力学能变（ΔU）之间的关系式为：

$$\Delta H = \Delta U + p\Delta V \tag{2-8}$$

对于有气体参加的反应，ΔV 值往往较大，应用理想气体状态方程式，可得：

$$\Delta H = \Delta U + p\Delta V = \Delta U + \Delta nRT \tag{2-9}$$

2.2.3.3　热化学方程式

表示化学反应与其热效应之间关系的化学反应方程式，称作热化学方程式。

（1）标明物质的聚集状态。因为物质聚集状态不同，相应的能量也不同。一般用 g、l、s 表示气、液、固三种状态，用 aq 表示水溶液，标注在该物质化学式的后面。此外，如果一种固体物质有几种晶形，则应注明是哪种晶形。

（2）注明反应的温度和压强。如果反应是在 298.15K 和 101.325kPa 下进行的，则按习惯可不注明。

（3）注明各物质前的计量系数。对于热化学方程式，计量系数代表了参加反应的各物质的量。同一反应，反应式系数不同，相应的热效应值也不同。

（4）正、逆反应的热效应绝对值相等，符号相反。

2.2.3.4　盖斯定律

盖斯定律：任何一个化学反应，不管是一步完成的，还是多步完成的，其热效应总是相同的。利用这一定律，可以从已知精确测定的反应热效应来计算难以测量或不能测量的未知反应的热效应。

2.2.3.5 标准摩尔生成焓

标准态下化学反应的焓变即为标准摩尔反应焓变，用符号 $\Delta_r H_m^{\ominus}$ 表示，单位为 kJ/mol，代表按照热化学方程式发生 1mol 反应的焓变。

一定温度、标准态下，由元素纯态单质生成 1mol 物质时，反应的标准摩尔焓变称为该物质的标准摩尔生成焓，用符号 $\Delta_f H_m^{\ominus}$ 表示，单位为 kJ/mol。一般情况下，纯态单质是指在标准态下最稳定的单质形式。

2.2.3.6 标准摩尔燃烧焓

一定温度及标准态下，1mol 物质完全燃烧（或完全氧化）时反应的焓变，称作该物质的标准摩尔燃烧焓，以符号 $\Delta_c H_m^{\ominus}$ 表示，单位为 kJ/mol。

2.2.4 化学反应方向

2.2.4.1 化学反应的自发性

化学反应存在自发过程，化学反应的方向即是反应自发进行的方向。自发反应是在一定温度、压强条件下，不需外界做功，一经引发即自动进行的反应。非自发反应不是不可能进行的反应，但进行的程度小或需要外界做功才能进行。

2.2.4.2 熵和熵变

热力学上用一个新的函数——熵来表示系统的混乱度，或者说系统的熵是系统内物质微观粒子的混乱度或无序度的量度，用符号 S 表示。

热力学第三定律，在绝对零度（0K）时，任何纯净的完美晶态物质都处于完全有序的排列状态，规定此时的熵值为零，即 $S_0 = 0$，这就是热力学第三定律。

将纯净晶态物质从 0K 升高到任一温度 T，此过程的熵变：

$$\Delta S = S_T - S_0 = S_T - 0 = S_T \tag{2-10}$$

S_T 即为物质在 TK 时的规定熵值。在指定温度和标准压强 $p^{\ominus}$ 下，1mol 纯物质的规定熵值称为该物质的标准摩尔熵，符号为 $S_m^{\ominus}(T)$，单位为 J/(mol·K)。有了各种物质的标准摩尔熵 $S_m^{\ominus}$ 的数值后，就可以求得化学反应的标准摩尔熵的变化，即标准摩尔熵变，用符号 $\Delta_r S_m^{\ominus}$ 表示。

对任意化学反应：$aA + bB \longrightarrow dD + eE$，反应的标准熵变与物质的标准摩尔熵的关系为：

$$\Delta_r S_m^{\ominus} = [dS_m^{\ominus}(D) + eS_m^{\ominus}(E)] - [aS_m^{\ominus}(A) + bS_m^{\ominus}(B)] = \sum v_i S_m^{\ominus}(i) \tag{2-11}$$

式中，v_i 为反应式中物质 i 的计量系数。

2.2.4.3 熵增加原理（热力学第二定律）

对于孤立系统来说，推动化学反应自发进行的推动力只有一个，即熵值增加。热力学第二定律的一种表述为：孤立系统的任何自发过程，系统的熵值总是增加，这也是熵增加原理，即：

$$\Delta S_{孤立系统} > 0 \tag{2-12}$$

真正的孤立系统并不存在。如果将系统与环境加在一起，就构成了一个大的孤立系统，其熵变用 $\Delta S_{总}$ 表示，则式（2-12）又可表示为：

$$\Delta S_{总} = \Delta S_{系统} + \Delta S_{环境} > 0 \tag{2-13}$$

式（2-13）可作为化学反应自发性的熵判据。

2.2.4.4 吉布斯自由能和化学反应自发过程的判断

A. 最小自由能原理

定义：$G \equiv H - TS$，G 称为吉布斯自由能。G 与 H、T 和 S 一样，也为状态函数。G 的绝对值无法确定，只能确定变化值。将定义代入公式中，可得：

$$\Delta G < 0 \tag{2-14}$$

这说明在恒温恒压条件下，可以用系统的吉布斯自由能变 ΔG 来判断反应或过程的自发性，即：

$\Delta G < 0$　　正反应是自发的

$\Delta G = 0$　　化学反应达到平衡

$\Delta G > 0$　　逆反应是自发的

在恒温恒压条件下，系统的吉布斯自由能变与焓变和熵变的关系为：

$$\Delta G = \Delta H - T\Delta S \tag{2-15}$$

B. 化学反应标准摩尔吉布斯自由能变计算

一定温度、标准态下，由稳定单质生成 1mol 某物质时的吉布斯自由能变，称为该物质的标准摩尔生成吉布斯自由能，用符号 $\Delta_f G_m^{\ominus}$ 表示，单位为 kJ/mol。稳定单质的标准摩尔生成吉布斯自由能为零。

利用标准摩尔生成吉布斯函数 $\Delta_f G_m^{\ominus}$ 来计算 298.15K 时化学反应的标准摩尔吉布斯自由能变 $\Delta_r G_m^{\ominus}$。对任意化学反应：$a\mathrm{A} + b\mathrm{B} \longrightarrow d\mathrm{D} + e\mathrm{E}$

$$
\begin{aligned}
\Delta_r G_m^{\ominus} &= \left[d\Delta_f G_m^{\ominus}(\mathrm{D}) + e\Delta_f G_m^{\ominus}(\mathrm{E}) \right] - \left[a\Delta_f G_m^{\ominus}(\mathrm{A}) + b\Delta_f G_m^{\ominus}(\mathrm{B}) \right] \\
&= \Sigma v_i \Delta_f G_m^{\ominus}(i)
\end{aligned}
\tag{2-16}
$$

式中，v_i 为反应式中物质 i 的计量系数。

2.2.5 化学反应平衡

2.2.5.1 化学平衡状态

对于任意可逆反应，若在一定条件下在密闭容器内进行，随着反应物不断消耗、生成物不断增加，正反应速率将不断减小、逆反应速率将不断增大。直至反应进行到某一时刻，正反应速率和逆反应速率相等，各反应物、生成物的浓度不再变化，即反应达到了极限状态，这时反应体系所处的状态称为化学平衡状态。

2.2.5.2 经验平衡常数

在一定条件下，任何一个可逆反应都会达到化学平衡状态。此时，反应系统中各物质的浓度（或分压强）保持恒定，生成物与反应物浓度（或分压强）以系数为幂指数的乘积比值为一定值，这就是化学平衡定律，此定值称作经验平衡常数。

对于任意一个可逆反应：　　$a\mathrm{A} + b\mathrm{B} \rightleftharpoons d\mathrm{D} + e\mathrm{E}$

如果为溶液中的反应，在一定温度下达到化学平衡状态就有：

$$K_c = \frac{c^d(\mathrm{D}) \cdot c^e(\mathrm{E})}{c^a(\mathrm{A}) \cdot c^b(\mathrm{B})} \tag{2-17}$$

式中，K_c 为浓度平衡常数。

如果是气相反应，在平衡常数表达式中常用气体的平衡分压代替平衡浓度，此时平衡常数表达式为：

$$K_p = \frac{p^d(D) \cdot p^e(E)}{p^a(A) \cdot p^b(B)} \tag{2-18}$$

式中，K_p 为压强平衡常数。K_c、K_p 通常都是有量纲的（除非表达式中幂指数 $e+d=a+b$）。而且，对于同一个化学反应平衡状态，分别用 K_c、K_p 表示平衡常数数值时，二者数值多不相同。

2.2.5.3 标准平衡常数

化学热力学用标准平衡常数表示可逆反应进行的最大限度。

一定温度下可逆反应：$aA(g)+bB(g) \rightleftharpoons dD(g)$，当反应达到平衡状态时，有如下关系式存在：

$$K^{\ominus} = \frac{\left[\frac{p(D)}{p^{\ominus}}\right]^d}{\left[\frac{p(A)}{p^{\ominus}}\right]^a \left[\frac{p(B)}{p^{\ominus}}\right]^b} \tag{2-19}$$

$K^{\ominus}$ 称为标准平衡常数。关于标准平衡常数 $K^{\ominus}$ 说明如下几点：

（1）$K^{\ominus}$ 是无量纲的物理量。

（2）标准平衡常数表达式与化学反应计量式相对应。同一化学反应以不同的计量式表示时，其 $K^{\ominus}$ 的数值不同。

（3）代入标准平衡常数表达式中的数值为平衡状态下各物质的相对浓度或相对分压。若某物质是气体，则以相对分压来表示；若是溶液中的溶质，则以相对浓度来表示。稀溶液的溶剂、纯固体或纯液体的浓度不出现在 $K^{\ominus}$ 表达式中。

（4）标准平衡常数 $K^{\ominus}$ 的数值与系统的浓度和压强无关，仅是温度的函数。一定温度下，标准平衡常数 $K^{\ominus}$ 数值越大，说明反应正向进行的程度越大。

（5）多重平衡规则。当几个反应式相加或相减得到另一反应式时，其平衡常数等于几个反应的平衡常数的乘积或商。应用多重平衡规则，可以由已知反应的平衡常数计算某个未知反应的平衡常数。

2.2.5.4 化学反应等温方程式

对于任意化学反应：$aA+bB \longrightarrow dD+eE$，根据化学热力学推导可得恒温恒压条件下，反应在任意状态下的 $\Delta_r G_m$ 与标准态下的 $\Delta_r G_m^{\ominus}$ 的关系方程式：

$$\Delta_r G_m = \Delta_r G_m^{\ominus} + RT\ln Q \tag{2-20}$$

式（2-20）称为范德霍夫等温方程式，式中的 Q 为反应商。反应商 Q 的表达式要求与标准平衡常数 $K^{\ominus}$ 相同。若为气相反应，则：

$$Q = \frac{\left[\frac{p(D)}{p^{\ominus}}\right]^d \cdot \left[\frac{p(E)}{p^{\ominus}}\right]^e}{\left[\frac{p(A)}{p^{\ominus}}\right]^a \cdot \left[\frac{p(B)}{p^{\ominus}}\right]^b} \tag{2-21}$$

若为溶液中的反应，则：

$$Q = \frac{\left[\dfrac{c(\mathrm{D})}{c^{\ominus}}\right]^{d} \cdot \left[\dfrac{c(\mathrm{E})}{c^{\ominus}}\right]^{e}}{\left[\dfrac{c(\mathrm{A})}{c^{\ominus}}\right]^{a} \cdot \left[\dfrac{c(\mathrm{B})}{c^{\ominus}}\right]^{b}} \tag{2-22}$$

以上两式中，p 为气体的分压；$p^{\ominus}$ 为标准压强（100kPa）；c 为溶液中溶质的浓度；$c^{\ominus}$ 为标准浓度（1mol/L）。如果一个反应中既有溶液中的溶质又有气体，则气体使用分压、溶质使用浓度进行计算。

根据最小自由能原理，当反应达到平衡状态时，有：$\Delta G = 0$，$Q = K^{\ominus}$。代入上述式中可得：

$$0 = \Delta_{\mathrm{r}}G_{\mathrm{m}}^{\ominus} + RT\ln K^{\ominus}$$

$$\Delta_{\mathrm{r}}G_{\mathrm{m}}^{\ominus} = -RT\ln K^{\ominus} = -2.303RT\lg K^{\ominus} \tag{2-23}$$

$$\lg K^{\ominus} = -\frac{\Delta_{\mathrm{r}}G_{\mathrm{m}}^{\ominus}}{2.303RT} \tag{2-24}$$

式（2-24）可以表明标准平衡常数 $K^{\ominus}$ 与反应的标准吉布斯函数 $\Delta_{\mathrm{r}}G_{\mathrm{m}}^{\ominus}$ 之间的关系。

2.2.5.5　有关平衡常数的计算

A. 判断反应进行的程度

标准平衡常数 $K^{\ominus}$ 的数值大小表明了反应进行的程度。$K^{\ominus}$ 值越大，正反应进行得越完全；$K^{\ominus}$ 值越小，正反应进行得越不完全。

B. 计算平衡组成

如果已知平衡常数，也可根据平衡常数与平衡浓度或分压之间的关系，计算系统中各组分的平衡浓度或平衡分压。

C. 预测反应进行的方向

$$\Delta_{\mathrm{r}}G_{\mathrm{m}} = -RT\ln K^{\ominus} + RT\ln Q = RT\ln\frac{Q}{K^{\ominus}} \tag{2-25}$$

根据判断化学反应自发进行方向的吉布斯自由能判据，可知：

（1）$Q < K^{\ominus}$，$\Delta_{\mathrm{r}}G_{\mathrm{m}} < 0$，反应向正向进行；

（2）$Q = K^{\ominus}$，$\Delta_{\mathrm{r}}G_{\mathrm{m}} = 0$，反应处于平衡状态；

（3）$Q > K^{\ominus}$，$\Delta_{\mathrm{r}}G_{\mathrm{m}} > 0$，反应向逆向进行。

这就是化学反应自发进行方向的反应商判据。

D. 化学平衡的移动

（1）浓度对化学平衡移动的影响；

（2）压强对化学平衡移动的影响；

（3）温度对化学平衡移动的影响；

（4）催化剂对化学平衡移动的影响。

2.3　典型例题

【例2-1】 "因为能量不会无中生有，所以一个系统如果要对外做功，必须从外界吸收热量。"根据热力学第一定律，判断这种说法是否正确。

答案：这种说法是错误的。根据热力学第一定律 $\Delta U = Q + W$，不仅说明热力学能（ΔU）、热（Q）和功（W）之间可以转化，又表述了它们转化是遵守能量守恒定律的。所以功的转化形式不仅有热，也可以转化为热力学能。

【例2-2】 2.0mol 理想气体在 100℃ 和 150kPa 条件下，经恒压冷却至体积为 35.0L，此过程放出了 1.30kJ 热量。试计算：（1）此过程系统所做的功；（2）热力学能的变化；（3）焓变。

解：根据理想气体状态方程 $pV = nRT$，理想气体初始体积 V_1：

$$V_1 = \frac{nRT}{p} = \frac{2.0 \times 8.314 \times 373.15}{150 \times 10^3} = 41.4 \times 10^{-3} m^3 = 41.4L$$

（1）此过程系统所做的功：

$$W = -p\Delta V = -150 \times 10^3 \times (35.0 - 41.4) \times 10^{-3} = 960J = 0.96kJ$$

（2）热力学能的变化：

$$\Delta U = Q + W = -1.30 + 0.96 = -0.34kJ$$

（3）焓变：

$$\Delta H = Q_p = -1.3kJ$$

【例2-3】 已知：（1）$2C(s) + O_2(g) \longrightarrow 2CO(g)$，$\Delta H_1 = -221.0kJ/mol$；
（2）$2H_2(g) + O_2(g) \longrightarrow 2H_2O(g)$，$\Delta H_2 = -483.6kJ/mol$。
则制备水煤气的反应 $C(s) + H_2O(g) \longrightarrow CO(g) + H_2(g)$ 的 ΔH 是多少？

解：根据反应方程式可知，制备水煤气的反应是由 $\frac{(1) - (2)}{2}$ 得到的，

故 $$\Delta H = \frac{\Delta H_1 - \Delta H_2}{2} = \frac{-221.0 + 483.6}{2} = 131.3kJ/mol$$

【例2-4】 已知：$Ag_2O(s) + 2HCl(g) \longrightarrow 2AgCl(s) + H_2O(l)$，$\Delta_r H_m^\ominus = -324.9kJ/mol$ 及 $\Delta_f H_m^\ominus(Ag_2O,s) = -31.1kJ/mol$，试求 AgCl 的标准摩尔生成焓（$\Delta_f H_m^\ominus(H_2O,l) = -285.8kJ/mol$；$\Delta_f H_m^\ominus(HCl,g) = -92.3kJ/mol$）。

解：

$$\Delta_r H_m^\ominus = 2\Delta_f H_m^\ominus(AgCl,s) + \Delta_f H_m^\ominus(H_2O,l) - \Delta_f H_m^\ominus(Ag_2O,s) - 2\Delta_f H_m^\ominus(HCl,g)$$

$$\Delta_f H_m^\ominus(AgCl,s) = \frac{1}{2}[\Delta_r H_m^\ominus - \Delta_f H_m^\ominus(H_2O,l) + \Delta_f H_m^\ominus(Ag_2O,s) + 2\Delta_f H_m^\ominus(HCl,g)]$$

$$= \frac{1}{2} \times (-324.9 + 285.8 - 31.1 - 2 \times 92.3)$$

$$= -127.4kJ/mol$$

【例2-5】 碘钨灯发光时会发生可逆反应：$W(s) + I_2(g) \rightleftharpoons WI_2(g)$，扩散到灯内壁的钨会与碘蒸汽反应，生成气态的 WI_2，而 WI_2 气体在钨丝附近受热，又会分解出钨单质，沉积到钨丝上，从而延长灯丝的使用寿命。已知在 298K 时，该反应的 $\Delta_r S_m^\ominus$ 为 $-43.19J/(mol \cdot K)$、$\Delta_r H_m^\ominus$ 为 $-70.77kJ/mol$。

（1）如果灯内壁的温度为 600K，计算上述反应的 $\Delta_r G_m^\ominus(600)$（假设该反应的 $\Delta_r S_m^\ominus$ 和 $\Delta_r H_m^\ominus$ 不随温度变化）；

(2) 计算 $WI_2(g)$ 在钨丝上分解所需的最低温度。

解：(1) $\Delta_r G_m^\ominus = \Delta_r H_m^\ominus - T\Delta_r S_m^\ominus = -70.77 + 600 \times 43.19 \times 10^{-3} = -44.86kJ/mol$

（2) $\Delta_r G_m^\ominus = \Delta_r H_m^\ominus - T\Delta_r S_m^\ominus = -70.77 + 43.19 \times 10^{-3}T \leq 0$

故 $T \geq 1639K$，钨丝上分解所需的最低温度为 1639K。

【例 2-6】 试计算反应 $2N_2O(g)+3O_2(g) \longrightarrow 4NO_2(g)$ 在 298K、100kPa 时的平衡常数。在此时，如果向 1.0L 密闭容器中充入 1.0mol NO_2、0.10mol N_2O 和 0.10mol O_2，试判断上述反应进行的方向。（$\Delta_f H_m^\ominus(N_2O, g) = 81.6kJ/mol$；$S_m^\ominus(N_2O, g) = 220.0J/(mol \cdot K)$）

解：(1) 查表　　　　$2N_2O(g) + 3O_2(g) \longrightarrow 4NO_2(g)$

$\Delta_f H_m^\ominus(kJ/mol)$：　　　　81.6　　　　　0　　　　　33.2

$S_m^\ominus(J/(mol \cdot K))$：　　　　220.0　　　　205.2　　　　240.1

$\Delta_r H_m^\ominus = 4\Delta_f H_m^\ominus(NO_2) - 2\Delta_f H_m^\ominus(N_2O) = 4 \times 33.2 - 2 \times 81.6 = -30.4kJ/mol$

$\Delta_r S_m^\ominus = 4S_m^\ominus(NO_2) - 2S_m^\ominus(N_2O) - 3S_m^\ominus(O_2) = 4 \times 240.1 - 2 \times 220.0 - 3 \times 205.2$
$\qquad\qquad = -95.2J/(mol \cdot K)$

$\Delta_r G_m^\ominus = \Delta_r H_m^\ominus - T\Delta_r S_m^\ominus = -RT\ln K^\ominus = -30.4 + 298 \times 95.2 \times 10^{-3} = -2.03kJ/mol$

故 $K^\ominus = 2.27$。

(2) $Q = \dfrac{[p(NO_2)/p^\ominus]^4}{[p(N_2O)/p^\ominus]^2 \cdot [p(O_2)/p^\ominus]^3} = \dfrac{n(NO_2)^4}{n(N_2O)^2 \cdot n(O_2)^3} \cdot \dfrac{p^\ominus V}{RT}$

$\qquad = \dfrac{1^4}{0.1^2 \times 0.1^3} \times \dfrac{100 \times 10^3 \times 1 \times 10^{-3}}{8.314 \times 298} = 4.04 \times 10^3$

$Q > K^\ominus$，反应逆向进行。

2.4　课后习题及解答

2-1 已知：$2Mg(s) + O_2(g) \longrightarrow 2MgO(s)$　　　　$\Delta_r H_m = -1204kJ/mol$

计算：（1) 生成每克 MgO 反应的 $\Delta_r H$。

(2) 要释放 1kJ 热量，必须燃烧多少克 Mg？

解：

(1) 根据热化学方程式的含义可知，生成 2mol MgO 放出的热量为 1204kJ，生成每克 MgO 放出的热量为：

$$\Delta_r H = \frac{1204}{80} = 15.05kJ$$

(2) 放热 1204kJ，需要燃烧 2mol Mg，即 48g Mg；所以要释放 1kJ 热量，必须燃烧 Mg 的质量为：

$$m = \frac{48}{1204} \approx 0.04g$$

2-2 已知：

$$Cu_2O(s) + \frac{1}{2}O_2(g) \longrightarrow 2CuO(s) \qquad \Delta_r H_m^\ominus = -143.7kJ/mol$$

$$CuO(s) + Cu(s) \longrightarrow Cu_2O(s) \qquad \Delta_r H_m^\ominus = -11.5kJ/mol$$

计算 CuO(s) 的标准摩尔生成焓。

解：根据盖斯定律：

$$\Delta_r H_m^\ominus = 2\Delta_f H_m^\ominus(CuO) - \Delta_f H_m^\ominus(Cu_2O) = -143.7kJ/mol$$

$$\Delta_r H_m^\ominus = \Delta_f H_m^\ominus(Cu_2O) - \Delta_f H_m^\ominus(CuO) = -11.5kJ/mol$$

由此可以计算出：

$$\Delta_f H_m^\ominus(CuO) = -155.2kJ/mol$$

2-3　当 2.50g 硝化甘油 $[C_3H_5(NO_3)_3]$ 分解生成 $N_2(g)$、$O_2(g)$、$CO(g)$ 与 $H_2O(l)$ 时，放出 19.9kJ 的热量（$M[C_3H_5(NO_3)_3]=227$）。

（1）写出该反应的化学方程式；

（2）计算 1mol 硝化甘油分解的 $\Delta_r H$；

（3）在分解过程中生成每 1mol O_2 放出多少热量？

解：

（1）$4C_3H_5(NO_3)_3 \Longrightarrow 6N_2\uparrow +7O_2\uparrow +12CO\uparrow +10H_2O$

（2）根据已知条件列式：

$$\frac{\Delta_r H}{-19.9} = \frac{M[C_3H_5(NO_3)_3]}{2.5} = \frac{227}{2.5}$$

$$\Delta_r H = -1806.9kJ$$

（3）生成每 1mol O_2 放出的热量：

$$\Delta_r H = \frac{1806.9}{\frac{7}{4}} = 1032.5kJ$$

2-4　由热力学数据表中查得下列数据：

$$\Delta_f H_m^\ominus(NH_3,g) = -45.9kJ/mol$$
$$\Delta_f H_m^\ominus(NO,g) = 91.3kJ/mol$$
$$\Delta_f H_m^\ominus(H_2O,g) = -241.8kJ/mol$$

计算氨的氧化反应：$4NH_3(g)+5O_2(g)\longrightarrow 4NO(g)+6H_2O(g)$ 的热效应 $\Delta_r H_m^\ominus$。

解：　　　$\Delta_r H_m^\ominus = 4\Delta_f H_m^\ominus(NO) + 6\Delta_f H_m^\ominus(H_2O) - 4\Delta_f H_m^\ominus(NH_3)$
　　　　　　$= 4\times91.3-6\times241.8+4\times45.9 = -902kJ/mol$

2-5　在一敞口试管内加热氯酸钾晶体，发生下列反应：$2KClO_3(s)\Longrightarrow 2KCl(s)+3O_2(g)$ 并放出 89.5kJ 热量（298.15K）。试求 298.15K 下该反应的 ΔH 和 ΔU。

解：$\Delta H = Q_p = -89.5kJ$

恒压系统：

$$\Delta H = \Delta U + p\Delta V = \Delta U + \Delta nRT$$

$$\Delta U = \Delta H - \Delta nRT = -89.5 - 3\times8.314\times298.15\times10^{-3} = -96.9kJ$$

2-6　在高炉中炼铁，主要反应有：

$$C(s) + O_2(g) \longrightarrow CO_2(g)$$

$$\frac{1}{2}CO_2(g) + \frac{1}{2}C(s) \longrightarrow CO(g)$$

$$CO(g) + \frac{1}{3}Fe_2O_3(s) \longrightarrow \frac{2}{3}Fe(s) + CO_2(g)$$

（1）分别计算 298.15K 时各反应 $\Delta_r H_m^{\ominus}$ 和各反应 $\Delta_r H_m^{\ominus}$ 值之和；

（2）将上面三个反应式合并成一个总反应方程式，应用各物质的 $\Delta_f H_m^{\ominus}$（298.15K）数据计算总反应的 $\Delta_r H_m^{\ominus}$，并与（1）计算结果比较，作出结论。

解：（1）查表可知：

$$\Delta_f H_m^{\ominus}(CO_2) = -393.5 kJ/mol$$

$$\Delta_f H_m^{\ominus}(CO) = -110.5 kJ/mol$$

$$\Delta_f H_m^{\ominus}(Fe_2O_3) = -824.2 kJ/mol$$

所以三个反应的 $\Delta_r H_m^{\ominus}$ 计算如下：

1)
$$C(s) + O_2(g) \longrightarrow CO_2(g)$$
$$\Delta_r H_{m1}^{\ominus} = \Delta_f H_m^{\ominus}(CO_2) = -393.5 kJ/mol$$

2)
$$\frac{1}{2}CO_2(g) + \frac{1}{2}C(s) \longrightarrow CO(g)$$

$$\Delta_r H_{m2}^{\ominus} = \Delta_f H_m^{\ominus}(CO) - \frac{1}{2}\Delta_f H_m^{\ominus}(CO_2) = -110.5 + \frac{1}{2} \times 393.5 = 86.3 kJ/mol$$

3)
$$CO(g) + \frac{1}{3}Fe_2O_3(s) \longrightarrow \frac{2}{3}Fe(s) + CO_2(g)$$

$$\Delta_r H_{m3}^{\ominus} = \Delta_f H_m^{\ominus}(CO_2) - \Delta_f H_m^{\ominus}(CO) - \frac{1}{3}\Delta_f H_m^{\ominus}(Fe_2O_3)$$

$$= -393.5 + 110.5 + \frac{1}{3} \times 824.2 = -8.3 kJ/mol$$

三个反应的 $\Delta_r H_m^{\ominus}$ 值之和：

$$\Delta_r H_m^{\ominus} = \Delta_r H_{m1}^{\ominus} + \Delta_r H_{m2}^{\ominus} + \Delta_r H_{m3}^{\ominus} = -393.5 + 86.3 - 8.3 = -315.5 kJ/mol$$

（2）将上述三个反应式合并成一个总反应方程式：

$$\frac{3}{2}C(s) + O_2(g) + \frac{1}{3}Fe_2O_3(s) \longrightarrow \frac{2}{3}Fe(s) + \frac{3}{2}CO_2(g)$$

$$\Delta_r H_m^{\ominus} = \frac{3}{2}\Delta_f H_m^{\ominus}(CO_2) - \frac{1}{3}\Delta_f H_m^{\ominus}(Fe_2O_3) = -\frac{3}{2} \times 393.5 + \frac{1}{3} \times 824.2 = -315.5 kJ/mol$$

（1）和（2）的计算结果基本相等。可以得出结论：反应的热效应只与反应的始、末态有关，而与反应的途径无关。

2-7 计算 298.15K 时 Fe_3O_4 被氢气还原反应的标准摩尔反应熵 $\Delta_r S_m^{\ominus}$。反应方程式为：

$$Fe_3O_4(s) + 4H_2(g) \longrightarrow 3Fe(s) + 4H_2O(g)$$

解：查表　　$Fe_3O_4(s) + 4H_2(g) \longrightarrow 3Fe(s) + 4H_2O(g)$

$S_m^{\ominus}(J/(mol \cdot K))$：　146.4　　　130.7　　　27.3　　　188.8

$$\Delta_r S_m^{\ominus} = 3S_m^{\ominus}(Fe) + 4S_m^{\ominus}(H_2O) - S_m^{\ominus}(Fe_3O_4) - 4S_m^{\ominus}(H_2)$$

$$= 3×27.3+4×188.8-146.4-4×130.7$$
$$= 167.9J/(mol \cdot K)$$

2-8 应用公式 $\Delta_r G_m^{\ominus}(T) \approx \Delta_r H_m^{\ominus}(298.15K) - T\Delta_r S_m^{\ominus}(298.15K)$ 计算下列反应的 $\Delta_r G_m^{\ominus}$ (T) （298.15K） 值，并判断反应在 298.15K 及标准态下能否自发进行？

$$8Al(s) + 3Fe_3O_4(s) \longrightarrow 4Al_2O_3(s) + 9Fe(s)$$

解：查表 $\qquad 8Al(s) + 3Fe_3O_4(s) \longrightarrow 4Al_2O_3(s) + 9Fe(s)$

$\Delta H_m^{\ominus}(kJ/mol)$：$\qquad$ 0 $\qquad$ −1118.4 $\qquad$ −1675.7 $\qquad$ 0

$S_m^{\ominus}(J/(mol \cdot K))$：28.3 $\qquad$ 146.4 $\qquad\qquad$ 50.9 $\qquad\qquad$ 27.3

$$\Delta_r H_m = 4\Delta_f H_m^{\ominus}(Al_2O_3) + 9\Delta_f H_m^{\ominus}(Fe) - 8\Delta_f H_m^{\ominus}(Al) - 3\Delta_f H_m^{\ominus}(Fe_3O_4)$$
$$= -4 × 1675.7 + 3 × 1118.4 = -3347.6kJ/mol$$
$$\Delta_r S_m^{\ominus} = 4S_m^{\ominus}(Al_2O_3) + 9S_m^{\ominus}(Fe) - 8S_m^{\ominus}(Al) - 4S_m^{\ominus}(Fe_3O_4)$$
$$= 4 × 50.9 + 9 × 27.3 - 8 × 28.3 - 3 × 146.4 = -216.3J/(mol \cdot K)$$
$$\Delta_r G_m^{\ominus}(298.15K) = \Delta_r H_m^{\ominus}(298.15K) - T\Delta_r S_m^{\ominus}(298.15K)$$
$$= -3347.6 + 298.15 × 216.3 × 10^{-3} = -3283.1kJ/mol$$

$\Delta_r G_m^{\ominus}(298.15K) <0$，反应可以自发进行。

2-9 通过查表计算说明下列反应：

$$2CuO(s) \longrightarrow Cu_2O(s) + \frac{1}{2}O_2(g)$$

（1）在常温 （298.15K）、标准态下能否自发进行？
（2）在 700K、标准态下能否自发进行？
（3）标准态下 CuO(s) 分解的最低温度。

解：查表 $\qquad\qquad 2CuO(s) \longrightarrow Cu_2O(s) + \frac{1}{2}O_2(g)$

$\Delta H_m^{\ominus}(kJ/mol)$：$\qquad\qquad$ −157.3 $\qquad$ −168.6 $\qquad$ 0

$S_m^{\ominus}(J/(mol \cdot K))$：$\qquad\qquad$ 42.6 $\qquad\quad$ 93.1 $\qquad$ 205.2

$$\Delta_r H_m^{\ominus}(298.15K) = \Delta_f H_m^{\ominus}(Cu_2O) - 2\Delta_f H_m^{\ominus}(CuO) = -168.6 + 2 × 157.3 = 146kJ/mol$$
$$\Delta_r S_m = S_m^{\ominus}(Cu_2O) + \frac{1}{2}S_m^{\ominus}(O_2) - 2S_m^{\ominus}(CuO) = 93.1 + \frac{1}{2} × 205.2 - 2 × 42.6$$
$$= 110.5J/(mol \cdot K)$$

（1）$\Delta_r G_m^{\ominus}(298.15K) = \Delta_r H_m^{\ominus}(298.15K) - T\Delta_r S_m^{\ominus}(298.15K)$
$$= 146 - 298.15 × 110.5 × 10^{-3}$$
$$= 113.1kJ/mol$$

$\Delta_r G_m^{\ominus}(298.15K) > 0$，在常温 （298.15K）、标准状态下不能自发进行。

（2）$\Delta_r G_m^{\ominus}(T) \approx \Delta_r H_m^{\ominus}(298.15K) - T\Delta_r S_m^{\ominus}(298.15K)$
$$= 146 - 700 × 110.5 × 10^{-3}$$
$$= 68.7kJ/mol$$

$\Delta_r G_m^{\ominus}(700K) > 0$，在 700K、标准状态下不能自发进行。

（3）$T_R = \dfrac{\Delta_r H_m^{\ominus}}{\Delta_r S_m^{\ominus}} = \dfrac{146 × 10^3}{110.5} = 1321K$

2-10　阿波罗登月火箭用 $N_2H_4(l)$ 作燃料、用 $N_2O_4(g)$ 作氧化剂，燃烧后产生 $N_2(g)$ 和 $H_2O(l)$。写出配平的化学方程式，利用下列 $\Delta_f H_m^{\ominus}$ 数据计算 $N_2H_4(l)$ 的摩尔燃烧热。

$$298K\ \text{时：}\quad N_2(g)\ +\ H_2O(l)\ \longrightarrow\ N_2H_4(l)\ +\ N_2O_4(g)$$

$$\Delta_f H_m^{\ominus}(kJ/mol):\qquad 0\qquad -285.81\qquad\quad 50.63\qquad\quad 11.1$$

解：$2N_2H_4(l)+N_2O_4(g)\ \overline{\underline{}}\ 3N_2(g)+4H_2O(l)$

$$\Delta_r H_m^{\ominus} = 2\Delta_c H_m^{\ominus}(N_2H_4) = 4\Delta_f H_m^{\ominus}(H_2O) - 2\Delta_f H_m^{\ominus}(N_2H_4) - \Delta_f H_m^{\ominus}(N_2O_4)$$

$$\Delta_c H_m^{\ominus}(N_2H_4) = -2\times285.81 - 50.63 - \frac{1}{2}\times11.1 = -627.8kJ/mol$$

2-11　求下列反应的 $\Delta_r H_m^{\ominus}$、$\Delta_r S_m^{\ominus}$ 和 $\Delta_r G_m^{\ominus}$，并用这些数据分析利用该反应净化汽车尾气中 NO 和 CO 的可能性：

$$CO(g)\ +\ NO(g)\ \longrightarrow\ CO_2(g)\ +\ \frac{1}{2}N_2(g)$$

解：查表　$\qquad CO(g)\ +\ NO(g)\ \longrightarrow\ CO_2(g)\ +\ \frac{1}{2}N_2(g)$

$$\Delta H_m^{\ominus}(kJ/mol):\quad -110.5\qquad 91.3\qquad\ -393.5\qquad\quad 0$$

$$S_m^{\ominus}(J/(mol\cdot K)):\quad 197.7\qquad 210.8\qquad 213.8\qquad 191.6$$

$$\Delta_r H_m^{\ominus} = \Delta_f H_m^{\ominus}(CO_2) - \Delta_f H_m^{\ominus}(CO) - \Delta_f H_m^{\ominus}(NO) = -393.5 + 110.5 - 91.3 = -374.3kJ/mol$$

$$\Delta_r S_m^{\ominus} = S_m^{\ominus}(CO_2) + \frac{1}{2}S_m^{\ominus}(N_2) - S_m^{\ominus}(CO) - S_m^{\ominus}(NO) = 213.8 + \frac{1}{2}\times191.6 - 197.7 - 210.8$$

$$= -98.9J/(mol\cdot K)$$

$$\Delta_r G_m^{\ominus} = \Delta_r H_m^{\ominus} - T\Delta_r S_m^{\ominus} = -374.3 + 298.15\times98.9\times10^{-3} = -344.8kJ/mol$$

$$\Delta_r G_m^{\ominus} < 0，\text{反应可以自发进行。}$$

2-12　已知 298K 时下列物质的热力学数据：

$$\qquad\qquad\qquad\qquad C(s)\qquad\quad CO(g)\qquad\quad Fe(s)\qquad\quad Fe_2O_3(s)$$

$$\Delta_f H_m^{\ominus}(kJ/mol):\qquad 0\qquad\quad -110.5\qquad\quad 0\qquad\qquad -824.2$$

$$S_m^{\ominus}(J/(mol\cdot K)):\quad 5.7\qquad\quad 197.7\qquad\quad 27.3\qquad\qquad 87.4$$

假定上述热力学数据不随温度而变化，试估算 Fe_2O_3 能用 C 还原的温度。

解：反应方程式为：$Fe_2O_3(s) + 3C(s)\ \overline{\underline{}}\ 2Fe(s) + 3CO(g)$

$$\Delta_r H_m^{\ominus} = 3\Delta_f H_m^{\ominus}(CO) - \Delta_f H_m^{\ominus}(Fe_2O_3) = -3\times110.5 + 824.2 = 492.7kJ/mol$$

$$\Delta_r S_m^{\ominus} = 2S_m^{\ominus}(Fe) + 3S_m^{\ominus}(CO) - S_m^{\ominus}(Fe_2O_3) - 3S_m^{\ominus}(C)$$

$$= 2\times27.3 + 3\times197.7 - 87.4 - 3\times5.7 = 543.2J/(mol\cdot K)$$

$$\Delta_r G_m^{\ominus} = \Delta_r H_m^{\ominus} - T\Delta_r S_m^{\ominus} = 492.7 - 543.2\times10^{-3}T = 0$$

$$T = 907K$$

2-13　甲醚的燃烧热为 $\Delta_c H_m^{\ominus}$（甲醚）$= -1461kJ/mol$，$CO_2(g)$ 的标准摩尔生成焓为 $-393.5kJ/mol$，$H_2O(l)$ 的标准摩尔生成焓为 $-285.8kJ/mol$，计算甲醚的标准摩尔生成焓。

解：反应方程式为：$C_2H_6O(g)+3O_2(g)\ \overline{\underline{}}\ 2CO_2(g)+3H_2O(l)$

$$\Delta_r H_m^\ominus = \Delta_c H_m^\ominus(C_2H_6O) = 2\Delta_f H_m^\ominus(CO_2) + 3\Delta_f H_m^\ominus(H_2O) - \Delta_f H_m^\ominus(C_2H_6O)$$

$$\Delta_f H_m^\ominus(C_2H_6O) = 2\Delta_f H_m^\ominus(CO_2) + 3\Delta_f H_m^\ominus(H_2O) - \Delta_c H_m^\ominus(C_2H_6O)$$

$$= -2 \times 393.5 - 3 \times 285.8 + 1461 = -183.4 kJ/mol$$

2-14 已知反应 $2CuO(s) \longrightarrow Cu_2O(s) + \frac{1}{2}O_2(g)$ 在 300K 时的 $\Delta_r G_m^\ominus = 112.7 kJ/mol$，在 400K 时的 $\Delta_r G_m^\ominus = 101.6 kJ/mol$，试计算：

（1）$\Delta_r H_m^\ominus$ 和 $\Delta_r S_m^\ominus$；

（2）当 $p(O_2) = 100 kPa$ 时，该反应能自发进行的最低温度是多少？

解：

（1）根据 $\Delta_r G_m^\ominus(T) \approx \Delta_r H_m^\ominus(298.15K) - T\Delta_r S_m^\ominus(298.15K)$

300K 时：$\qquad 112.7 \times 10^3 = \Delta_r H_m^\ominus(298.15K) - 300\Delta_r S_m^\ominus(298.15K)$

400K 时：$\qquad 101.6 \times 10^3 = \Delta_r H_m^\ominus(298.15K) - 400\Delta_r S_m^\ominus(298.15K)$

故 $\qquad\qquad\qquad \Delta_r H_m^\ominus(298.15K) = 146 kJ/mol$

$$\Delta_r S_m^\ominus(298.15K) = 111 J/(mol \cdot K)$$

（2）$\Delta_r G_m^\ominus = \Delta_r H_m^\ominus - T\Delta_r S_m^\ominus < 0$ 时反应可以自发进行，由此可得：

$$T \geqslant \frac{\Delta_r H_m^\ominus}{\Delta_r S_m^\ominus} = \frac{146 \times 10^3}{111} = 1315K$$

该反应能自发进行的最低温度是 1315K。

2-15 已知 298K 时下列过程的热力学数据：

$$C_2H_5OH(l) \Longleftrightarrow C_2H_5OH(g)$$

$\Delta_f H_m^\ominus(kJ/mol)$： $\qquad$ −277.6 $\qquad\qquad$ −235.3

$S_m^\ominus(J/(mol \cdot K))$： $\qquad$ 161 $\qquad\qquad\qquad$ 282

试估算乙醇的正常沸点。

解： $\Delta_r H_m^\ominus = \Delta_f H_m^\ominus(C_2H_5OH, g) - \Delta_f H_m^\ominus(C_2H_5OH, l) = -235.3 + 277.6 = 42.3 kJ/mol$

$$\Delta_r S_m^\ominus = S_m^\ominus(C_2H_5OH, g) - S_m^\ominus(C_2H_5OH, l) = 282 - 161 = 121 J/(mol \cdot K)$$

$$\Delta_r G_m^\ominus = \Delta_r H_m^\ominus - T\Delta_r S_m^\ominus = 0$$

$$T = \frac{\Delta_r H_m^\ominus}{\Delta_r S_m^\ominus} = \frac{42.3 \times 10^3}{121} = 350K$$

2-16 已知下列各反应的热效应：

（1）$Fe_2O_3(s) + 3CO(g) \longrightarrow 2Fe(s) + 3CO_2(g) \qquad \Delta_r H_{m1}^\ominus = -27.61 kJ/mol$

（2）$3Fe_2O_3(s) + CO(g) \longrightarrow 2Fe_3O_4(s) + CO_2(g) \qquad \Delta_r H_{m2}^\ominus = -58.58 kJ/mol$

（3）$Fe_3O_4(s) + CO(g) \longrightarrow 3FeO(s) + CO_2(g) \qquad \Delta_r H_{m3}^\ominus = 38.07 kJ/mol$

求下列反应的反应热 $\Delta_r H_m^\ominus$：

$$FeO(s) + CO(g) \longrightarrow Fe(s) + CO_2(g)$$

解： 根据盖斯定律，将三个化学方程式进行处理 $\frac{1}{6} \times [3 \times (1) - (2) - 2 \times (3)]$ 得到反应方程式：

$$FeO(s) + CO(g) \longrightarrow Fe(s) + CO_2(g)$$

$$\Delta_r H_m^\ominus = \frac{1}{6} \times [3\Delta_r H_{m1}^\ominus - \Delta_r H_{m2}^\ominus - 2\Delta_r H_{m3}^\ominus] = \frac{1}{6} \times [-3 \times 27.61 + 58.58 - 2 \times 38.07]$$

$$= -16.73 \text{kJ/mol}$$

2-17 已知25℃时，$NH_3(g)$ 的 $\Delta_f H_m^\ominus = -45.9 \text{kJ/mol}$ 及下列反应的 $\Delta_r S_m^\ominus = -192.8 \text{J/(mol}\cdot$ K)，欲使此反应在标准态下能自发进行，所需什么温度条件?

$$N_2(g) + 3H_2(g) \longrightarrow 2NH_3(g)$$

解：
$$\Delta_r H_m^\ominus = 2\Delta_f H^\ominus(NH_3) = -2 \times 45.9 = -91.8 \text{kJ/mol}$$

$$\Delta_r G_m^\ominus = \Delta_r H_m^\ominus - T\Delta_r S_m^\ominus < 0$$

$$T \geqslant \frac{\Delta_r H_m^\ominus}{\Delta_r S_m^\ominus} = \frac{-91.8 \times 10^3}{-192.8} = 476K$$

故此反应在标准态下能自发进行，所需的最低温度是476K。

2-18 写出下列反应的标准平衡常数 $K^\ominus$ 的表达式：

(1) $N_2(g) + O_2(g) \rightleftharpoons 2NO(g)$

(2) $CaCO_3(s) \rightleftharpoons CaO(s) + CO_2(g)$

(3) $H_2(g) + Br_2(g) \rightleftharpoons 2HBr(g)$

(4) $MnO_2(s) + 4H^+(aq) + 2Cl^-(aq) \rightleftharpoons Mn^{2+}(aq) + 2H_2O(l) + Cl_2(g)$

(5) $CO_3^{2-}(aq) + 2H^+(aq) \rightleftharpoons CO_2(g) + H_2O(l)$

答案： (1) $K^\ominus = \dfrac{[p(NO)/p^\ominus]^2}{[p(N_2)/p^\ominus] \cdot [p(O_2)/p^\ominus]}$

(2) $K^\ominus = \dfrac{p(CO_2)}{p^\ominus}$

(3) $K^\ominus = \dfrac{[p(HBr)/p^\ominus]^2}{[p(H_2)/p^\ominus] \cdot [p(Br_2)/p^\ominus]}$

(4) $K^\ominus = \dfrac{[c(Mn^{2+})/c^\ominus] \cdot [p(Cl_2)/p^\ominus]}{[c(H^+)/c^\ominus]^4 \cdot [c(Cl^-)/c^\ominus]^2}$

(5) $K^\ominus = \dfrac{[p(CO_2)/p^\ominus]}{[c(CO_3^{2-})/c^\ominus] \cdot [c(H^+)/c^\ominus]^2}$

【解析】 考察标准平衡常数 $K^\ominus$ 的表达式。

2-19 实验测得 SO_2 氧化为 SO_3 的反应，在1000K时，各物质的平衡分压为：$p(SO_2) = $ 27.3kPa，$p(O_2) = 4.02$kPa，$p(SO_3) = 32.5$kPa。计算在该温度下反应 $2SO_2(g) + O_2(g) \rightleftharpoons$ $2SO_3(g)$ 的标准平衡常数 $K^\ominus$。

解： $K^\ominus = \dfrac{\left[\dfrac{p(SO_3)}{p^\ominus}\right]^2}{\left[\dfrac{p(SO_2)}{p^\ominus}\right]^2 \cdot \left[\dfrac{p(O_2)}{p^\ominus}\right]} = \dfrac{[p(SO_3)]^2 p^\ominus}{[p(SO_2)]^2 \cdot [p(O_2)]} = \dfrac{32.5^2 \times 100}{27.3^2 \times 4.02} = 35.3$

2-20 将1.5mol的NO、1.0mol的 Cl_2 和2.5mol的NOCl在容积为15L的容器中混合，230℃时发生反应：$2NO(g) + Cl_2(g) \rightleftharpoons 2NOCl(g)$。达到平衡时，测得有3.06mol的

NOCl 存在，计算平衡时 NO 的摩尔数和此反应标准平衡常数 $K^{\ominus}$。

解：
$$2NO(g) + Cl_2(g) \rightleftharpoons 2NOCl(g)$$

起始时（mol）：　　　1.5　　　　1.0　　　　2.5

平衡时（mol）：　　$n(NO)$　　$n(Cl_2)$　　3.06

反应生成 NOCl 的物质的量为：$n(NOCl) = 3.06 - 2.5 = 0.56$mol，根据反应方程式各物质的定量关系，反应消耗的物质的量：$n(NO) = 0.56$mol、$n(Cl_2) = 0.28$mol，则达平衡时 NO、Cl_2 的摩尔数为：$n(NO) = 1.5 - 0.56 = 0.94$mol，$n(Cl_2) = 1.0 - 0.28 = 0.72$mol。

平衡时各物质的分压：

$$p(NOCl) = \frac{n(NOCl)RT}{V} = \frac{3.06 \times 8.314 \times 503.15}{15 \times 10^{-3}} = 853.4\text{kPa}$$

$$p(NO) = \frac{n(NO)RT}{V} = \frac{0.94 \times 8.314 \times 503.15}{15 \times 10^{-3}} = 262.1\text{kPa}$$

$$p(Cl_2) = \frac{n(Cl_2)RT}{V} = \frac{0.72 \times 8.314 \times 503.15}{15 \times 10^{-3}} = 200.8\text{kPa}$$

$$K^{\ominus} = \frac{[p(NOCl)/p^{\ominus}]^2}{[p(NO)/p^{\ominus}]^2 \cdot [p(Cl_2)/p^{\ominus}]} = \frac{\left(\frac{853.4}{100}\right)^2}{\left(\frac{262.1}{100}\right)^2 \times \left(\frac{200.8}{100}\right)} = 5.28$$

2-21 298.15K 时，有下列反应：$2H_2O_2(l) \rightleftharpoons 2H_2O(l) + O_2(g)$ 的 $\Delta_rH_m^{\ominus} = -196.10$kJ/mol，$\Delta_rS_m^{\ominus} = 125.76$J/(mol·K)。试分别计算该反应在 298.15K 和 373.15K 的 $K^{\ominus}$ 值。

解： 设 $\Delta_rH_m^{\ominus}$ 和 $\Delta_rS_m^{\ominus}$ 不随温度变化：

$$\Delta_rG_m^{\ominus} = \Delta_rH_m^{\ominus} - T\Delta_rS_m^{\ominus}$$

$$\Delta_rG_m^{\ominus}(298.15K) = -196.10 - 298.15 \times 125.76 \times 10^{-3} = -233.60\text{kJ/mol}$$

$$\Delta_rG_m^{\ominus}(373.15K) = -196.10 - 373.15 \times 125.76 \times 10^{-3} = -243.03\text{kJ/mol}$$

$$\Delta_rG_m^{\ominus} = -2.303RT\lg K^{\ominus}$$

$$\lg K^{\ominus}(298.15K) = \frac{-\Delta_rG_m^{\ominus}}{2.303RT} = \frac{233.60 \times 10^3}{2.303 \times 8.314 \times 298.15} = 40.92$$

故　　　　　　　$K^{\ominus}(298.15K) = 8.32 \times 10^{40}$

$$\lg K^{\ominus}(373.15K) = \frac{-\Delta_rG_m^{\ominus}}{2.303RT} = \frac{243.03 \times 10^3}{2.303 \times 8.314 \times 373.15} = 34.02$$

故　　　　　　　$K^{\ominus}(373.15K) = 1.05 \times 10^{34}$

2-22 查表，判断下列反应：$N_2(g) + 3H_2(g) \rightleftharpoons 2NH_3(g)$

（1）在 298.15K、标准态下能否自发进行？

（2）计算 298.15K 时该反应的 $K^{\ominus}$ 值。

解： 查表

	$N_2(g)$	$+\ 3H_2(g)$	$\rightleftharpoons$	$2NH_3(g)$
$\Delta H_m^{\ominus}$(kJ/mol)：	0	0		-45.9
$S_m^{\ominus}$(J/(mol·K))：	191.6	130.7		192.8

（1）$\Delta_r H_m^{\ominus} = 2\Delta_f H_m^{\ominus}(NH_3) = -2 \times 45.9 = -91.8kJ/mol$

$\Delta_r S_m^{\ominus} = 2S_m^{\ominus}(NH_3) - S_m^{\ominus}(N_2) - 3S_m^{\ominus}(H_2) = 2 \times 192.8 - 191.6 - 3 \times 130.7$

$\qquad = -198.1J/(mol \cdot K)$

$\qquad\Delta_r G_m^{\ominus} = \Delta_r H_m^{\ominus} - T\Delta_r S_m^{\ominus} = -91.8 + 298.15 \times 198.1 \times 10^{-3} = -32.7kJ/mol$

$\Delta_r G_m^{\ominus} < 0$，在 298.15K、标准状态下，反应可以自发进行。

（2）$\Delta_r G_m^{\ominus} = -2.303RT\lg K^{\ominus}$

$$\lg K^{\ominus}(298.15K) = \frac{-\Delta_r G_m^{\ominus}}{2.303RT} = \frac{32.7 \times 10^3}{2.303 \times 8.314 \times 298.15} = 5.73$$

故　　　　　　　　　　　$K^{\ominus}(298.15K) = 5.4 \times 10^5$

2-23 298.15K 下，将空气中的 $N_2(g)$ 变成各种含氮的化合物的反应称作固氮反应。查表，根据 $\Delta_r G_m^{\ominus}$ 数据计算下列三种固氮反应的 $\Delta_r G_m^{\ominus}$ 及 $K^{\ominus}$，并从热力学角度分析选择哪个反应固氮最好？（已知：$\Delta_f H_m^{\ominus}(N_2O,g) = 81.6kJ/mol$，$S_m^{\ominus}(N_2O,g) = 220.0J/(mol \cdot K)$）

$$N_2(g) + O_2(g) \longrightarrow 2NO(g)$$
$$2N_2(g) + O_2(g) \longrightarrow 2N_2O(g)$$
$$N_2(g) + 3H_2(g) \longrightarrow 2NH_3(g)$$

解： 查表　　　　　$N_2(g) + O_2(g) \longrightarrow 2NO(g)$　　　　　　　　　　（1）

$\Delta H_m^{\ominus}(kJ/mol)$：　　　　0　　　　0　　　　91.3

$S_m^{\ominus}(J/(mol \cdot K))$：　　191.6　205.2　　210.8

$\qquad\qquad\Delta_r H_m^{\ominus} = 2\Delta_f H_m^{\ominus}(NO) = 2 \times 91.3 = 182.6kJ/mol$

$\Delta_r S_m^{\ominus} = 2S_m^{\ominus}(NO) - S_m^{\ominus}(N_2) - S_m^{\ominus}(O_2) = 2 \times 210.8 - 191.6 - 205.2 = 24.8J/(mol \cdot K)$

$\Delta_r G_m^{\ominus} = \Delta_r H_m^{\ominus} - T\Delta_r S_m^{\ominus} = 182.6 - 298.15 \times 24.8 \times 10^{-3} = 175.2kJ/mol$

$$\Delta_r G_m^{\ominus} = -2.303RT\lg K^{\ominus}$$

$$\lg K^{\ominus}(298.15K) = \frac{-\Delta_r G_m^{\ominus}}{2.303RT} = \frac{-175.2 \times 10^3}{2.303 \times 8.314 \times 298.15} = -30.69$$

故　　　　　　　　　　　$K^{\ominus}(298.15K) = 2.04 \times 10^{-31}$

$$2N_2(g) + O_2(g) \longrightarrow 2N_2O(g) \qquad\qquad (2)$$

$\Delta H_m^{\ominus}(kJ/mol)$：　　　　0　　　　0　　　　81.6

$S_m^{\ominus}(J/(mol \cdot K))$：　　191.6　205.2　　220.0

$\Delta_r H_m^{\ominus} = 2\Delta_f H_m^{\ominus}(N_2O) = 2 \times 81.6 = 163.2kJ/mol$

$\Delta_r S_m^{\ominus} = 2S_m^{\ominus}(N_2O) - 2S_m^{\ominus}(N_2) - S_m^{\ominus}(O_2) = 2 \times 220.0 - 2 \times 191.6 - 205.2$

$\qquad = -148.4J/(mol \cdot K)$

$\qquad\Delta_r G_m^{\ominus} = \Delta_r H_m^{\ominus} - T\Delta_r S_m^{\ominus} = 163.2 + 298.15 \times 148.4 \times 10^{-3} = 207.4kJ/mol$

$$\Delta_r G_m^{\ominus} = -2.303RT\lg K^{\ominus}$$

$$\lg K^{\ominus}(298.15K) = \frac{-\Delta_r G_m^{\ominus}}{2.303RT} = \frac{-207.4 \times 10^3}{2.303 \times 8.314 \times 298.15} = -36.33$$

故　　　　　　　　　　　$K^{\ominus}(298.15K) = 4.68 \times 10^{-37}$

$$N_2(g) + 3H_2(g) \longrightarrow 2NH_3(g) \qquad\qquad (3)$$

$\Delta H_m^{\ominus}(kJ/mol)$：　　　　0　　　　0　　　　-45.9

$S_m^{\ominus}(J/(mol \cdot K))$：　　191.6　130.7　　192.8

$$\Delta_r H_m^{\ominus} = 2\Delta_f H_m^{\ominus}(NH_3) = -2 \times 45.9 = -91.8 kJ/mol$$

$$\Delta_r S_m^{\ominus} = 2S_m^{\ominus}(NH_3) - S_m^{\ominus}(N_2) - 3S_m^{\ominus}(H_2) = 2 \times 192.8 - 191.6 - 3 \times 130.7$$

$$= -198.1 J/(mol \cdot K)$$

$$\Delta_r G_m^{\ominus} = \Delta_r H_m^{\ominus} - T\Delta_r S_m^{\ominus} = -91.8 + 298.15 \times 198.1 \times 10^{-3} = -32.7 kJ/mol$$

$$\Delta_r G_m^{\ominus} = -2.303 RT \lg K^{\ominus}$$

$$\lg K^{\ominus}(298.15K) = \frac{-\Delta_r G_m^{\ominus}}{2.303 RT} = \frac{32.7 \times 10^3}{2.303 \times 8.314 \times 298.15} = 5.73$$

故 $$K^{\ominus}(298.15K) = 5.37 \times 10^5$$

由上述结果可知，$N_2(g) + 3H_2(g) \longrightarrow 2NH_3(g)$ 固氮最好。

2-24 汽车内燃机内温度因燃料燃烧达到1300℃，试计算此温度时下列反应：

$$\frac{1}{2}N_2(g) + \frac{1}{2}O_2(g) \longrightarrow NO(g)$$

的 $\Delta_r G_m^{\ominus}$ 及 $K^{\ominus}$。

解： 设 $\Delta_r H_m^{\ominus}$ 和 $\Delta_r S_m^{\ominus}$ 不随温度变化，

查表
$$\frac{1}{2}N_2(g) + \frac{1}{2}O_2(g) \longrightarrow NO(g)$$

$\Delta H_m^{\ominus}(kJ/mol):$ 0   0   91.3

$S_m^{\ominus}(J/(mol \cdot K)):$ 191.6   205.2   210.8

$$\Delta_r H_m^{\ominus} = \Delta_f H_m^{\ominus}(NO) = 91.3 kJ/mol$$

$$\Delta_r S_m^{\ominus} = S_m^{\ominus}(NO) - \frac{1}{2}S_m^{\ominus}(N_2) - \frac{1}{2}S_m^{\ominus}(O_2) = 210.8 - \frac{1}{2} \times 191.6 - \frac{1}{2} \times 205.2$$

$$= 12.4 J/(mol \cdot K)$$

$$\Delta_r G_m^{\ominus} = \Delta_r H_m^{\ominus} - T\Delta_r S_m^{\ominus} = 91.3 - 1573.15 \times 12.4 \times 10^{-3} = 71.8 kJ/mol$$

$$\Delta_r G_m^{\ominus} = -2.303 RT \lg K^{\ominus}$$

$$\lg K^{\ominus}(298.15K) = \frac{-\Delta_r G_m^{\ominus}}{2.303 RT} = \frac{-71.8 \times 10^3}{2.303 \times 8.314 \times 1573.15} = -2.38$$

故 $$K^{\ominus}(298.15K) = 10^{-2.38} = 4.17 \times 10^{-3}$$

2-25 在699K时，反应 $H_2(g) + I_2(g) \rightleftharpoons 2HI(g)$，$K^{\ominus} = 55.3$。如果将 2.0mol H_2 和 2.0mol I_2 置于 4.0L 的容器内，问在该温度下达到平衡时合成了多少 mol HI？

解： 设该温度下达到平衡时合成了 $2x$ mol HI，根据反应：

$$H_2(g) + I_2(g) \rightleftharpoons 2HI(g)$$

起始（mol）：   2   2

平衡（mol）：   2-x   2-x   2x

$$K^{\ominus} = \frac{\left[\frac{p(HI)}{p^{\ominus}}\right]^2}{\left[\frac{p(H_2)}{p^{\ominus}}\right] \cdot \left[\frac{p(I_2)}{p^{\ominus}}\right]} = \frac{p(HI)^2}{p(H_2) \cdot p(I_2)} = \frac{n(HI)^2}{n(H_2) \cdot n(I_2)} = \frac{4x^2}{(2-x)(2-x)} = 55.3$$

$$x = 1.576\text{mol}$$

故 $2x = 3.15\text{mol}$，在该温度下达到平衡时合成了 3.15mol HI。

2-26 反应 $CO(g) + H_2O(g) \rightleftharpoons CO_2(g) + H_2(g)$ 在某温度下 $K^\ominus = 1$，在此温度下于 6.0L 容器中加入 2.0L、$3.04 \times 10^5 \text{Pa}$ 的 $CO(g)$，3.0L、$2.02 \times 10^5 \text{Pa}$ 的 $CO_2(g)$，6.0L、$2.02 \times 10^5 \text{Pa}$ 的 $H_2O(g)$ 和 1.0L、$2.02 \times 10^5 \text{Pa}$ 的 $H_2(g)$，问反应向哪个方向进行？

解：向容器中加入气体前后，每种气体物质的量不变、温度不变，根据 $pV = nRT$，pV 乘积不变，因此容器中每种气体的分压为：

$$p(CO) = 3.04 \times 10^5 \times \frac{2.0 \times 10^{-3}}{6.0 \times 10^{-3}} = 1.01 \times 10^5 \text{Pa}$$

$$p(CO_2) = 2.02 \times 10^5 \times \frac{3.0 \times 10^{-3}}{6.0 \times 10^{-3}} = 1.01 \times 10^5 \text{Pa}$$

$$p(H_2O) = 2.02 \times 10^5 \times \frac{6.0 \times 10^{-3}}{6.0 \times 10^{-3}} = 2.02 \times 10^5 \text{Pa}$$

$$p(H_2) = 2.02 \times 10^5 \times \frac{1.0 \times 10^{-3}}{6.0 \times 10^{-3}} = 3.37 \times 10^4 \text{Pa}$$

$$Q = \frac{\left[\frac{p(H_2)}{p^\ominus}\right] \cdot \left[\frac{p(CO_2)}{p^\ominus}\right]}{\left[\frac{p(H_2O)}{p^\ominus}\right] \cdot \left[\frac{p(CO)}{p^\ominus}\right]} = \frac{p(H_2) \cdot p(CO_2)}{p(H_2O) \cdot p(CO)} = \frac{3.37 \times 10^4 \times 1.01 \times 10^5}{2.02 \times 10^5 \times 1.01 \times 10^5} = 0.167$$

$Q < K^\ominus$，反应正向进行。

2-27 在 298.15K 时反应 $NH_4HS(s) \rightleftharpoons NH_3(g) + H_2S(g)$ 的 $K^\ominus = 0.070$，求：
(1) 平衡时该气体混合物的总压；
(2) 在同样的实验中，NH_3 的最初分压为 25.3kPa 时，H_2S 的平衡分压为多少？
解：
(1)

$$NH_4HS(s) \rightleftharpoons NH_3(g) + H_2S(g)$$

$$K^\ominus = \frac{p(NH_3)}{p^\ominus} \cdot \frac{p(H_2S)}{p^\ominus} = 0.070$$

根据反应方程式可知，反应后

$$p(NH_3) = p(H_2S) = 26.46\text{kPa}$$

故　　　　　　　$p = p(NH_3) + p(H_2S) = 2 \times 26.46 = 53\text{kPa}$

(2) 设 H_2S 的平衡分压为 $x\text{kPa}$，则：

$$NH_4HS(s) \rightleftharpoons NH_3(g) + H_2S(g)$$

初始分压（kPa）:　　　　　　　　　25.3　　　　　0
平衡分压（kPa）:　　　　　　　　　25.3+x　　　　x

$$K^\ominus = \left[\frac{p(NH_3)}{p^\ominus}\right] \cdot \left[\frac{p(H_2S)}{p^\ominus}\right] = \frac{25.3 + x}{100} \times \frac{x}{100} = 0.070$$

故　　　　　　　　　　　　　　$x = 16.7\text{kPa}$

2-28 反应 $PCl_5(g) \rightleftharpoons PCl_3(g) + Cl_2(g)$：

（1）523K 时，将 0.70mol 的 PCl_5 注入容积为 2.0L 的密闭容器中，平衡时有 0.50mol PCl_5 被分解。试计算该温度下的平衡常数 $K^\ominus$ 和 PCl_5 的平衡转化率。

（2）若在上述容器中已达平衡后，再加入 0.10mol Cl_2，则 PCl_5 的分解百分数与未加 Cl_2 时相比有何不同？

（3）如开始在注入 0.70mol PCl_5 的同时，注入了 0.10mol Cl_2，则平衡时 PCl_5 的平衡转化率又是多少？比较（2）（3）所得结果，可得出什么结论？

解：

（1）

$$PCl_5(g) \rightleftharpoons PCl_3(g) + Cl_2(g)$$

初始时物质的量（mol）：0.70　　　　0　　　　0

平衡时物质的量（mol）：0.20　　　　0.50　　　　0.50

$$K^\ominus = \frac{\dfrac{p(PCl_3)}{p^\ominus} \cdot \dfrac{p(Cl_2)}{p^\ominus}}{\dfrac{p(PCl_5)}{p^\ominus}} = \frac{\dfrac{n(PCl_3)RT}{p^\ominus V} \cdot \dfrac{n(Cl_2)RT}{p^\ominus V}}{\dfrac{n(PCl_5)RT}{p^\ominus V}} = \frac{n(PCl_3) \cdot n(Cl_2)}{n(PCl_5)} \cdot \frac{RT}{p^\ominus V}$$

$$= \frac{0.50 \times 0.50}{0.20} \cdot \frac{8.314 \times 523}{100 \times 10^3 \times 2 \times 10^{-3}} = 27.18$$

PCl_5 的平衡转化率：

$$\alpha = \frac{0.50}{0.70} \times 100\% = 71.4\%$$

（2）设建立新的平衡时系统中有 x mol PCl_5，则：

$$PCl_5(g) \rightleftharpoons PCl_3(g) + Cl_2(g)$$

初始时物质的量（mol）：0.20　　　　0.50　　　　0.60

平衡时物质的量（mol）：x　　　　$0.7-x$　　　　$0.8-x$

由于在相同条件下反应的平衡常数 $K^\ominus$ 不变，则：

$$K^\ominus = \frac{\dfrac{p(PCl_3)}{p^\ominus} \cdot \dfrac{p(Cl_2)}{p^\ominus}}{\dfrac{p(PCl_5)}{p^\ominus}} = \frac{\dfrac{n(PCl_3)RT}{p^\ominus V} \cdot \dfrac{n(Cl_2)RT}{p^\ominus V}}{\dfrac{n(PCl_5)RT}{p^\ominus V}} = \frac{n(PCl_3) \cdot n(Cl_2)}{n(PCl_5)} \cdot \frac{RT}{p^\ominus V}$$

$$= \frac{(0.80 - x)(0.70 - x)}{x} \times \frac{8.314 \times 523}{100 \times 10^3 \times 2 \times 10^{-3}} = 27.18$$

$$x = 0.22\text{mol}$$

则 PCl_5 的分解百分数：

$$\alpha = \frac{0.70 - 0.22}{0.70} \times 100\% = 68.6\%$$

（3）设平衡时有 y mol PCl_5 被分解了，则有：

$$PCl_5(g) \rightleftharpoons PCl_3(g) + Cl_2(g)$$

初始时物质的量（mol）：0.70　　　　0　　　　0.10

平衡时物质的量（mol）：$0.70-y$　　　　y　　　　$0.10+y$

由于在相同条件下反应的平衡常数 $K^{\ominus}$ 不变，则：

$$K^{\ominus} = \dfrac{\dfrac{p(PCl_3)}{p^{\ominus}} \cdot \dfrac{p(Cl_2)}{p^{\ominus}}}{\dfrac{p(PCl_5)}{p^{\ominus}}} = \dfrac{\dfrac{n(PCl_3)RT}{p^{\ominus}V} \cdot \dfrac{n(Cl_2)RT}{p^{\ominus}V}}{\dfrac{n(PCl_5)RT}{p^{\ominus}V}} = \dfrac{n(PCl_3) \cdot n(Cl_2)}{n(PCl_5)} \cdot \dfrac{RT}{p^{\ominus}V}$$

$$= \dfrac{(0.10 + y)y}{0.70 - y} \times \dfrac{8.314 \times 523}{100 \times 10^3 \times 2 \times 10^{-3}} = 27.18$$

故　　　　　　　　　　　　　　　$y = 0.48 mol$

则 PCl_5 的平衡转化率：

$$\alpha = \dfrac{0.48}{0.70} \times 100\% = 68.6\%$$

（2）（3）两个过程所得结果相等，说明最终浓度及转化率只与始终态有关，与加入的过程无关。

2-29　在 376K 下，1.0L 容器内 N_2、H_2、NH_3 三种气体的平衡浓度分别为：$c(N_2) = 1.0 mol/L$，$c(H_2) = 0.50 mol/L$，$c(NH_3) = 0.50 mol/L$。若使 N_2 的平衡浓度增加到 1.2mol/L，需从容器中取出多少摩尔的氢气才能使系统重新达到平衡？

解：设需从容器中取出 $x mol$ 的氢气才能使系统重新达到平衡，则：

$$N_2(g) + 3H_2(g) \longrightarrow 2NH_3(g)$$

初始时浓度（mol/L）：　　　　　1.0　　0.50　　　　　0.50

发生反应的浓度（mol/L）：0.20　　0.60　　　　　0.40

平衡时浓度（mol/L）：　　　　　1.2　　1.1−x　　　　0.10

由于在相同条件下反应的平衡常数 K_c 不变，则：

$$K_c = \dfrac{[c(NH_3)]^2}{[c(N_2)] \cdot [c(H_2)]^3} = \dfrac{0.50^2}{1.0 \times 0.50^3} = 2 = \dfrac{0.10^2}{1.2 \times (1.1 - x)^3}$$

故 $x = 0.94 mol$，需从容器中取出 0.94mol 的氢气才能使系统重新达到平衡。

2-30　将 NO 和 O_2 注入一个温度为 673K 的密闭容器中。在反应发生以前，它们的分压分别为 $p(NO) = 101 kPa$、$p(O_2) = 286 kPa$。当反应 $2NO(g) + O_2(g) \rightleftharpoons 2NO_2(g)$ 达到平衡时，$p(NO_2) = 79.2 kPa$。计算该反应的 $\Delta_r G_m^{\ominus}$ 及 $K^{\ominus}$ 值。

解：　　　　　　　　　　　$2NO(g) + O_2(g) \rightleftharpoons 2NO_2$

初始分压（kPa）：　　　　　101　　286　　　0

变化（kPa）：　　　　　　79.2　　39.6　　79.2

平衡分压（kPa）：　　　　21.8　　246.4　　79.2

$$K^{\ominus} = \dfrac{[p(NO_2)/p^{\ominus}]^2}{[p(NO)/p^{\ominus}]^2 \cdot [p(O_2)/p^{\ominus}]} = \dfrac{p(NO_2)^2 \cdot p^{\ominus}}{p(NO)^2 \cdot p(O_2)} = \dfrac{79.2^2 \times 100}{21.8^2 \times 246.4} = 5.36$$

$$\Delta_r G_m^{\ominus} = -2.303RT\lg K^{\ominus} = -2.303 \times 8.314 \times 673 \times \lg 5.36 = -9.39 kJ/mol$$

2-31　已知反应 $\dfrac{1}{2}H_2(g) + \dfrac{1}{2}Cl_2(g) \longrightarrow HCl(g)$ 在 298.15K 时的 $K^{\ominus} = 4.9 \times 10^{16}$，

$\Delta_r H_m^{\ominus}(298.15K) = -92.307 kJ/mol$，求在 500K 时的 $K^{\ominus}$ 值（不需要查 $\Delta_f H_m^{\ominus}(298.15K)$ 和 $S_m^{\ominus}=(298.15K)$ 数据）。

解：由公式 $\ln \dfrac{K_2^{\ominus}}{K_1^{\ominus}} = \dfrac{\Delta_r H_m^{\ominus}}{R}\left(\dfrac{1}{T_1} - \dfrac{1}{T_2}\right)$ 可以计算：

$$\ln \frac{K_2^{\ominus}}{4.9 \times 10^{16}} = \frac{-92.307 \times 10^3}{8.314} \times \left(\frac{1}{298.15} - \frac{1}{500}\right)$$

故 $K_2^{\ominus} = 1.45 \times 10^{10}$。

2-32 在 298.15K 及标准态下，下面两个化学反应：

（1）$H_2O(l) + \dfrac{1}{2}O_2(g) \longrightarrow H_2O_2(aq)$，$\Delta_r G_m^{\ominus} = 105.3 kJ/mol > 0$

（2）$Zn(s) + \dfrac{1}{2}O_2(g) \longrightarrow ZnO(s)$，$\Delta_r G_m^{\ominus} = -318.3 kJ/mol < 0$

可知前者不能自发进行，若把两个反应耦合起来：

$$Zn(s) + H_2O(l) + O_2(g) \longrightarrow ZnO(s) + H_2O_2(aq)$$

不查热力学数据，请问此耦合反应在 298.15K 下能否自发进行，为什么？

解：此耦合反应为（1）和（2）两个反应之和，则：

$$\Delta_r G_m^{\ominus} = \Delta_r G_{m1}^{\ominus} + \Delta_r G_{m2}^{\ominus} = 105.3 - 318.3 = -213 kJ/mol < 0$$

故此耦合反应在 298.15K 下能自发进行。

2-33 利用下面热力学数据计算反应 $Ag_2O(s) \longrightarrow 2Ag(s) + \dfrac{1}{2}O_2(g)$，$Ag_2O(s)$ 的最低分解温度和在该温度下 $O_2(g)$ 的分压（假定反应的 $\Delta_r H_m^{\ominus}$ 和 $\Delta_r S_m^{\ominus}$ 不随温度的变化而改变）：

	$Ag_2O(s)$	$Ag(s)$	$O_2(g)$
$\Delta_f H_m^{\ominus}(kJ/mol)$：	−31.1	0	0
$S_m^{\ominus}(J/(mol \cdot K))$：	121.3	42.6	205.2

解：$\Delta_r H_m^{\ominus} = -\Delta_f H_m^{\ominus}(Ag_2O) = 31.1 kJ/mol$

$\Delta_r S_m^{\ominus} = 2S_m^{\ominus}(Ag) + \dfrac{1}{2}S_m^{\ominus}(O_2) - S_m^{\ominus}(Ag_2O) = 2 \times 42.6 + \dfrac{1}{2} \times 205.2 - 121.3$

$\qquad = 66.5 J/(mol \cdot K)$

$$\Delta_r G_m^{\ominus} = \Delta_r H_m^{\ominus} - T\Delta_r S_m^{\ominus} = 0$$

$$T = \frac{\Delta_r H_m^{\ominus}}{\Delta_r S_m^{\ominus}} = \frac{31.1 \times 10^3}{66.5} = 468K$$

由于分解产物只有 O_2 气体，分解又是在大气压下进行，故 O_2 分压为 100kPa。

3 化学反应速率

3.1 知识概要

本章主要内容涉及三个部分：
(1) 化学反应速率的表示方法：平均速率和瞬时速率；
(2) 影响化学反应速率的因素：浓度、温度和催化剂；
(3) 化学反应速率理论：碰撞理论、过渡状态理论。

3.2 重点、难点

3.2.1 化学反应速率的表示方法

化学反应速率是指一定条件下反应物转变为生成物的速率。化学反应速率经常用单位时间内反应物浓度的减少或生成物浓度的增加来表示，其单位一般为 mol/(L·S)、mol/(L·min)或 mol/(L·h)。

平均速率：均匀系统的恒容反应，用单位时间内反应物浓度的减少或生成物浓度的增加来表示，取正值。

瞬时速率：某一时刻的反应情况，用平均反应速率是反映不出来的，需要用瞬时速率，它是当 $\Delta t \rightarrow 0$ 时的极限值。

3.2.2 浓度对化学反应速率的影响

3.2.2.1 基元反应与非基元反应
(1) 能一步完成的化学反应称为基元反应。
(2) 非基元反应是指包含两个或两个以上基元反应步骤的反应，又称为复杂反应。

3.2.2.2 质量作用定律
对于基元反应来说，反应速率方程可表示为：
$$v = kc^a(A) \cdot c^b(B) \tag{3-1}$$
式 (3-1) 称为质量作用定律。质量作用定律只适用于基元反应。

3.2.2.3 简单级数的反应
(1) 零级反应是指反应速率与反应物浓度的零次幂成正比，即与反应物的浓度无关。
(2) 一级反应就是反应速率与反应物浓度的一次方成正比。

3.2.3 温度对化学反应速率的影响

阿仑尼乌斯公式：

$$k = Ae^{-\frac{E_a}{RT}} \tag{3-2}$$

$$\ln k = -\frac{E_a}{RT} + \ln A \tag{3-3}$$

式中，k 为反应速率常数；E_a 为反应的活化能；A 为指前因子（也称为频率因子）。

两式相减可得：

$$\ln \frac{k_2}{k_1} = \frac{E_a}{R} \left(\frac{T_2 - T_1}{T_1 T_2} \right) \tag{3-4}$$

换成常用对数得：

$$\lg \frac{k_2}{k_1} = \frac{E_a}{2.303R} \left(\frac{T_2 - T_1}{T_1 T_2} \right) \tag{3-5}$$

当温度为 T_1 时：

$$\ln k_1 = -\frac{E_a}{RT_1} + \ln A \tag{3-6}$$

当温度为 T_2 时：

$$\ln k_2 = -\frac{E_a}{RT_2} + \ln A \tag{3-7}$$

3.2.4 催化剂对化学反应速率的影响

催化剂对化学反应速率的影响很大。它是一种能改变反应速率，而其本身的组成、质量和化学性质在反应前后保持不变的物质。其中，能加快反应速率的称为正催化剂，能减慢反应速率的称为负催化剂。

3.2.5 化学反应速率理论

（1）碰撞理论：任何化学反应的发生其必要条件是反应物分子相互碰撞，反应速率与反应物分子间的碰撞频率有关。

（2）过渡态理论：反应物分子要发生碰撞而相互靠近到一定程度时，分子所具有的动能转变为分子间相互作用的势能，分子中原子间的距离发生了变化，旧键被削弱，同时新键开始形成。这时形成了一种过渡状态，即活化络合体。

3.3 典 型 例 题

【例 3-1】 在 2.0L 的密闭容器中发生了化学反应 $3A(g) + B(g) \longrightarrow 2C(g)$。在初始阶段，容器中加入的 A 和 B 都是 4mol，A 的平均反应速率为 0.12mol/(L·s)，计算 C 的平均反应速率和 10s 后容器中含有 B 物质的量。

解：根据平均速率的定义：

$$\frac{\bar{v}(A)}{3} = \frac{\bar{v}(B)}{1} = \frac{\bar{v}(C)}{2}$$

代入数据：

$$\frac{0.12}{3} = \frac{\bar{v}(B)}{1} = \frac{\bar{v}(C)}{2}$$

$$\bar{v}(B) = 0.04 \text{mol}/(L·s)$$

$$\overline{v}(C) = 0.08\text{mol}/(L \cdot s)$$

10s 后容器中含有 B 物质的量：

$$n(B) = 4 - 0.04 \times 10 \times 2 = 3.2\text{mol}$$

【例3-2】 对于反应 $H_2PO_3^- + OH^- \longrightarrow HPO_3^{2-} + H_2O$，通过实验测定的反应速率如下表：

序号	$c(H_2PO_3^-)/\text{mol} \cdot L^{-1}$	$c(OH^-)/\text{mol} \cdot L^{-1}$	反应速率/$\text{mol} \cdot (L \cdot s)^{-1}$
1	0.10	1.0	3.2×10^{-5}
2	0.50	1.0	1.6×10^{-4}
3	0.50	4.0	2.56×10^{-3}

（1）求反应级数；

（2）计算反应速率系数；

（3）若 $H_2PO_3^-$、OH^- 浓度均为 1.0mol/L 时反应速率为多少？

解：（1）从 1、2 组数据看，$c(OH^-)$ 保持不变，$c(H_2PO_3^-)$ 增加 5 倍，反应速率也增大 5 倍，即 $v \propto c(H_2PO_3^-)$；从 2、3 组数据看，$c(H_2PO_3^-)$ 保持不变，$c(OH^-)$ 增加 4 倍，反应速率也增大 16 倍，即 $v \propto c^2(OH^-)$；将两式合并得 $v \propto c(H_2PO_3^-) \cdot c^2(OH^-)$，则该反应速率方程为 $v = kc(H_2PO_3^-) \cdot c^2(OH^-)$，故该反应级数为 3。

（2）将表格中任意一组数据代入：

$$3.2 \times 10^{-5} = k \times 0.1 \times 1^2$$

故

$$k = 3.2 \times 10^{-4}L^2/(\text{mol}^2 \cdot s)$$

则速率方程为：　　$v = 3.2 \times 10^{-4}c(H_2PO_3^-) \cdot c^2(OH^-)$

（3）当 $H_2PO_3^-$、OH^- 浓度均为 1.0mol/L 时反应速率为：

$v = 3.2 \times 10^{-4}c(H_2PO_3^-) \cdot c^2(OH^-) = 3.2 \times 10^{-4} \times 1.0 \times 1.0 = 3.2 \times 10^{-4}\text{mol}/(L \cdot s)$

【例3-3】 某一级反应 A →B 的半衰期为 10min，求 1h 后剩余 A 物质的量分数。

解：由于反应为一级反应，半衰期计算公式：

$$t_{\frac{1}{2}} = \frac{\ln 2}{k}$$

可以计算出反应速率常数：

$$k = \frac{\ln 2}{t_{\frac{1}{2}}} = \frac{\ln 2}{10}\text{min}^{-1}$$

将 k 代入公式 $\ln \frac{c_0}{c_t} = k_1 t$，可得：

$$\ln \frac{c_0}{c_t} = \frac{\ln 2}{10} \times 60 = 6\ln 2$$

故

$$\frac{c_t}{c_0} = 0.0156$$

即 1h 后剩余 A 物质的量分数为 0.0156。

【例3-4】 某反应的活化能为 181.6kJ/mol，加入某催化剂后，该反应的活化能为 151.0kJ/mol，当温度为 800K 时，加催化剂后的反应速率增大多少倍？

解：根据公式 $\ln k = -\dfrac{E_a}{RT} + \ln A$，假设原反应速率常数为 k_1，活化能为 E_{a_1}；加入催化剂后，反应速率常数为 k_2，活化能为 E_{a_2}，则：

$$\ln \frac{k_2}{k_1} = \frac{E_{a_1} - E_{a_2}}{RT} = \frac{181.6 - 151.0}{8.314 \times 800} \times 10^3 = 4.60$$

故

$$\frac{k_2}{k_1} = 99.55$$

当温度为 800K 时，加催化剂后的反应速率增大 99.55 倍。

【例 3-5】 已知反应 $CO(CH_2COOH)_2 \longrightarrow CH_3COCH_3 + 2CO_2$ 在 10℃时 $k_1 = 1.08 \times 10^{-4}$ mol/(L·s)，在 60℃时 $k_2 = 5.48 \times 10^{-2}$ mol/(L·s)，试求该反应在 30℃时的反应速率常数 k_3。

解：根据公式 $\ln \dfrac{k_2}{k_1} = \dfrac{E_a}{R}\left(\dfrac{T_2 - T_1}{T_1 T_2}\right)$，可计算出反应的活化能：

$$E_a = \ln \frac{k_2}{k_1}\left(\frac{T_1 T_2}{T_2 - T_1}\right) R = \ln \frac{5.48 \times 10^{-2}}{1.08 \times 10^{-4}} \times \left(\frac{283 \times 333}{333 - 283}\right) \times 8.314 = 97.61 \text{kJ/mol}$$

又根据公式 $\ln \dfrac{k_3}{k_1} = \dfrac{E_a}{R}\left(\dfrac{T_3 - T_1}{T_1 T_3}\right)$ 可转换为：

$$\ln k_3 = \ln k_1 + \frac{E_a}{R}\left(\frac{T_3 - T_1}{T_1 T_3}\right) = \ln 1.08 \times 10^{-4} + \frac{97.61 \times 10^3}{8.314} \times \left(\frac{303 - 283}{303 \times 283}\right) = -6.40$$

故

$$k_3 = 1.67 \times 10^{-3}$$

3.4 课后习题及解答

3-1 区别下列概念：

（1）化学反应速率和化学反应速率常数；

（2）活化分子和活化能。

答案：（1）化学反应速率：是指一定条件下反应物转变为生成物的速率；化学反应速率常数：是指反应物浓度为单位浓度时的反应速率。

（2）活化分子：是指能发生有效碰撞的分子；活化能：是指活化分子具有的最低能量与分子的平均能量之差。

【解析】 考察概念。

3-2 在 2.4L 溶液中发生了某化学反应，35s 内生成了 0.0013mol 的 A 物质，求该反应的平均速率。

解：根据平均速率计算公式可得：

$$\overline{v} = \frac{\Delta c(A)}{\Delta t} = \frac{0.0013/2.4}{35} = 1.55 \times 10^{-5} \text{mol/(L·s)}$$

3-3 某化学反应：A →产物，反应时间 $t = 71.5$s，A 物质的浓度为 0.485mol/L；$t =$

82.4s，A 物质的浓度为 0.474mol/L，试计算在此时间间隔内，该反应的平均反应速率。

解： $\bar{v} = -\dfrac{\Delta c(A)}{\Delta t} = -\dfrac{0.474 - 0.485}{82.4 - 71.5} = 1.0 \times 10^{-3}\text{mol/}(\text{L} \cdot \text{s})$

3-4 某化学反应：$A + 2B \longrightarrow 2C$，当 A 物质的浓度为 0.3580mol/L 时，该反应的反应速率为 $1.76 \times 10^{-5}\text{mol/}(\text{L} \cdot \text{s})$，试求：

(1) 在该时刻，用 C 物质的浓度变化计算的反应速率是多少？

(2) 假设反应速率不变，1min 后 A 物质的浓度是多少？

解：

(1) 因为 $\dfrac{v(A)}{1} = \dfrac{v(B)}{2} = \dfrac{v(C)}{2}$

代入数据：

$$\frac{1.76 \times 10^{-5}}{1} = \frac{v(C)}{2}$$
$$v(C) = 3.52 \times 10^{-5}\text{mol/}(\text{L} \cdot \text{s})$$

(2) $\quad v(A) = -\dfrac{\Delta c(A)}{\Delta t} = -\dfrac{c(A) - 0.3580}{60} = 1.76 \times 10^{-5}\text{mol/}(\text{L} \cdot \text{s})$

故 $\qquad\qquad\qquad\qquad c(A) = 0.3569\text{mol/L}$

3-5 形成烟雾的化学反应之一是臭氧和一氧化氮之间的反应，反应式如下：

$$O_3(g) + NO(g) \longrightarrow O_2(g) + NO_2(g)$$

速率方程为：$v = k \cdot c(O_3) \cdot c(NO)$，已知此反应的速率常数为 $1.2 \times 10^7 \text{L/}(\text{mol} \cdot \text{s})$。当污染的空气中，$O_3$ 与 NO 的浓度都等于 $5 \times 10^{-8}\text{mol/L}$ 时，计算每秒钟生成 NO_2 的浓度；由计算结果判断 NO 转化为 NO_2 的速率是快还是慢。

解： $v = k \cdot c(O_3) \cdot c(NO) = 1.2 \times 10^7 \times 5 \times 10^{-8} \times 5 \times 10^{-8} = 3 \times 10^{-8}\text{mol/}(\text{L} \cdot \text{s})$

每秒钟生成 NO_2 的浓度：

$$c(NO_2) = v \cdot t = 3 \times 10^{-8} \times 1 = 3 \times 10^{-8}\text{mol/L}$$

根据反应方程式可知，每秒钟生成 $3 \times 10^{-8}\text{mol/L}$ 的 NO_2，就消耗了 $3 \times 10^{-8}\text{mol/L}$ 的 NO，所以 1s 的转化率为：

$$\alpha = \frac{3 \times 10^{-8}}{5 \times 10^{-8}} \times 100\% = 60\%，反应速率很快。$$

3-6 低温下反应 $CO(g) + NO_2(g) \longrightarrow CO_2(g) + NO(g)$ 的速率方程是 $v = k \cdot c^2(NO_2)$。问下列哪个反应机理与此速率方程一致：

(1) $CO + NO_2 \longrightarrow CO_2 + NO$

(2) $2NO_2 \Longrightarrow N_2O_4$（快）
$\qquad N_2O_4 + 2CO \longrightarrow 2CO_2 + 2NO$（慢）

(3) $2NO_2 \longrightarrow NO_3 + NO$（慢）
$\qquad NO_3 + CO \longrightarrow NO_2 + CO_2$（快）

(4) $2NO_2 \longrightarrow 2NO + O_2$（慢）
$\qquad 2CO + O_2 \longrightarrow 2CO_2$（快）

答案：（3）（4）

【解析】 反应速率是由反应最慢的步骤决定的，所以上述反应的速率方程：

（1）$v = k \cdot c(CO) \cdot c(NO_2)$

（2）$v = k \cdot c(N_2O_4) \cdot c^2(CO)$

（3）$v = k \cdot c^2(NO_2)$

（4）$v = k \cdot c^2(NO_2)$

3-7 对于反应 $2NO(g) + Cl_2(g) \longrightarrow 2NOCl(g)$，通过实验测定的反应速率如下表：

序号	$c(NO)/mol \cdot L^{-1}$	$c(Cl_2)/mol \cdot L^{-1}$	反应速率$/mol \cdot (L \cdot s)^{-1}$
1	0.0125	0.0255	2.27×10^{-5}
2	0.0125	0.0510	4.55×10^{-5}
3	0.0250	0.0255	9.08×10^{-5}

请给出上述反应的速率方程。

解：从 1、2 组数据看，$c(NO)$ 保持不变，$c(Cl_2)$ 增加 1 倍，反应速率也增大 1 倍，即 $v \propto c(Cl_2)$；从 1、3 组数据看，$c(Cl_2)$ 保持不变，$c(NO)$ 增加 1 倍，反应速率也增大 4 倍，即 $v \propto c^2(NO)$；将两式合并得 $v \propto c^2(NO) \cdot c(Cl_2)$，则该反应速率方程为：

$$v = kc^2(NO) \cdot c(Cl_2)$$

将表格中任意一组数据代入：

$$2.27 \times 10^{-5} = k \times 0.0125^2 \times 0.0255$$

故 $k = 5.7 L^2/(mol^2 \cdot s)$，$v = 5.7c^2(NO) \cdot c(Cl_2)$。

3-8 某反应 A →产物为一级反应：

（1）A 物质的起始质量为 1.60g，经过反应时间 $t = 38min$ 后，A 物质剩余 0.40g，计算该反应的半衰期 $t_{1/2}$。

（2）如果反应进行了 1h，A 物质的剩余质量是多少 g？

解：

（1）由于反应为一级反应，则根据公式 $\ln \frac{c_0}{c_t} = k_1 t$，可得：

$$k_1 = \frac{\ln \frac{1.6}{0.4}}{38} = \frac{\ln 2}{19} min^{-1}$$

代入半衰期计算公式：$t_{1/2} = \frac{\ln 2}{k_1} = \frac{\ln 2}{\frac{\ln 2}{19}} = 19min$

（2）代入公式 $\ln \frac{c_0}{c_t} = k_1 t$，则有：

$$\ln \frac{1.6}{c_t} = \frac{\ln 2}{19} \times 60$$

故 $c_t = 0.18g$

3-9 25℃下，某反应 A →产物为一级反应，已知该反应在 25℃下的半衰期 $t_{1/2}$ = 46.2min，102℃下的半衰期 $t_{1/2}$ = 2.6min。

（1）计算反应的活化能；

（2）在什么温度下，该反应的半衰期 $t_{1/2}$ 为 10.0min。

解：

（1）由于反应为一级反应，则根据半衰期计算公式 $t_{1/2} = \dfrac{\ln 2}{k_1}$，可得：

$$k_{(298.15)} = \frac{\ln 2}{46.2} = 0.015 \text{min}^{-1}$$

$$k_{(375.15)} = \frac{\ln 2}{2.6} = 0.267 \text{min}^{-1}$$

由此可以根据公式 $\ln \dfrac{k_2}{k_1} = \dfrac{E_a}{R}\left(\dfrac{T_2 - T_1}{T_1 T_2}\right)$，可计算出反应的活化能：

$$\ln \frac{0.267}{0.015} = \frac{E_a}{8.314} \times \left(\frac{375.15 - 298.15}{375.15 \times 298.15}\right)$$

故 E_a = 34.77kJ/mol。

（2）根据半衰期计算公式 $t_{1/2} = \dfrac{\ln 2}{k_1}$，则有：

当 $t_{1/2}$ = 10.0min 时，

$$k = \ln 2/10 = 0.069 \text{min}^{-1}$$

根据公式：
$$\ln \frac{k_2}{k_1} = \frac{E_a}{R} \cdot \frac{T_2 - T_1}{T_1 T_2}$$

$$\ln \frac{0.069}{0.015} = \frac{34.77 \times 10^3}{8.314} \times \frac{T_2 - 298.15}{298.15 T_2}$$

故 T_2 = 334.55K = 61.40℃。

3-10 某化学反应在 30.0min 完成 50%。如果反应进行 75%，需要多长时间？

（1）如果反应为一级反应；

（2）如果反应为零级反应。

解：

（1）由于反应为一级反应，则根据半衰期计算公式 $t_{1/2} = \dfrac{\ln 2}{k_1}$，可得：

$$k_1 = \frac{\ln 2}{30} \text{min}^{-1}$$

代入公式 $\ln \dfrac{c_0}{c_t} = k_1 t$，则有：

$$\ln \frac{c_0}{(100\% - 75\%)c_0} = \frac{\ln 2}{30}t$$

故 $\qquad\qquad\qquad\qquad\qquad t = 60\text{min}$

（2）由于反应为零级反应，则根据半衰期计算公式 $t_{1/2} = \dfrac{c_0(A)}{2k_0}$，可得：

$$k_0 = \frac{c_0}{2 \times 30} = \frac{c_0}{60} \text{mol}/(\text{L} \cdot \text{min})$$

根据公式 $c_t = c_0 - k_0 t$，可计算：

$$(100 - 75\%)c_0 = c_0 - \frac{c_0}{60}t$$

故 $t = 45\text{min}$

3-11 氨分解反应 $2NH_3(g) \longrightarrow N_2(g) + 3H_2(g)$ 在 Pt 催化下是零级反应。如果增加 $NH_3(g)$ 的浓度为原来的 2 倍，则该反应速率如何变化？

答案： 零级反应是指反应速率与反应物浓度的零次幂成正比，即与反应物的浓度无关。因此，在反应中增加 $NH_3(g)$ 的浓度对于反应速率没有影响。

【解析】 考察催化剂对反应速率的影响。

3-12 如何应用碰撞理论和过渡状态理论解释浓度、温度和催化剂对化学反应速率的影响。

答案： 当反应物浓度增大时，单位体积内反应物分子总数增多，活化分子数相应增多，单位时间内有效碰撞次数增加，反应速率加快。当浓度一定、温度升高时，活化分子百分数增加，反应加快。催化剂的存在，改变了反应途径，降低了反应活化能，从而加快反应速率。

【解析】 考察碰撞理论和过渡状态理论。

3-13 某一反应的活化能为 180kJ/mol，另一反应的活化能为 48.12kJ/mol。在相似条件下，这两个反应哪一个进行得快些，为什么？

答案： 活化能小的反应进行得更快。活化能大的反应，活化分子分数越小，单位时间内有效碰撞的次数越少，反应速率越慢。

【解析】 考察活化能对反应速率的影响。

3-14 反应 $2NO_2(g) \longrightarrow 2NO(g) + O_2(g)$ 的活化能为 114kJ/mol。在 600K 时，$k = 0.75\text{L}/(\text{mol} \cdot \text{s})$。计算 700K 时的 k 值。

解：
$$\ln\frac{k_2}{k_1} = \frac{E_a}{R}\left(\frac{T_2 - T_1}{T_1 T_2}\right)$$

$$\ln\frac{k_2}{0.75} = \frac{114 \times 10^3}{8.314} \times \left(\frac{700 - 600}{700 \times 600}\right)$$

故 $k_2 = 19.6\text{L}/(\text{mol} \cdot \text{s})$

3-15 在某一容器中，发生反应 $A + B \longrightarrow C$，实验测得数据如下：

$c(A)/\text{mol} \cdot \text{L}^{-1}$	$c(B)/\text{mol} \cdot \text{L}^{-1}$	$v/\text{mol} \cdot (\text{L} \cdot \text{s})^{-1}$	$c(A)/\text{mol} \cdot \text{L}^{-1}$	$c(B)/\text{mol} \cdot \text{L}^{-1}$	$v/\text{mol} \cdot (\text{L} \cdot \text{s})^{-1}$
1.0	1.0	1.2×10^{-2}	1.0	1.0	1.2×10^{-2}
2.0	1.0	2.3×10^{-2}	1.0	2.0	4.8×10^{-2}
4.0	1.0	4.9×10^{-2}	1.0	4.0	1.92×10^{-1}
8.0	1.0	9.6×10^{-2}	1.0	8.0	7.68×10^{-1}

（1）确定反应速率方程；

（2）计算反应速率常数 k。

解：

（1）从左侧三列数据可知，$c(B)$ 保持不变，$c(A)$ 每增加 1 倍，反应速率也增大 1 倍，即 $v \propto c(A)$；从右侧三列数据可知，$c(A)$ 保持不变，$c(B)$ 每增加 1 倍，反应速率也增大 4 倍，即 $v \propto c^2(B)$；将两式合并得 $v \propto c(A) \cdot c^2(B)$，则该反应速率方程为：

$$v = kc(A) \cdot c^2(B)$$

（2）代入任意一组数据可得：

$$1.2 \times 10^{-2} = k \times 1 \times 1^2$$

故

$$k = 1.2 \times 10^{-2} L^2/(mol^2 \cdot s)$$

3-16   在埃及金字塔发现的一块布匹样品中，放射性碳的活性是 480 次衰变/$(g \cdot h)$。在活的有机物中 $^{14}_6C$ 的含量几乎保持恒定，约为 230Bq/kg。试求该布匹的年代。（已知 $^{14}_6C$ 的 $t_{1/2} = 5568$ 年）

（用 Bq 代表放射源每秒钟核衰变数的单位，如果每秒衰变为 1，则称为 $1Bq = 1/s$）

解： 已知 $^{14}_6C$ 的 $t_{1/2} = 5568$ 年，根据 $t_{1/2} = \dfrac{\ln 2}{k_1}$ 得：

$$k_1 = \frac{0.693}{5568} = 1.245 \times 10^{-4} （年^{-1}）$$

由 $\ln c_t(B) = \ln c_0(B) - k_1 t$ 可得：

$$t = \frac{\ln c_0(B) - \ln c_t(B)}{k_1} = \frac{\ln \dfrac{230/1000}{480/3600}}{1.245 \times 10^{-4}} = 4379 \text{ 年}$$

故该布匹为 4379 年之前的。

4 酸 碱 平 衡

4.1 知 识 概 要

本章主要内容涉及三个部分:
(1) 酸碱理论;
(2) 弱电解质的解离:水的解离平衡、一元弱酸弱碱的解离平衡、多元弱酸的解离平衡、同离子效应和盐效应、盐的水解;
(3) 缓冲溶液:缓冲溶液的作用原理、缓冲溶液 pH 值的计算。

4.2 重点、难点

4.2.1 酸碱理论

4.2.1.1 酸碱电离理论

酸碱电离理论的要点:酸是在水溶液中解离产生的阳离子全部是 H^+ 的化合物;碱是在水溶液中解离产生的阴离子全部是 OH^- 的化合物;酸碱中和反应的实质是 H^+ 与 OH^- 结合生成 H_2O 的反应;酸碱的相对强弱可以根据它们在水溶液中解离出 H^+ 或 OH^- 程度的大小来衡量。

酸碱电离理论从物质的组成上阐明了酸、碱的特征反应,并且应用化学平衡原理确定了酸碱相对强弱的定量标度。电离理论也有局限性,它把酸和碱局限于水溶液系统中,对非水系统和无溶剂系统都不适用;另外,该理论把碱看成为氢氧化物,不能解释一些不含 OH^- 基团的分子或离子显碱性的问题。

4.2.1.2 酸碱质子理论

酸碱质子理论的要点:凡是能释放出质子 (H^+) 的物质 (分子或离子) 都是酸;任何能与质子结合的物质都是碱。既能给出质子又能接受质子的物质被称为两性物质。简言之,酸是质子的给予体,碱是质子的接受体,酸碱反应的实质是争夺质子的过程。

酸给出一个质子后生成的碱称为这种酸的共轭碱。

$$共轭酸 \rightleftharpoons 质子+共轭碱$$

质子酸碱的强弱是指酸给出质子的能力和碱接受质子的能力。给出质子能力强的物质是强酸,接受质子能力强的物质是强碱;反之,便是弱酸和弱碱。共轭的酸和碱的强弱有一定的依赖关系。酸越强,对应的共轭碱的碱性越弱;酸越弱,对应的共轭碱的碱性越强;对于碱也是如此。讨论酸碱的相对强弱必须以同一溶剂为比较标准。

酸碱质子理论扩大了酸和碱的范畴,使人们加深了对酸碱的认识。它不仅适用于水溶液系统，也适用于非水系统和气相系统，它把许多离子平衡都归结为酸碱反应而使之系统化。但是，质子理论也有局限性，它只限于质子的给予和接受，对于无质子参与的酸碱反应就无能为力了。

4.2.1.3　酸碱溶剂理论

酸碱溶剂理论的要点：在溶剂中能够解离出溶剂的特征阳离子的物质是酸，在溶剂中能够解离出溶剂的特征阴离子的物质是碱。溶剂的特征离子是指溶剂分子自耦解离时产生的阴离子和阳离子。

酸碱溶剂理论包含了酸碱电离理论及酸碱质子理论，但又不局限于质子的传递，即酸碱不一定含有质子（或 H^+），酸碱中和反应不一定是质子的传递作用，这一理论大大扩展了酸碱的范畴。其局限性是不能适用于不自耦解离的溶剂（如苯、四氯化碳等）系统，更不适用于无溶剂的系统。

4.2.1.4　酸碱电子理论

酸碱电子理论的基本要点是：酸是任何可以接受电子对的分子或离子，酸是电子对的接受体，具有可以接受电子对的空轨道。碱则是可以给出电子对的分子或离子，碱是电子对的给予体，具有未共享的孤对电子。酸碱之间以共价键相结合。

在酸碱电子理论中，一种物质究竟属于酸还是碱，需要结合具体的反应才能确定。在反应中接受电子对的是酸，给出电子对的是碱。酸碱电子理论的适用范围极广，但是酸碱的特征不明显。

4.2.1.5　软硬酸碱理论

软硬酸碱理论将酸碱分为硬酸、软酸、交界酸和硬碱、软碱、交界碱各三类。所谓硬酸是电荷较多、半径较小、外层电子被原子核束缚得比较紧，因而不易变形的正离子；软酸是电荷较少、半径较大、外层电子被原子核束缚得比较松而易变形的正离子；交界酸是介于硬酸和软酸之间的酸。以 N、O、F 这类吸引电子能力强、半径小、难被氧化、不易变形的原子为配位原子的碱，称作硬碱；以 P、S、I 这些吸引电子能力弱、半径较大、易被氧化、容易变形的原子为配位原子的碱，称作软碱；介于硬碱和软碱之间的碱称作交界碱。

对同一元素来说，氧化态高的离子比氧化态低的离子往往具有较硬的酸度。"硬酸与硬碱结合，软酸与软碱结合，常常形成稳定的配合物"，或简称为"硬亲硬，软亲软"，这一规律称作硬软酸碱原则，简称为 HSAB（Hard and Soft Acid and Base）原则。

应用硬软酸碱原则可对化合物的稳定性、自然界中矿物的存在形式、含金属离子化合物的结合形式，以及金属催化剂中毒现象给出较为合理的解释。

4.2.2　水的解离平衡

纯水是一种弱的电解质，存在下列解离平衡：

$$H_2O(l) \rightleftharpoons H^+(aq) + OH^-(aq)$$

平衡常数 $K^\ominus = \dfrac{c(H^+)}{c^\ominus} \cdot \dfrac{c(OH^-)}{c^\ominus}$，称为水的离子积（Ion-Product Constant），常用符号 $K_w^\ominus$ 表示。室温下，$K_w^\ominus = 1.0 \times 10^{-14}$。$K_w^\ominus$ 与其他平衡常数一样，是温度的函数，随着温度

的升高，$K_w^{\ominus}$ 的数值是增大的。

常用 pH 值或 pOH 值表示溶液的酸碱性：

$$pH = -\lg \frac{c(H^+)}{c^{\ominus}} = -\lg c(H^+) \tag{4-1}$$

$$pOH = -\lg \frac{c(OH^-)}{c^{\ominus}} = -\lg c(OH^-) \tag{4-2}$$

室温下

$$pH + pOH = 14$$

4.2.3　弱酸、弱碱的解离平衡

4.2.3.1　一元弱酸、弱碱的解离

一元弱酸 HA 在水中存在下列解离平衡：

$$HA(aq) \rightleftharpoons H^+(aq) + A^-(aq)$$

其解离常数 $K_a^{\ominus}$ 表示为：

$$K_a^{\ominus} = \frac{c(H^+) \cdot c(A^-)}{c(HA)} \tag{4-3}$$

HA 的起始浓度用 c_0 表示，设定平衡时溶液中 $c(H^+) = x\,mol/L$。对于大多数弱酸来说，$K_a^{\ominus} \gg K_w^{\ominus}$，所以溶液中 H^+ 主要来源于弱酸的解离，可以忽略水的解离。

$$HA(aq) \rightleftharpoons H^+(aq) + A^-(aq)$$

平衡浓度（mol/L）：　　　　c_0-x　　　　　x　　　　　　x

如果 $c_0/K_a^{\ominus} \geqslant 500$，$x \ll c_0$，$c_0-x \approx c_0$，则：

$$K_a^{\ominus} = \frac{x \cdot x}{c_0 - x} = \frac{x^2}{c_0} \tag{4-4}$$

$$c(H^+) = x = \sqrt{K_a^{\ominus} \cdot c_0} \tag{4-5}$$

同理可推得，在 BOH 型弱碱溶液中，当弱碱的起始浓度 c_0 满足 $c_0/K_b^{\ominus} \geqslant 500$ 时，有：

$$c(OH^-) = \sqrt{K_b^{\ominus} \cdot c_0} \tag{4-6}$$

$K_a^{\ominus}$ 和 $K_b^{\ominus}$ 的值越大，表示弱酸或弱碱解离的程度越大。$K_a^{\ominus}$ 和 $K_b^{\ominus}$ 的值可以表示弱酸、弱碱的相对强弱。

弱电解质在溶液中达到解离平衡后，已解离的弱电解质的浓度与其起始浓度之比，称作解离度。

$$解离度\ \alpha = \frac{已解离的弱电解质浓度}{弱电解质的起始浓度} \times 100\% \tag{4-7}$$

解离度 α 是表征弱电解质解离程度大小的特征常数，与温度和浓度有关。α 越大，弱电解质的解离程度越大。解离度 α 的大小与解离常数有关。

注意：对于极稀的水溶液，水的解离将不可忽略。在具体计算时，溶液中 $H^+(OH^-)$ 来源于弱电解质和水两个解离平衡。

4.2.3.2　多元弱酸的解离平衡

多元弱酸的解离是分步进行的，以 H_2S 为例，其解离过程按以下两步进行：

$$H_2S(aq) \rightleftharpoons H^+(aq) + HS^-(aq) \qquad K_{a1}^{\ominus}$$

$$HS^-(aq) \rightleftharpoons H^+(aq) + S^{2-}(aq) \qquad K_{a2}^{\ominus}$$

$K_{a1}^{\ominus}$ 和 $K_{a2}^{\ominus}$ 分别表示 H_2S 的第一步解离平衡常数和第二步解离平衡常数。

H_2S 总的解离方程式为：

$$H_2S(aq) \rightleftharpoons 2H^+(aq) + S^{2-}(aq) \qquad K_a^{\ominus}$$

$$K_a^{\ominus} = K_{a1}^{\ominus} \cdot K_{a2}^{\ominus} = \frac{c^2(H^+) \cdot c(S^{2-})}{c(H_2S)} \tag{4-8}$$

对于大多数多元弱酸，各级解离平衡常数都相差很大。若 $K_{a1}^{\ominus} \gg K_w^{\ominus}$，且 $K_{a1}^{\ominus} / K_{a2}^{\ominus} > 10^3$，则溶液中 H^+ 主要来自多元弱酸的第一步解离平衡。所以计算溶液中 $c(H^+)$ 只考虑第一步解离平衡，按照一元弱酸溶液进行处理。二元弱酸自由解离的溶液中，其负二价酸根离子的浓度在数值上等于二级解离常数。

在常温常压下，H_2S 饱和水溶液的浓度为 0.1mol/L，S^{2-} 浓度近似等于 $K_{a2}^{\ominus}$。

4.2.3.3 同离子效应和盐效应

向弱酸或弱碱溶液中加入与其含有相同离子的易溶强电解质时，引起解离平衡逆向移动，即向着生成弱电解质的方向移动，解离度降低，这种作用称为同离子效应。

向弱酸或弱碱溶液中加入与其不含有相同离子的易溶强电解质时，解离度稍稍增大，这种作用称为盐效应。

4.2.3.4 盐溶液的水解平衡

盐溶液在水中解离出来的离子与水发生质子转移反应，使水溶液 pH 值发生变化的现象称为盐的水解。

A. 强酸弱碱盐

强酸弱碱盐在水中完全解离产生的阳离子可与水发生质子转移反应，使得水溶液显酸性。

水解平衡常数：

$$K_h^{\ominus} = \frac{K_w^{\ominus}}{K_b^{\ominus}} \tag{4-9}$$

当 $c_{盐} / K_h^{\ominus} \geqslant 500$ 时，

$$c(H^+) = \sqrt{\frac{K_w^{\ominus}}{K_b^{\ominus}} \cdot c_{盐}} = \sqrt{K_h^{\ominus} \cdot c_{盐}} \tag{4-10}$$

水解度为：

$$h = \sqrt{\frac{K_h^{\ominus}}{c_{盐}}} = \sqrt{\frac{K_w^{\ominus}}{K_b^{\ominus} \cdot c_{盐}}} \tag{4-11}$$

B. 强碱弱酸盐

强碱弱酸盐在水中完全解离生成的弱酸根离子与水发生质子转移反应，使得水溶液呈碱性。

水解平衡常数：

$$K_h^{\ominus} = \frac{K_w^{\ominus}}{K_a^{\ominus}} \tag{4-12}$$

当 $c_{盐}/K_h^{\ominus} \geqslant 500$ 时，

$$c(H^+) = \sqrt{\frac{K_w^{\ominus}}{K_a^{\ominus}} \cdot c_{盐}} = \sqrt{K_h^{\ominus} \cdot c_{盐}} \qquad (4\text{-}13)$$

水解度为：

$$h = \sqrt{\frac{K_h^{\ominus}}{c_{盐}}} = \sqrt{\frac{K_w^{\ominus}}{K_a^{\ominus} c_{盐}}} \qquad (4\text{-}14)$$

多元弱酸强碱盐水解也呈碱性，弱酸根离子与水之间的质子转移反应也是分步进行的，每一步都有相应的解离常数，相应共轭酸碱解离常数乘积等于 $K_w^{\ominus}$。例如对于 Na_3PO_4 来说，由于 $K_{h1}^{\ominus} \gg K_{h2}^{\ominus} \gg K_{h3}^{\ominus}$，且 $K_{h1}^{\ominus} \gg K_w^{\ominus}$，可以认为溶液中 OH^- 主要是由第一步解离所产生的，可以按照一元弱碱规律计算溶液中 OH^- 的浓度。

C. 弱酸弱碱盐

弱酸弱碱盐溶于水后完全解离产生的阴、阳离子都会与水发生质子转移反应。

反应的平衡常数为：

$$K^{\ominus} = \frac{K_w^{\ominus}}{K_a^{\ominus} K_b^{\ominus}} \qquad (4\text{-}15)$$

溶液中 H^+ 浓度近似计算式为：

$$c(H^+) = \sqrt{\frac{K_w^{\ominus} K_a^{\ominus}}{K_b^{\ominus}}} \qquad (4\text{-}16)$$

弱酸弱碱盐溶液的酸碱性主要与 $K_a^{\ominus}$ 和 $K_b^{\ominus}$ 的相对大小有关，分为下列三种情况：

当 $K_a^{\ominus} > K_b^{\ominus}$ 时，溶液呈酸性；

当 $K_a^{\ominus} = K_b^{\ominus}$ 时，溶液呈中性；

当 $K_a^{\ominus} < K_b^{\ominus}$ 时，溶液呈碱性。

D. 影响盐类水解的因素

影响化学平衡移动的原理同样适用于盐类水解平衡，升高温度和稀释都会促进盐类的水解。此外，如果盐类的水解反应有固体析出或气体放出，则水解程度大大增加，甚至可以完全水解。阳离子水解时，加酸可以抑制水解。

4.2.4 缓冲溶液

弱酸及其共轭碱或弱碱及其共轭酸组成溶液的 pH 值在一定范围内，不因外加的少量酸和碱或稀释而发生显著变化，这种具有保持 pH 值相对稳定作用的溶液称为缓冲溶液。

缓冲溶液具有缓冲作用的根本原因在于同离子效应。

缓冲溶液的组成：弱酸及其盐、弱碱及其盐或弱酸弱碱盐的混合溶液。

缓冲溶液 pH 值计算：

根据共轭酸碱之间的平衡

$$共轭酸 \rightleftharpoons H^+(aq) + 共轭碱$$

弱酸–共轭碱缓冲溶液的 pH 值为：

$$pH = pK_a^{\ominus} - \lg \frac{c(共轭酸)}{c(共轭碱)} \qquad (4\text{-}17)$$

弱碱-共轭酸缓冲溶液的 pH 值为：

$$pH = 14 - pOH = 14 - pK_b^\ominus + \lg\frac{c(共轭碱)}{c(共轭酸)} \tag{4-18}$$

上述公式中的浓度应为平衡浓度，由于同离子效应的普遍存在，因此可近似地将共轭酸碱的平衡浓度看作等于其起始浓度。

缓冲溶液的缓冲能力是有一定限度的，缓冲溶液的缓冲能力与组成缓冲溶液的共轭酸、碱的浓度及其比值有关。当共轭酸、碱的浓度都较大时，缓冲能力也较大。共轭酸与共轭碱的浓度比值接近于 1 时，缓冲能力较强。通常缓冲溶液共轭酸与共轭碱的浓度比在 0.1~10 范围之内。

弱酸-共轭碱缓冲溶液的 pH 值缓冲范围为：

$$pH = pK_a^\ominus \pm 1$$

弱碱-共轭酸缓冲溶液的 pH 值缓冲范围为：

$$pOH = pK_b^\ominus \pm 1$$

4.3　典 型 例 题

【例 4-1】　298K 时，某一元弱酸（HA）的 0.02mol/L 水溶液的 pH 值为 4，试求该弱酸的解离常数及解离度。

解：根据 pH = 4，可以得出：

$$c(H^+) = 10^{-4}mol/L$$

$$HA(aq) \rightleftharpoons H^+(aq) + A^-(aq)$$

初始浓度（mol/L）：　　0.02　　　　　0　　　　　0

平衡浓度（mol/L）：0.02 - 10^{-4}　　10^{-4}　　10^{-4}

$$K_a^\ominus = \frac{c(H^+) \cdot c(A^-)}{c(HA)} = \frac{10^{-4} \times 10^{-4}}{0.02 - 10^{-4}} = 5 \times 10^{-7}$$

$$\alpha = \frac{10^{-4}}{0.02} \times 100\% = 0.5\%$$

【例 4-2】　已知 0.5mol/L 钠盐 NaA 溶液的 pH 值为 9.25，计算弱酸 HA 的解离平衡常数。

解：根据 pH = 9.25，可以得出：

$$pOH = 14 - pH = 14 - 9.25 = 4.75$$

$$c(OH^-) = 1.78 \times 10^{-5}mol/L$$

$$A^-(aq) + H_2O(l) \rightleftharpoons HA(aq) + OH^-(aq)$$

初始浓度（mol/L）：　　0.50　　　　　　　0　　　　　　　0

平衡浓度（mol/L）：　　0.50 - 1.78 \times 10^{-5}　1.78 \times 10^{-5}　1.78 \times 10^{-5}

$$K_h^\ominus = \frac{c(HA) \cdot c(OH^-)}{c(A^-)} = \frac{K_w^\ominus}{K_a^\ominus} = \frac{(1.78 \times 10^{-5})^2}{0.50 - 1.78 \times 10^{-5}} \approx 6.34 \times 10^{-10}$$

$$K_a^\ominus = 1.58 \times 10^{-5}$$

【例 4-3】　已知 $K_{a1}^\ominus = 8.91 \times 10^{-8}$，$K_{a2}^\ominus = 1.20 \times 10^{-13}$，在 101kPa、298K 时，1 体积水可

以溶解 2.6 体积 H_2S：

（1）求饱和 H_2S 水溶液的物质的量浓度；

（2）计算饱和 H_2S 水溶液中的 H^+ 和 S^{2-} 浓度；

（3）如果利用 HCl 调节溶液到 pH = 2.00 时，溶液中 S^{2-} 浓度又是多少？

解：

（1）设水的体积为 1L，则溶解的 H_2S 体积为 2.6L。

$$n(H_2S) = \frac{pV}{RT} = \frac{101 \times 10^3 \times 2.6 \times 10^{-3}}{8.314 \times 298} = 0.106 mol$$

$$c(H_2S) = 0.106 mol/L$$

（2）由于 $K_{a1}^{\ominus} = 8.91 \times 10^{-8} \gg K_{a2}^{\ominus} = 1.20 \times 10^{-13}$，且 $K_{a1}^{\ominus}/K_{a2}^{\ominus} > 10^3$，按一级解离进行计算。

$$c(H^+) = \sqrt{K_{a1}^{\ominus} \cdot c} = \sqrt{8.91 \times 10^{-8} \times 0.106} = 9.72 \times 10^{-5} mol/L$$

$$c(S^{2-}) = K_{a2}^{\ominus} = 1.20 \times 10^{-13} mol/L$$

（3）根据 pH = 2.00，可以得出：

$$c(H^+) = 0.010 mol/L$$

$$c(S^{2-}) = \frac{K_{a1}^{\ominus} K_{a2}^{\ominus} \cdot c(H_2S)}{[c(H^+)]^2} = \frac{8.91 \times 10^{-8} \times 1.20 \times 10^{-13} \times 0.106}{0.010^2} = 1.13 \times 10^{-17} mol/L$$

【例 4-4】 计算 20mL 0.20mol/L HOAc 和 20mL 0.10mol/L NaOH 溶液混合后的 pH 值。（已知 $K_a^{\ominus}(HOAc) = 1.75 \times 10^{-5}$）

解： 混合后若不考虑反应，则：

$$c(HOAc) = 0.10 mol/L$$

$$c(NaOH) = 0.05 mol/L$$

$$HOAc(aq) + NaOH(aq) \Longrightarrow NaOAc(aq) + H_2O(l)$$

初始 （mol/L）：　　0.10　　　　0.05

反应后 （mol/L）：　0.05　　　　　　　　　　　0.05

$$c(HOAc) = 0.05 mol/L$$

$$c(NaOAc) = 0.05 mol/L$$

$$pH = pK_a^{\ominus} - \lg \frac{c(HOAc)}{c(NaOAc)}$$

$$= -\lg(1.75 \times 10^{-5}) - \lg \frac{0.05}{0.05}$$

$$= 4.76$$

【例 4-5】 现有 75mL 1.0mol/L NaOAc 溶液，欲配置 150mL、pH 值为 5.0 的缓冲溶液，需加入 6.0mol/L HOAc 溶液多少毫升？（已知 $K_a^{\ominus}(HOAc) = 1.75 \times 10^{-5}$）

解： 设需加入 x mL 的 6.0mol/L HOAc 溶液，则有：

$$c(HOAc) = \frac{6.0x}{150} = 0.04x mol/L \qquad c(NaOAc) = \frac{1.0 \times 75}{150} = 0.5 mol/L$$

已知 pH = 5.0，下面有两种解法。

解法 1: $c(\text{H}^+) = 1.0 \times 10^{-5} \text{mol/L}$

$$c(\text{H}^+) = K_a^{\ominus} \frac{c(\text{HOAc})}{c(\text{OAc}^-)} = 1.75 \times 10^{-5} \times \frac{0.04x}{0.5} = 1.0 \times 10^{-5} \text{mol/L}$$

$$x = 7.14 \text{mL}$$

需加入 7.14mL 的 6.0mol/L HAc 溶液。

解法 2: $\text{pH} = \text{p}K_a^{\ominus} - \lg \dfrac{c(\text{HOAc})}{c(\text{NaOAc})}$

$$5.0 = -\lg(1.75 \times 10^{-5}) - \lg \frac{0.04x}{0.5}$$

$$x = 7.14 \text{mL}$$

【例 4-6】 已知 $K_b^{\ominus}(\text{NH}_3 \cdot \text{H}_2\text{O}) = 1.78 \times 10^{-5}$，烧杯中盛放 20.00cm³、0.100mol/L 氨水，逐步加入 0.100mol/L HCl 溶液：

(1) 当加入 10.00cm³ HCl 后，混合溶液的 pH = ?

(2) 当加入 20.00cm³ HCl 后，混合溶液的 pH = ?

(3) 当加入 30.00cm³ HCl 后，混合溶液的 pH = ?

解：(1)　　　$\text{NH}_3 \cdot \text{H}_2\text{O}(\text{aq}) + \text{HCl}(\text{aq}) \Longrightarrow \text{NH}_4\text{Cl}(\text{aq}) + \text{H}_2\text{O}(\text{l})$

初始 (mol/L): $\dfrac{2}{3} \times 0.100$　　$\dfrac{1}{3} \times 0.100$

反应后 (mol/L): $\dfrac{1}{3} \times 0.100$　　　　　　　　　　　$\dfrac{1}{3} \times 0.100$

$$\text{pH} = 14 - \text{p}K_b^{\ominus} + \lg \frac{c(\text{NH}_3 \cdot \text{H}_2\text{O})}{c(\text{NH}_4\text{Cl})} = 14 + \lg(1.78 \times 10^{-5}) + \lg \frac{\frac{1}{3} \times 0.100}{\frac{1}{3} \times 0.100} = 9.25$$

(2)　　　$\text{NH}_3 \cdot \text{H}_2\text{O}(\text{aq}) + \text{HCl}(\text{aq}) \Longrightarrow \text{NH}_4\text{Cl}(\text{aq}) + \text{H}_2\text{O}(\text{l})$

初始 (mol/L): 0.050　　0.050

反应后 (mol/L):　　　　　　　　　　　0.050

$$\text{NH}_4^+ + \text{H}_2\text{O} \Longrightarrow \text{H}^+ + \text{NH}_3 \cdot \text{H}_2\text{O}$$

初始浓度 (mol/L):　　0.05　　　　　0　　　　0

平衡浓度 (mol/L):　　0.05$-x$　　　　x　　　　x

$$K^{\ominus} = \frac{c(\text{NH}_3 \cdot \text{H}_2\text{O}) \cdot c(\text{H}^+)}{c(\text{NH}_4^+)} = \frac{c(\text{NH}_3 \cdot \text{H}_2\text{O}) \cdot c(\text{H}^+) \cdot c(\text{OH}^-)}{c(\text{NH}_4^+) \cdot c(\text{OH}^-)} = \frac{K_w^{\ominus}}{K_b^{\ominus}} = \frac{1.0 \times 10^{-14}}{1.78 \times 10^{-5}}$$

$$= \frac{x^2}{0.050 - x}$$

$$x = c(\text{H}^+) = 5.30 \times 10^{-6} \text{mol/L}$$

$$\text{pH} = 5.28$$

(3)　　　$\text{NH}_3 \cdot \text{H}_2\text{O}(\text{aq}) + \text{HCl}(\text{aq}) \Longrightarrow \text{NH}_4\text{Cl}(\text{aq}) + \text{H}_2\text{O}(\text{l})$

初始(mol/L):　　　0.04　　　　0.06

反应后(mol/L):　　　　　　　　0.02　　　　　0.04

溶液 pH 值由 HCl 决定。

$$c(H^+) = 0.02mol/L$$
$$pH = 1.70$$

【例 4-7】 欲配置 pH=5 的缓冲溶液，选择下列物质中的哪种合适？

(1) HCOOH，$K_a^{\ominus}(HCOOH) = 1.77 \times 10^{-4}$

(2) HOAc，$K_a^{\ominus}(HOAc) = 1.75 \times 10^{-5}$

(3) $NH_3 \cdot H_2O$，$K_b^{\ominus}(NH_3 \cdot H_2O) = 1.78 \times 10^{-5}$

解： 根据缓冲溶液的 pH 值计算公式：

$$pH = pK_a^{\ominus} - \lg \frac{c(共轭酸)}{c(共轭碱)} \quad 或 \quad pH = 14 - pK_b^{\ominus} + \lg \frac{c(共轭酸)}{c(共轭碱)}$$

缓冲范围为：

$$pH = pK_a^{\ominus} \pm 1 \quad 或 \quad pH = 14 - pK_b^{\ominus} \pm 1$$

欲配置 pH=5 的缓冲溶液，$pK_a^{\ominus}$ 的范围为：$4 < pK_a^{\ominus} < 6$

对于 HCOOH，$pK_a^{\ominus}(HCOOH) = 3.75$

对于 HOAc，$pK_a^{\ominus}(HOAc) = 4.76$

对于 $NH_3 \cdot H_2O$，$14 - pK_b^{\ominus}(NH_3 \cdot H_2O) = 9.25$

所以，欲配置 pH=5 的缓冲溶液，应选择 HOAc。

【例 4-8】 10mL 0.30mol/L HOAc 溶液和 20mL 0.15mol/L HCN 溶液混合，计算此溶液中的 H^+、OAc^- 和 CN^- 的浓度。（$K_a^{\ominus}(HOAc) = 1.75 \times 10^{-5}$，$K_a^{\ominus}(HCN) = 6.17 \times 10^{-10}$）

解： 混合后，溶液的浓度为：

$$c(HOAc) = (10 \times 0.30)/(10+20) = 0.10mol/L$$
$$c(HCN) = (20 \times 0.15)/(10+20) = 0.10mol/L$$

两种酸溶液混合，其中 $K_a^{\ominus}(HOAc) = 1.75 \times 10^{-5} \gg K_a^{\ominus}(HCN) = 6.17 \times 10^{-10}$，所以 $c(H^+)$ 由 HOAc 解离决定。

0.10mol/L HOAc 溶液中，

$$HOAc(aq) \rightleftharpoons H^+(aq) + OAc^-(aq)$$

平衡浓度（mol/L）： $0.10-x$ x x

$$K_a^{\ominus}(HOAc) = \frac{c(H^+) \cdot c(OAc^-)}{c(HOAc)} = \frac{x^2}{0.10-x} = 1.75 \times 10^{-5}$$

因为 $c/K_a^{\ominus} = 0.10/(1.75 \times 10^{-5}) > 500$

所以 $c(H^+) = c(OAc^-) = \sqrt{K_a^{\ominus} \cdot c} = \sqrt{1.75 \times 10^{-5} \times 0.10} = 1.32 \times 10^{-3}mol/L$

$$HCN \rightleftharpoons H^+ + CN^-$$

平衡浓度（mol/L）：$0.10-y$ 1.32×10^{-3} y

$$K_a^{\ominus}(HCN) = \frac{c(H^+) \cdot c(CN^-)}{c(HCN)} = \frac{1.32 \times 10^{-3}y}{0.10-y} = 6.17 \times 10^{-10}$$

因为 $K_a^{\ominus}(HCN) = 6.17 \times 10^{-10}$，故发生解离的 HCN 非常少，$y$ 很小，所以 $0.10-y = 0.10$，$c(CN^-) = 4.67 \times 10^{-8}mol/L$。

4.4 课后习题及解答

4-1 根据酸碱质子理论，判断下列物质哪些是酸，哪些是碱，哪些是两性物质，哪些是共轭酸碱对？

HCN，H_3AsO_4，NH_3，HS^-，$HCOO^-$，$[Fe(H_2O)_6]^{3+}$，CO_3^{2-}，NH_4^+，CN^-，H_2O，$H_2PO_4^-$，ClO_4^-，HCO_3^-，PH_3，H_2S，$C_2O_4^{2-}$，HF，H_2SO_3

答案：酸：HCN，H_3AsO_4，$[Fe(H_2O)_6]^{3+}$，NH_4^+，H_2S，HF，H_2SO_3

碱：NH_3，$HCOO^-$，CO_3^{2-}，CN^-，ClO_4^-，PH_3，$C_2O_4^{2-}$

两性物质：HS^-，H_2O，$H_2PO_4^-$，HCO_3^-

共轭酸碱对：$HCN-CN^-$，$NH_4^+-NH_3$，H_2S-HS^-，$HCO_3^--CO_3^{2-}$

【解析】 酸碱质子理论认为：凡是能释放出质子（H^+）的物质（分子或离子）都是酸；任何能与质子结合的物质（分子或离子）都是碱；既能给出质子又能接受质子的物质被称为两性物质。

酸给出质子后生成其相应的碱，而碱结合质子后又生成其相应的酸，酸与其相应碱之间、碱与其相应酸之间的这种互为依赖的关系称为共轭关系。酸给出一个质子后生成的碱称为这种酸的共轭碱，碱接受一个质子后所生成的酸称为这种碱的共轭酸，这一关系可以用通式表示：

$$共轭酸 \rightleftharpoons 质子 + 共轭碱$$

4-2 往氨水中加入少量下列物质：$NaOH$、NH_4NO_3、HCl、H_2O，氨水解离度和溶液的 pH 值将发生怎样的变化？

答案：见下表：

物质	解离度	pH 值
$NaOH$	减小	增大
NH_4NO_3	减小	减小
HCl	增大	减小
H_2O	增大	减小

【解析】 $NH_3 \cdot H_2O(aq) \rightleftharpoons NH_4^+(aq) + OH^-(aq)$

加入 $NaOH$ 后，$c(OH^-)$ 增大，平衡逆向移动，所以氨水解离度减小，pH 值增大；

加入 NH_4NO_3 后，$c(NH_4^+)$ 增大，平衡逆向移动，$c(OH^-)$ 减小，所以氨水解离度减小，pH 值减小；

加入 HCl 后，$c(OH^-)$ 减小，平衡正向移动，所以氨水解离度增大，pH 值减小；

加入 H_2O 后，$c(NH_3 \cdot H_2O)$ 减小，根据稀释定律，氨水解离度减小，同时由于 $c(OH^-)$ 减小，所以 pH 值减小。

4-3 下列几组等体积混合物中哪些是较好的缓冲溶液，哪些是较差的缓冲溶液，还有哪些根本不是缓冲溶液？

（1）0.1mol/L $NH_3 \cdot H_2O$ + 0.1mol/L NH_4NO_3

（2）1.0mol/L HCl + 1.0mol/L KCl

（3）0.5mol/L HOAc + 0.7mol/L NaOAc

（4）10^{-5}mol/L HOAc + 10^{-5}mol/L NaOAc

（5）0.1mol/L HOAc + 10^{-4}mol/L NaOAc

答案：（1）较好的缓冲溶液；（2）不是缓冲溶液；（3）较好的缓冲溶液；（4）较差的缓冲溶液；（5）较差的缓冲溶液。

【解析】 缓冲溶液一般由弱酸及其共轭碱或弱碱及其共轭酸组成，缓冲溶液的缓冲能力与组成缓冲溶液的共轭酸、碱的浓度及其比值有关。当共轭酸、碱的浓度都较大时，缓冲能力也较大。共轭酸与共轭碱的浓度比值接近于1时，缓冲能力较强。通常缓冲溶液共轭酸与共轭碱的浓度比在0.1~10范围之内。

（1）$NH_3 \cdot H_2O$ 为弱碱，NH_4NO_3 为其共轭酸，两者浓度较大且比值为1，所以是较好的缓冲溶液；

（2）HCl 为强酸，KCl 为强酸强碱盐，两者不是共轭酸碱对，组成的溶液不是缓冲溶液；

（3）HOAc 为弱酸，NaOAc 为其共轭碱，两者浓度较大且比值接近于1，所以组成的溶液是较好的缓冲溶液；

（4）HOAc 为弱酸，NaOAc 为其共轭碱，两者浓度比值接近于1，但是浓度较小（10^{-5}mol/L），缓冲能力较弱，所以组成的溶液是较差的缓冲溶液；

（5）HOAc 为弱酸，NaOAc 为其共轭碱，两者浓度比值远大于1，缓冲能力较弱，所以组成的溶液是较差的缓冲溶液。

4-4　是非题

（1）中和等体积、等 pH 值的 HCl 溶液和 HOAc 溶液，需要等物质的量的 NaOH。

（　　）

（2）将 NaOH 和氨水溶液各稀释1倍，则两者的 OH^- 浓度均减少到原来的1/2。

（　　）

（3）HOAc-OAc^- 组成的缓冲溶液，若溶液中 $c(HOAc) > c(OAc^-)$，则该缓冲溶液抵抗外来酸的能力大于抵抗外来碱的能力。　　　　　　　　　　　　　　　（　　）

答案：（1）错；（2）错；（3）错。

【解析】（1）HCl 是强酸，HOAc 是弱酸，当两者 pH 值相等时，浓度不同，HOAc 溶液的浓度大于 HCl 溶液的浓度。HCl 和 HOAc 都是一元酸，与 NaOH 发生中和反应时都是 1：1 反应。综上，中和等体积、等 pH 值的 HCl 溶液和 HOAc 溶液，需要 NaOH 的物质的量不同（中和 HOAc 溶液需要更多的 NaOH）。

（2）NaOH 是强碱，稀释1倍，$c(OH^-)$ 浓度减少到原来的1/2；$NH_3 \cdot H_2O$ 是弱碱，稀释1倍，解离度增大，$c(OH^-)$ 浓度减少到原来的0.5~1倍。

（3）HOAc-OAc^- 组成的缓冲溶液中，HOAc 抵抗外来碱，OAc^- 抵抗外来酸，当溶液中 $c(HOAc) > c(OAc^-)$ 时，则该缓冲溶液抵抗外来碱的能力大于抵抗外来酸的能力。

4-5　选择题

（1）往 1mol/L HOAc 溶液中加入一些 NaOAc 晶体溶解后，则发生（　　）。

A. HOAc 的 $K_a^{\ominus}$ 值增大　　　　　B. HOAc 的 $K_a^{\ominus}$ 值减小

C. 溶液的 pH 值增大　　　　　　　D. 溶液的 pH 值减小

答案：C

【解析】HOAc 溶液中加入 NaOAc 晶体后，由于产生了同离子效应，HOAc 解离度减小，$c(H^+)$ 减小，pH 值增大。$K_a^{\ominus}$ 值只与温度有关。

（2）设氨水的浓度为 c，若将其稀释一倍，则溶液中 $c(OH^-)$ 为（　　）。

A. $\dfrac{c}{2}$　　　　　　　　　　B. $\dfrac{1}{2}\sqrt{K_b^{\ominus}\cdot c}$

C. $\sqrt{K_b^{\ominus}\cdot c/2}$　　　　　　　　D. $2c$

答案：C

【解析】$NH_3\cdot H_2O(aq)\rightleftharpoons NH_4^+(aq)+OH^-(aq)$

$$K_b^{\ominus}=\frac{c(NH_4^+)\cdot c(OH^-)}{c(NH_3\cdot H_2O)}=\frac{[c(OH^-)]^2}{c}$$

则 $c(OH^-)=\sqrt{K_b^{\ominus}\cdot c}$，当稀释 1 倍时，氨水的浓度 c 变为原来的 1/2，所以选 C。

（3）0.10mol/L MOH 溶液 pH＝10.0，则该碱的 $K_b^{\ominus}$ 为（　　）。

A. 1.0×10^{-3}　　　　　　　　B. 1.0×10^{-19}

C. 1.0×10^{-13}　　　　　　　　D. 1.0×10^{-7}

答案：D

【解析】由 pH 值为 10.0，可以得出 $c(OH^-)$ 为 10^{-4} mol/L。再根据 $c(OH^-)=\sqrt{K_b^{\ominus}\cdot c}$，可以算出 $K_b^{\ominus}$ 的值。

（4）在 H_2S 水溶液中，$c(H^+)$ 与 $c(S^{2-})$、$c(H_2S)$ 的关系是（　　）。

A. $c(H^+)=[K_{a1}^{\ominus}\cdot c(H_2S)/c^{\ominus}]^{1/2}$mol/L, $c(S^{2-})=K_{a2}^{\ominus}\cdot c^{\ominus}$

B. $c(H^+)=[K_{a1}^{\ominus}\cdot K_{a2}^{\ominus}\cdot c(H_2S)/c^{\ominus}]^{1/2}$mol/L, $c(S^{2-})=K_{a2}^{\ominus}\cdot c^{\ominus}$

C. $c(H^+)=[K_{a1}^{\ominus}\cdot c(H_2S)/c^{\ominus}]^{1/2}$mol/L, $c(S^{2-})=0.5c(H^+)$

D. $c(H^+)=[K_{a1}^{\ominus}\cdot K_{a2}^{\ominus}\cdot c(H_2S)/c^{\ominus}]^{1/2}$mol/L, $c(S^{2-})=0.5c(H^+)$

答案：A

【解析】多元弱酸的解离是分步进行的，每一步都对应一个解离平衡，都有一个解离平衡常数。对于大多数多元弱酸，各级解离平衡常数都相差很大。若 $K_{a1}^{\ominus}\gg K_w^{\ominus}$，且 $K_{a1}^{\ominus}/K_{a2}^{\ominus}>10^3$，则溶液中 H^+ 主要来自多元弱酸的第一步解离平衡。所以计算溶液中 $c(H^+)$ 只考虑第一步解离平衡，按照一元弱酸溶液进行处理。对于二元弱酸溶液而言，其负二价酸根离子的浓度在数值上等于二级解离常数。但注意该结论仅适用于二元弱酸自由解离的溶液。

$$H_2S(aq)\rightleftharpoons H^+(aq)+HS^-(aq)\qquad K_{a1}^{\ominus}$$
$$HS^-(aq)\rightleftharpoons H^+(aq)+S^{2-}(aq)\qquad K_{a2}^{\ominus}$$

$$K_{a1}^{\ominus}=\frac{c(H^+)\cdot c(HS^-)}{c(H_2S)}=\frac{[c(H^+)]^2}{c(H_2S)},\ K_{a2}^{\ominus}=\frac{c(H^+)\cdot c(S^{2-})}{c(HS^-)}$$

则 $c(H^+)=[K_{a1}^{\ominus}\cdot c(H_2S)/c^{\ominus}]^{1/2}$, $c(S^{2-})=K_{a2}^{\ominus}\cdot c^{\ominus}$

（5）在相同温度时，下列水溶液中 pH 值最小的是（　　）。

A. 0.02mol/L HOAc 溶液　　　　　　　B. 2.0mol/L HOAc 溶液

C. 0.02mol/L HOAc 溶液与等体积的 0.02mol/L NaOAc 溶液的混合溶液

D. 0.02mol/L HOAc 溶液与等体积的 0.02mol/L NaOH 溶液的混合溶液

答案：B

【解析】0.02mol/L HOAc 溶液与等体积的 0.02mol/L NaOH 溶液的混合溶液的 pH 值大于 0.02mol/L HOAc 溶液与等体积的 0.02mol/L NaOAc 溶液的混合溶液，0.02mol/L HOAc 溶液与等体积的 0.02mol/L NaOAc 溶液的混合溶液的 pH 值大于 0.02mol/L HOAc 溶液，0.02mol/L HOAc 溶液的 pH 值大于 2.0mol/L HOAc 溶液。综上，选 B。

（6）在 0.1mol/L $NH_3 \cdot H_2O$ 溶液中加入某种电解质固体时，pH 值有所减小，则此种电解质在溶液中主要产生了（　　）。

A. 同离子效应　　　　　　　　B. 盐效应

C. 缓冲作用　　　　　　　　D. 同等程度的同离子效应和盐效应

答案：A

【解析】pH 值减小说明 $NH_3 \cdot H_2O$ 的解离度减小。同离子效应使解离度减小，盐效应使解离度增大。

（7）25℃时，有 H_3PO_4、NaH_2PO_4、Na_2HPO_4、Na_3PO_4 溶液，浓度均为 0.10mol/L，欲配制 pH=7.0 的缓冲溶液 1.0L，应取（　　）。（已知：H_3PO_4 的 $K_{a1}^{\ominus}=6.92\times10^{-3}$，$K_{a2}^{\ominus}=6.17\times10^{-8}$，$K_{a3}^{\ominus}=4.79\times10^{-13}$）

A. NaH_2PO_4-Na_2HPO_4 系统　　　　B. H_3PO_4-Na_3PO_4 系统

C. H_3PO_4-NaH_2PO_4 系统　　　　D. Na_2HPO_4-Na_3PO_4 系统

答案：A

【解析】与缓冲溶液 pH 值为 7.0 最接近的是 $pK_{a2}^{\ominus}$（$pK_{a2}^{\ominus}=7.2$），所以应选择 NaH_2PO_4-Na_2HPO_4 系统。

（8）下列溶液是缓冲溶液的是（　　）。

A. NH_4Cl-$NH_3 \cdot H_2O$　　　　　　B. HCl-HOAc

C. NaOH-$NH_3 \cdot H_2O$　　　　　　D. HCl-Na_2SO_4

答案：A

【解析】缓冲溶液一般由弱酸及其共轭碱或弱碱及其共轭酸组成。NH_4Cl-$NH_3 \cdot H_2O$ 是共轭酸碱对，而 HCl-HOAc、NaOH-$NH_3 \cdot H_2O$、HCl-Na_2SO_4 都不是共轭酸碱对，组成的溶液不具有缓冲能力。

（9）SO_4^{2-} 的共轭酸是（　　）。

A. HSO_4^-　　　B. H_2SO_4　　　　　C. H^+　　　D. H_3O^+

答案：A

【解析】共轭酸 ⇌ 质子+共轭碱

（10）在 20.0mL、0.10mol/L 氨水中，加入下列溶液后，pH 值最大的是（　　）。

A. 加入 20.0mL 0.10mol/L HCl

B. 加入 20.0mL 0.10mol/L HOAc（$K_a^{\ominus} = 1.75 \times 10^{-5}$）

C. 加入 20.0mL 0.10mol/L HF（$K_a^{\ominus} = 6.31 \times 10^{-4}$）

D. 加入 10.0mL 0.10mol/L H_2SO_4

答案：B

【解析】 氨水中分别加入四种溶液后得到的是 40mL 0.05mol/L NH_4Cl、40mL 0.05mol/L NH_4OAc、40mL 0.05mol/L NH_4F、30mL 0.033mol/L（NH_4）$_2SO_4$ 溶液，其中 NH_4Cl 和（NH_4）$_2SO_4$ 为强酸弱碱盐，溶液显酸性。NH_4OAc 和 NH_4F 为弱酸弱碱盐，溶液中 $c(H^+)$ 近似为：

$$c(H^+) = \sqrt{\frac{K_w^{\ominus} \cdot K_a^{\ominus}}{K_b^{\ominus}}}$$

由于 $K_a^{\ominus}(HF) > K_a^{\ominus}(HOAc)$，所以 NH_4F 溶液的 pH 值小于 NH_4OAc 溶液。

（11）25mL 0.2mol/L 氨水与 25mL 0.1mol/L 盐酸溶液混合，则混合液中氢氧根离子浓度为（　　）。（已知 $K_b^{\ominus}(NH_3 \cdot H_2O) = 1.78 \times 10^{-5}$）

A. 0.1mol/L　　　　　　　　　　　B. 1.78×10^{-5} mol/L

C. 1.34×10^{-3} mol/L　　　　　　　D. 1.34×10^{-5} mol/L

答案：B

【解析】 $NH_3 \cdot H_2O$ 与 HCl 发生如下反应：

$$NH_3 \cdot H_2O(aq) + HCl(aq) = NH_4Cl(aq) + H_2O$$

混合后的溶液中含有 0.05mol/L $NH_3 \cdot H_2O$ 和 0.05mol/L NH_4Cl，溶液中的 OH^- 浓度为：

$$c(OH^-) = K_b^{\ominus}\frac{c(NH_3 \cdot H_2O)}{c(NH_4^+)} = 1.78 \times 10^{-5} \times \frac{0.05}{0.05} = 1.78 \times 10^{-5} \text{mol/L}$$

（12）H_3BO_3 的共轭碱是（　　）。

A. HBO_3^{2-}　　　B. $H_2BO_3^-$　　　C. OH^-　　　D. $B(OH)_4^-$

答案：D

【解析】 $H_3BO_3(aq) + H_2O = B(OH)_4^-(aq) + H^+(aq)$

（13）将 50mL 0.30mol/L NaOH 与 100 mL 0.45mol/L NH_4Cl 混合，所得溶液的 pH 值为（　　）。（已知 $K_b^{\ominus}(NH_3 \cdot H_2O) = 1.78 \times 10^{-5}$）

A. >7　　　　　　B. <7　　　　　　C. =7　　　　　　D. 不确定

答案：A

【解析】 NaOH 与 NH_4Cl 混合，发生如下反应：

$$NaOH(aq) + NH_4Cl(aq) = NH_3 \cdot H_2O(aq) + NaCl(aq)$$

混合后的溶液中含有 0.1mol/L $NH_3 \cdot H_2O$ 和 0.2mol/L NH_4Cl，溶液中的 OH^- 浓度为：

$$c(OH^-) = K_b^{\ominus}\frac{c(NH_3 \cdot H_2O)}{c(NH_4^+)} = 1.78 \times 10^{-5} \times \frac{0.1}{0.2} = 8.9 \times 10^{-6} \text{mol/L}$$

$$pH = 14 - pOH = 14 + \lg c(OH^-) = 14 + \lg(8.9 \times 10^{-6}) = 8.95 > 7$$

（14）醋酸在液氨和液态 HF 中分别是（　　）。

A. 弱酸和强碱　　　　　　　　　　B. 强酸和强碱

C. 强酸和弱碱　　　　　　　　　　D. 弱酸和强酸

答案：C

【解析】$HOAc + NH_3 \rightleftharpoons OAc^- + NH_4^+$

　　　　　强酸1　　强碱2　　弱碱1　　弱酸2

在碱性比水强的液氨中，HOAc 表现出强酸性。

$HOAc + HF \rightleftharpoons H_2OAc^+ + F^-$

弱碱1　　弱酸2　　强酸1　　　　强碱2

在水中，HF 酸性稍强于 HOAc，HOAc 在液态 HF 中表现弱碱性。

4-6　计算下列溶液的 $c(H^+)$ 和 pH 值：

（1）0.050mol/L $Ba(OH)_2$ 溶液；

（2）0.050mol/L HOAc 溶液；

（3）0.50mol/L $NH_3 \cdot H_2O$ 溶液；

（4）0.10mol/L NaOAc 溶液；

（5）0.010mol/L Na_2S 溶液。

解：

（1）$Ba(OH)_2$ 是强碱，在溶液中完全解离，则有：

$$Ba(OH)_2 \Longrightarrow Ba^{2+}(aq) + 2OH^-(aq)$$

0.050mol/L $Ba(OH)_2$ 溶液中，$c(OH^-) = 2 \times 0.050 = 0.10$ mol/L

$$c(H^+) = \frac{K_w^\ominus}{c(OH^-)} = \frac{1.0 \times 10^{-14}}{0.10} = 1.0 \times 10^{-13} \text{mol/L}$$

$$pH = -\lg[c(H^+)/c^\ominus] = -\lg(1.0 \times 10^{-13}) = 13.0$$

（2）0.050mol/L HOAc 溶液中有：

$$HOAc(aq) \rightleftharpoons H^+(aq) + OAc^-(aq)$$

平衡浓度（mol/L）：　　0.05-x　　　　　x　　　　　x

$$K_a^\ominus = \frac{c(H^+) \cdot c(OAc^-)}{c(HOAc)} = \frac{x^2}{0.05 - x} = 1.75 \times 10^{-5}$$

因为 $c/K_a^\ominus = 0.05/(1.75 \times 10^{-5}) > 500$

所以

$$c(H^+) = \sqrt{K_a^\ominus \cdot c} = \sqrt{1.75 \times 10^{-5} \times 0.05} = 9.35 \times 10^{-4} \text{mol/L}$$

$$pH = -\lg[c(H^+)/c^\ominus] = -\lg(9.35 \times 10^{-4}) = 3.0$$

（3）0.50mol/L $NH_3 \cdot H_2O$ 溶液中有：

$$NH_3 \cdot H_2O(aq) \rightleftharpoons NH_4^+(aq) + OH^-(aq)$$

平衡浓度（mol/L）：　　0.50-x　　　　　x　　　　　x

$$K_b^\ominus = \frac{c(NH_4^+) \cdot c(OH^-)}{c(NH_3 \cdot H_2O)} = \frac{x^2}{0.50 - x} = 1.78 \times 10^{-5}$$

因为 $c/K_b^\ominus = 0.50/(1.78 \times 10^{-5}) > 500$

所以 $\qquad c(OH^-) = \sqrt{K_b^{\ominus} \cdot c} = \sqrt{1.78 \times 10^{-5} \times 0.50} = 0.003 \, \text{mol/L}$

$$c(H^+) = \frac{K_w^{\ominus}}{c(OH^-)} = \frac{1.0 \times 10^{-14}}{0.003} = 3.3 \times 10^{-12} \, \text{mol/L}$$

$$pH = -\lg[c(H^+)/c^{\ominus}] = -\lg(3.3 \times 10^{-12}) = 11.5$$

(4) 0.10 mol/L NaOAc 溶液中有：

$$OAc^-(aq) + H_2O(aq) \Longrightarrow HOAc(aq) + OH^-(aq)$$

平衡浓度（mol/L）：0.10-x $\qquad\qquad\qquad\qquad x \qquad x$

$$K^{\ominus} = \frac{c(HOAc) \cdot c(OH^-)}{c(OAc^-)} = \frac{c(HOAc) \cdot c(OH^-) \cdot c(H^+)}{c(OAc^-) \cdot c(H^+)} = \frac{K_w^{\ominus}}{K_a^{\ominus}(HOAc)} = \frac{1.0 \times 10^{-14}}{1.75 \times 10^{-5}}$$

$$= 5.7 \times 10^{-10} = \frac{x^2}{0.10 - x}$$

因为 $c/K^{\ominus} > 500$

所以

$$c(OH^-) = \sqrt{K^{\ominus} \cdot c} = \sqrt{5.7 \times 10^{-10} \times 0.10} = 7.5 \times 10^{-6} \, \text{mol/L}$$

$$c(H^+) = \frac{K_w^{\ominus}}{c(OH^-)} = \frac{1.0 \times 10^{-14}}{7.5 \times 10^{-6}} = 1.3 \times 10^{-9} \, \text{mol/L}$$

$$pH = -\lg[c(H^+)/c^{\ominus}] = -\lg(1.3 \times 10^{-9}) = 8.9$$

(5) 0.010 mol/L Na$_2$S 溶液中有：

$$S^{2-}(aq) + H_2O(l) \Longrightarrow HS^-(aq) + OH^-(aq)$$

平衡浓度（mol/L）：0.010-x $\qquad\qquad\qquad\qquad x \qquad x$

$$K^{\ominus} = \frac{c(HS^-) \cdot c(OH^-)}{c(S^{2-})} = \frac{c(HS^-) \cdot c(OH^-) \cdot c(H^+)}{c(S^{2-}) \cdot c(H^+)} = \frac{K_w^{\ominus}}{K_{a2}^{\ominus}(H_2S)} = \frac{1.0 \times 10^{-14}}{1.20 \times 10^{-13}} = 0.083$$

$$= \frac{x^2}{0.010 - x}$$

因为 $c/K^{\ominus} < 500$，所以需要解方程得：

$$c(OH^-) = 9.0 \times 10^{-3} \, \text{mol/L}$$

$$c(H^+) = \frac{K_w^{\ominus}}{c(OH^-)} = \frac{1.0 \times 10^{-14}}{9.0 \times 10^{-3}} = 1.1 \times 10^{-12} \, \text{mol/L}$$

$$pH = -\lg[c(H^+)/c^{\ominus}] = -\lg(1.1 \times 10^{-12}) = 12.0$$

4-7 （1）写出下列各种物质的共轭酸：

（a）HCO_3^-；（b）HS^-；（c）H_2O；（d）HPO_4^{2-}；（e）NH_3；（f）S^{2-}。

（2）写出下列各种物质的共轭碱：

（a）$H_2PO_4^-$；（b）HOAc；（c）HS^-；（d）HNO_2；（e）HClO；（f）HCO_3^-。

答案：（1）（a）H_2CO_3；（b）H_2S；（c）H_3O^+；（d）$H_2PO_4^-$；（e）NH_4^+；（f）HS^-。

（2）（a）HPO_4^{2-}；（b）OAc^-；（c）S^{2-}；（d）NO_2^-；（e）ClO^-；（f）CO_3^{2-}。

【解析】 共轭酸 $\Longrightarrow$ 质子+共轭碱

4-8 已知 25℃时某一元弱酸溶液的浓度为 0.010 mol/L，pH 值为 4.00，试求：

（1）解离度；

（2）解离常数；

（3）与等体积的 0.010mol/L NaOH 溶液混合后的 pH 值。

解：（1）（2）pH = 4.00，$c(H^+) = 10^{-4}$ mol/L，则有：

$$HA(aq) \rightleftharpoons H^+(aq) + A^-(aq)$$

初始浓度（mol/L）：　　0.010　　　　　0　　　　0

平衡浓度（mol/L）：　0.010 − 10^{-4}　　10^{-4}　　10^{-4}

$$K_a^{\ominus} = \frac{c(H^+) \cdot c(A^-)}{c(HA)} = \frac{10^{-4} \times 10^{-4}}{0.010 - 10^{-4}} = 1 \times 10^{-6}$$

$$\alpha = \frac{10^{-4}}{0.01} \times 100\% = 1\%$$

（3）$HA(aq) + NaOH(aq) \rightleftharpoons NaA(aq) + H_2O$

当等体积的 NaOH 与 HA 混合反应后，生成 NaA 的浓度变为 0.005mol/L。

$$NaA(aq) + H_2O(l) \rightleftharpoons HA(aq) + NaOH(aq)$$

初始浓度（mol/L）：　　0.005　　　　　　　0　　　　0

平衡浓度（mol/L）：　0.005−x　　　　　　x　　　　x

$$K^{\ominus} = \frac{c(OH^-) \cdot c(HA)}{c(A^-)} = \frac{c(OH^-) \cdot c(HA) \cdot c(H^+)}{c(A^-) \cdot c(H^+)} = \frac{K_w^{\ominus}}{K_a^{\ominus}} = \frac{1.0 \times 10^{-14}}{1.0 \times 10^{-6}} = 1.0 \times 10^{-8}$$

$$\frac{x^2}{0.005 - x} = 1.0 \times 10^{-8}$$

$$x = 7.07 \times 10^{-6}$$

$$pOH = -\lg(7.07 \times 10^{-6}) = 5.15$$

$$pH = 14 - 5.15 = 8.85$$

因此，混合后溶液的 pH 值为 8.85。

4-9 计算 0.050mol/L 次氯酸（HClO）溶液中 H^+ 的浓度和次氯酸的解离度。（已知：$K_a^{\ominus}(HClO) = 3.98 \times 10^{-8}$）

解： 在 0.050mol/L HClO 溶液中有：

$$HClO(aq) \rightleftharpoons H^+(aq) + ClO^-(aq)$$

平衡浓度（mol/L）：　　0.05−x　　　　x　　　　x

$$K_a^{\ominus} = \frac{c(H^+) \cdot c(ClO^-)}{c(HClO)} = \frac{x^2}{0.050 - x} = 3.98 \times 10^{-8}$$

因为 $c/K_a^{\ominus} = 0.050/(3.98 \times 10^{-8}) > 500$

所以　$c(H^+) = \sqrt{K_a^{\ominus} \cdot c} = \sqrt{3.98 \times 10^{-8} \times 0.050} = 4.46 \times 10^{-5}$ mol/L

$$\alpha = \frac{4.46 \times 10^{-5}}{0.050} \times 100\% = 0.089\%$$

4-10 已知氨水的浓度为 0.20mol/L，$K_b^{\ominus}(NH_3 \cdot H_2O) = 1.78 \times 10^{-5}$：

（1）求该溶液中的 OH^- 的浓度、pH 值和解离度。

（2）在上述溶液中加入 NH_4Cl 晶体，使其溶解后 NH_4Cl 的浓度为 0.20mol/L，求所

得溶液的 OH^- 的浓度、pH 值和氨的解离度。

（3）比较上述（1）（2）两小题的计算结果，说明了什么？

解：（1）在 $0.20mol/L\ NH_3 \cdot H_2O$ 溶液中有：

$$NH_3 \cdot H_2O(aq) \rightleftharpoons NH_4^+(aq) + OH^-(aq)$$

平衡浓度（mol/L）：　　$0.20-x$　　　　　x　　　　　x

$$K_b^{\ominus} = \frac{c(NH_4^+) \cdot c(OH^-)}{c(NH_3 \cdot H_2O)} = \frac{x^2}{0.20-x} = 1.78 \times 10^{-5}$$

因为 $c/K_b^{\ominus} = 0.20/(1.78 \times 10^{-5}) > 500$

所以　$c(OH^-) = \sqrt{K_b^{\ominus} \cdot c} = \sqrt{1.78 \times 10^{-5} \times 0.20} = 1.9 \times 10^{-3}mol/L$

$$pOH = -lg[c(OH^-)/c^{\ominus}] = -lg(1.9 \times 10^{-3}) = 2.7$$

$$pH = 14 - pOH = 14 - 2.7 = 11.3$$

$$\alpha = \frac{1.9 \times 10^{-3}}{0.20} \times 100\% = 9.5 \times 10^{-3} \times 100\% = 0.95\%$$

（2）解法 1：

$$NH_3 \cdot H_2O(aq) \rightleftharpoons NH_4^+(aq) + OH^-(aq)$$

平衡浓度（mol/L）：　　　$0.20-x$　　　　$0.20+x$　　　　x

$$K_b^{\ominus}(NH_3 \cdot H_2O) = \frac{c(NH_4^+) \cdot c(OH^-)}{c(NH_3 \cdot H_2O)} = \frac{(0.20+x) \cdot x}{0.20-x} = 1.78 \times 10^{-5}$$

$$c(OH^-) = 1.78 \times 10^{-5}mol/L$$

$$pOH = -lg(1.78 \times 10^{-5}) = 4.75$$

$$pH = 14 - 4.75 = 9.25$$

$$\alpha = \frac{1.78 \times 10^{-5}}{0.20} \times 100\% = 0.0089\%$$

解法 2：混合溶液中，$c(NH_3 \cdot H_2O) = 0.20mol/L$，$c(NH_4Cl) = 0.20mol/L$，则组成缓冲溶液的 pH 值为：

$$pH = 14 - pK_b^{\ominus} + lg\frac{c(NH_3 \cdot H_2O)}{c(NH_4Cl)} = 14 - 4.75 + lg\frac{0.20}{0.20} = 9.25$$

$$c(H^+) = 10^{-9.25} = 5.62 \times 10^{-10}mol/L$$

$$c(OH^-) = \frac{1.0 \times 10^{-14}}{5.62 \times 10^{-10}} = 1.78 \times 10^{-5}mol/L$$

$$\alpha = \frac{1.78 \times 10^{-5}}{0.20} \times 100\% = 0.0089\%$$

（3）上述结果说明当加入 NH_4Cl 晶体后，产生了同离子效应，溶液的 OH^- 浓度降低，pH 值降低，氨水的解离度降低。

4-11　试计算 25℃时 $0.10mol/L\ H_3PO_4$ 溶液中的 H^+ 浓度和溶液的 pH 值。

解：磷酸按以下进行三级解离：

$$H_3PO_4(aq) \rightleftharpoons H^+(aq) + H_2PO_4^-(aq) \qquad K_{a1}^{\ominus} = 6.92 \times 10^{-3}$$

$$H_2PO_4^-(aq) \rightleftharpoons H^+(aq) + HPO_4^{2-}(aq) \qquad K_{a2}^{\ominus} = 6.17 \times 10^{-8}$$

$$HPO_4^{2-}(aq) \rightleftharpoons H^+(aq) + PO_4^{3-}(aq) \qquad K_{a3}^\ominus = 4.79 \times 10^{-13}$$

计算溶液中 H^+ 浓度时，由于 $K_{a1}^\ominus \gg K_{a2}^\ominus \gg K_{a3}^\ominus$，因此可以忽略二级和三级解离平衡，按一级解离计算溶液的 H^+ 浓度。

$$H_3PO_4(aq) \rightleftharpoons H^+(aq) + H_2PO_4^{2-}(aq)$$

平衡浓度（mol/L）：0.10−x $\qquad$ x $\qquad$ x

$$K_{a1}^\ominus = \frac{c(H^+) \cdot c(H_2PO_4^-)}{c(H_3PO_4)} = \frac{x^2}{0.10 - x} = 6.92 \times 10^{-3}$$

因为 $c/K_{a1}^\ominus = 0.10/(6.92 \times 10^{-3}) < 500$，所以需要解方程得：

$$c(H^+) = 0.023 \text{mol/L}$$

$$pH = -\lg 0.023 = 1.64$$

4-12 若在 50.00mL 的 0.150mol/L NH_3-0.200mol/L NH_4Cl 缓冲溶液中，加入 0.100mL 的 1.00mol/L 的 HCl 溶液，计算加入 HCl 溶液前后溶液的 pH 各为多少？（已知：$K_b^\ominus(NH_3 \cdot H_2O) = 1.78 \times 10^{-5}$）

解：加入 HCl 溶液前，$c(NH_3 \cdot H_2O) = 0.150 \text{mol/L}$，$c(NH_4Cl) = 0.200 \text{mol/L}$

$$pH = 14 - pK_b^\ominus + \lg \frac{c(NH_3 \cdot H_2O)}{c(NH_4Cl)} = 14 - 4.75 + \lg \frac{0.150}{0.200} = 9.125$$

加入 HCl 前 $NH_3 \cdot H_2O$、HCl 和 NH_4Cl 的物质的量分别为：

$$n(NH_3 \cdot H_2O) = 0.150 \times \frac{50}{1000} = 0.0075 \text{mol}$$

$$n(HCl) = 1.00 \times \frac{0.1}{1000} = 0.0001 \text{mol}$$

$$n(NH_4Cl) = 0.200 \times \frac{50}{1000} = 0.01 \text{mol}$$

加入 HCl 后，发生化学反应为：

$$NH_3 \cdot H_2O(aq) + HCl(aq) \rightleftharpoons NH_4Cl(aq) + H_2O(l)$$

此时，会生成 0.0001mol 的 NH_4Cl，HCl 被消耗掉，同时 $NH_3 \cdot H_2O$ 还有剩余，剩余量为 0.0075−0.0001 = 0.0074mol，再考虑混合后体积的变化，则 $NH_3 \cdot H_2O$ 和 NH_4Cl 浓度分别为：

$$c(NH_3 \cdot H_2O) = \frac{0.0074}{\dfrac{50.00 + 0.100}{1000}} = 0.1477 \text{ mol/L}$$

$$c(NH_4Cl) = \frac{0.01 + 0.0001}{\dfrac{50.00 + 0.100}{1000}} = 0.2016 \text{ mol/L}$$

$$pH = 14 - pK_b^\ominus + \lg \frac{c(NH_3 \cdot H_2O)}{c(NH_4Cl)} = 14 - 4.75 + \lg \frac{0.1477}{0.2016} = 9.115$$

4-13 取 50.0mL 0.100mol/L 某一元弱酸，与 20.0mL 0.100mol/L KOH 溶液混合，将混合溶液稀释至 100mL，测得此溶液的 pH 值为 5.25。求此一元弱酸的解离常数。

解：混合前 HA 和 KOH 的物质的量分别为：

$$n(\text{HA}) = 0.100 \times \frac{50}{1000} = 0.005\text{mol}, \quad n(\text{KOH}) = 0.1 \times \frac{20}{1000} = 0.002\text{mol}$$

混合后，发生化学反应为：

$$\text{HA(aq)} + \text{KOH(aq)} \rightleftharpoons \text{KA(aq)} + \text{H}_2\text{O(l)}$$

此时，会生成 0.002mol 的 KA，KOH 被消耗掉，同时 HA 还有剩余，剩余量为 $0.005 - 0.002 = 0.003$mol，再考虑混合后体积的变化，则 HA 和 KA 浓度分别为：

$$c(\text{HA}) = \frac{0.003}{\dfrac{100}{1000}} = 0.03\text{mol/L}, \quad c(\text{KA}) = \frac{0.002}{\dfrac{100}{1000}} = 0.02\text{mol/L}$$

$$\text{pH} = \text{p}K_a^{\ominus} - \lg\frac{c(\text{HA})}{c(\text{KA})} = \text{p}K_a^{\ominus} - \lg\frac{0.03}{0.02} = 5.25$$

$$\text{p}K_a^{\ominus} = 5.426$$

$$K_a^{\ominus} = 3.75 \times 10^{-6}$$

4-14 已知 $K_a^{\ominus}(\text{HOAc}) = 1.75 \times 10^{-5}$，现有 125mL 1.0mol/L NaOAc 溶液，欲配置 250mL pH 值为 5.0 的缓冲溶液，需加入 6.0mol/L HOAc 溶液多少 mL？

解：设需加入 xmL 的 6.0mol/L HOAc 溶液，则有：

$$c(\text{HOAc}) = \frac{6.0x}{250} = 0.024x\text{mol/L}, \quad c(\text{NaAc}) = \frac{1.0 \times 125}{250} = 0.5\text{mol/L}$$

$$\text{pH} = \text{p}K_a^{\ominus} - \lg\frac{c(\text{HOAc})}{c(\text{NaOAc})} = -\lg(1.75 \times 10^{-5}) - \lg\frac{0.024x}{0.5} = 5.0$$

$$x = 11.7\text{mL}$$

因此，需加入 11.7mL 的 6.0mol/L HAc 溶液。

4-15 已知 $K_a^{\ominus}(\text{HOAc}) = 1.75 \times 10^{-5}$，将 50mL 0.40mol/L NaOH 与 100mL 0.80mol/L HOAc 混合后，为使该溶液的 pH 值增加 1.0，问应再加入 0.40mol/L NaOH 溶液多少 mL？

解：混合后发生反应为：

$$\text{HOAc(aq)} + \text{NaOH(aq)} \rightleftharpoons \text{NaOAc(aq)} + \text{H}_2\text{O(l)}$$

混合溶液中，浓度计算如下：

$$c(\text{HOAc}) = \frac{0.80 \times 100 - 0.40 \times 50}{100 + 50} = \frac{60}{150}\text{mol/L}$$

$$c(\text{NaOAc}) = \frac{0.40 \times 50}{100 + 50} = \frac{20}{150}\text{mol/L}$$

假设为了使溶液的 pH 值增加 1.0，需再加入 0.40mol/L NaOH 溶液 xmL，此时

$$c(\text{HOAc}) = \frac{0.80 \times 100 - 0.40 \times 50 - 0.40x}{100 + 50 + x} = \frac{60 - 0.40x}{150 + x}\text{mol/L}$$

$$c(\text{NaOAc}) = \frac{0.40 \times 50 + 0.40x}{100 + 50 + x} = \frac{20 + 0.40x}{150 + x}\text{mol/L}$$

$$\text{pH(前)} = \text{p}K_a^{\ominus} - \lg\frac{c(\text{HOAc})}{c(\text{NaOAc})} = -\lg(1.75 \times 10^{-5}) - \lg\frac{\dfrac{60}{150}}{\dfrac{20}{150}} = 4.75 - \lg\frac{60}{20}$$

$$\text{pH}(后) = \text{p}K_a^\ominus - \lg\frac{c(\text{HOAc})}{c(\text{NaOAc})} = -\lg(1.75\times10^{-5}) - \lg\frac{\dfrac{60-0.40x}{150+x}}{\dfrac{20+0.40x}{150+x}} = 4.75 - \lg\frac{60-0.40x}{20+0.40x}$$

$$\text{pH}(后) = \text{pH}(前)+1$$

$$-\lg\frac{60-0.40x}{20+0.40x} = -\lg\frac{60}{20}+1.0$$

$$x = 104\text{mL}$$

4-16 浓度相同的下列溶液，其 pH 值由小到大的顺序如何？

（1）HOAc；（2）NaOAc；（3）NaCl；（4）NH_4Cl；（5）Na_2CO_3；（6）NH_4OAc；（7）Na_3PO_4。

答案：pH 值由小到大：（1）＜（4）＜（3）≈（6）＜（2）＜（5）＜（7）

【解析】（1）显酸性，HOAc 解离平衡常数 $K_a^\ominus(\text{HOAc})=1.75\times10^{-5}$。

（2）显碱性，NaOAc 水解平衡常数为：

$$K^\ominus = \frac{c(\text{HOAc})\cdot c(\text{OH}^-)}{c(\text{OAc}^-)} = \frac{c(\text{HOAc})\cdot c(\text{OH}^-)\cdot c(\text{H}^+)}{c(\text{OAc}^-)\cdot c(\text{H}^+)} = \frac{K_w^\ominus}{K_a^\ominus(\text{HOAc})} = \frac{1.0\times10^{-14}}{1.75\times10^{-5}}$$

$$= 5.7\times10^{-10}$$

（3）显中性。

（4）显酸性，NH_4Cl 水解平衡常数为：

$$K^\ominus = \frac{c(\text{NH}_3\cdot\text{H}_2\text{O})\cdot c(\text{H}^+)}{c(\text{NH}_4^+)} = \frac{c(\text{NH}_3\cdot\text{H}_2\text{O})\cdot c(\text{H}^+)\cdot c(\text{OH}^-)}{c(\text{NH}_4^+)\cdot c(\text{OH}^-)} = \frac{K_w^\ominus}{K_b^\ominus(\text{NH}_3\cdot\text{H}_2\text{O})}$$

$$= \frac{1.0\times10^{-14}}{1.78\times10^{-5}} = 5.6\times10^{-10}$$

（5）显碱性，Na_2CO_3 水解以一级水解为主，水解平衡常数为：

$$K^\ominus = \frac{c(\text{HCO}_3^-)\cdot c(\text{OH}^-)}{c(\text{CO}_3^{2-})} = \frac{c(\text{HCO}_3^-)\cdot c(\text{OH}^-)\cdot c(\text{H}^+)}{c(\text{CO}_3^{2-})\cdot c(\text{H}^+)} = \frac{K_w^\ominus}{K_{a2}^\ominus(\text{H}_2\text{CO}_3)} = \frac{1.0\times10^{-14}}{4.68\times10^{-11}}$$

$$= 2.1\times10^{-4}$$

（6）显中性，NH_4OAc 发生双水解，溶液中 H^+ 浓度近似为：

$$c(\text{H}^+) = \sqrt{\frac{K_w^\ominus K_a^\ominus(\text{HOAc})}{K_b^\ominus(\text{NH}_3\cdot\text{H}_2\text{O})}} = \sqrt{\frac{1.0\times10^{-14}\times1.75\times10^{-5}}{1.78\times10^{-5}}} = 1.0\times10^{-7}\text{mol/L}$$

（7）显碱性，Na_3PO_4 水解以一级水解为主，水解平衡常数为：

$$K^\ominus = \frac{c(\text{HPO}_4^{2-})\cdot c(\text{OH}^-)}{c(\text{PO}_4^{3-})} = \frac{c(\text{HPO}_4^{2-})\cdot c(\text{OH}^-)\cdot c(\text{H}^+)}{c(\text{PO}_4^{3-})\cdot c(\text{H}^+)} = \frac{K_w^\ominus}{K_{a3}^\ominus(\text{H}_3\text{PO}_4)} = \frac{1.0\times10^{-14}}{4.79\times10^{-13}}$$

$$= 0.021$$

根据上述计算，可以比较平衡常数的大小，从而得到 pH 值大小的顺序。

4-17 欲配制 pH = 9.20，含 NH_3 0.20mol/L 的缓冲溶液 500mL，通过计算回答如何用浓氨水（15.0mol/L，$K_b^\ominus(\text{NH}_3\cdot\text{H}_2\text{O})=1.78\times10^{-5}$）和固体 NH_4Cl（摩尔质量为

53.5g/mol）进行配制？

解：

$$n(NH_3 \cdot H_2O) = 0.20 \times 500$$

$$V(NH_3 \cdot H_2O) = \frac{0.20 \times 500}{15.0} = 6.67mL$$

$$pH = 14 - pK_b^\ominus + \lg \frac{c(NH_3 \cdot H_2O)}{c(NH_4Cl)} = 14 - 4.75 + \lg \frac{0.20}{c(NH_4Cl)} = 9.20$$

$$c(NH_4Cl) = 0.224mol/L$$

$$m(NH_4Cl) = 0.224 \times 500 \times 10^{-3} \times 53.5 = 5.99g$$

4-18 把浓度为 0.100mol/L HOAc 加入 50.0mL 0.100mol/L NaOH 中，当加入下列体积的酸后，分别计算溶液的 pH 值：（1）25.0mL；（2）50.0mL；（3）75.0mL。（已知：$K_a^\ominus(HOAc) = 1.75 \times 10^{-5}$）

解：混合后发生化学反应如下：

$$HOAc(aq) + NaOH(aq) \Longrightarrow NaOAc(aq) + H_2O(l)$$

（1）混合前 HOAc 和 NaOH 的物质的量分别为：

$$n(HOAc) = 0.100 \times \frac{25}{1000} = 0.0025mol$$

$$n(NaOH) = 0.1 \times \frac{50}{1000} = 0.005mol$$

混合后，会生成 0.0025mol NaOAc，剩余 0.0025mol NaOH，溶液 pH 值主要由 NaOH 解离决定。

$$c(NaOH) = \frac{0.0025}{50 + 25} \times 10^3 = 0.033mol/L$$

$$pH = 14 - pOH = 14 + \lg 0.033 = 12.52$$

（2）混合前 HOAc 和 NaOH 的物质的量分别为：

$$n(HOAc) = 0.100 \times \frac{50}{1000} = 0.005mol$$

$$n(NaOH) = 0.1 \times \frac{50}{1000} = 0.005mol$$

混合后，会生成 0.005mol 的 NaOAc，其浓度为：

$$c(NaOAc) = \frac{0.005}{50 + 50} \times 10^3 = 0.05mol/L$$

$$OAc^-(aq) + H_2O(l) \Longrightarrow HOAc(aq) + OH^-(aq)$$

平衡浓度（mol/L）：0.05−x x x

$$K^\ominus = \frac{c(HOAc) \cdot c(OH^-)}{c(OAc^-)} = \frac{c(HOAc) \cdot c(OH^-) \cdot c(H^+)}{c(OAc^-) \cdot c(H^+)} = \frac{K_w^\ominus}{K_a^\ominus(HOAc)} = \frac{1.0 \times 10^{-14}}{1.75 \times 10^{-5}}$$

$$= 5.7 \times 10^{-10} = \frac{x^2}{0.05 - x}$$

因为 $c/K^\ominus > 500$

所以

$$c(\text{OH}^-) = \sqrt{K^\ominus \cdot c} = \sqrt{5.7 \times 10^{-10} \times 0.05} = 5.3 \times 10^{-6} \text{mol/L}$$

$$c(\text{H}^+) = \frac{K_w^\ominus}{c(\text{OH}^-)} = \frac{1.0 \times 10^{-14}}{5.3 \times 10^{-6}} = 1.9 \times 10^{-9} \text{mol/L}$$

$$\text{pH} = -\lg[c(\text{H}^+)/c^\ominus] = -\lg(1.9 \times 10^{-9}) = 8.72$$

（3）混合前 HOAc 和 NaOH 的物质的量分别为：

$$n(\text{HOAc}) = 0.100 \times \frac{70}{1000} = 0.0075 \text{mol}$$

$$n(\text{NaOH}) = 0.1 \times \frac{50}{1000} = 0.005 \text{mol}$$

混合后，会生成 0.005mol NaOAc，剩余 0.0025mol HOAc，混合溶液中浓度计算如下：

$$c(\text{HOAc}) = \frac{0.0025}{75 + 50} \times 10^3 = 0.02 \text{mol/L}$$

$$c(\text{NaOAc}) = \frac{0.005}{75 + 50} \times 10^3 = 0.04 \text{mol/L}$$

$$\text{pH} = pK_a^\ominus - \lg \frac{c(\text{HOAc})}{c(\text{NaOAc})} = -\lg(1.75 \times 10^{-5}) - \lg \frac{0.02}{0.04} = 5.05$$

4-19 已知 $K_b^\ominus(\text{NH}_3 \cdot \text{H}_2\text{O}) = 1.78 \times 10^{-5}$，$K_a^\ominus(\text{HOAc}) = 1.75 \times 10^{-5}$，现有下列四种溶液：

① 0.20mol/L HCl；　　② 0.20mol/L NH$_3 \cdot$ H$_2$O
③ 0.20mol/L HOAc；　④ 0.20mol/L NH$_4$OAc
（1）分别计算①②③④溶液的 pH 值；
（2）计算把①和②等体积混合后的 pH 值；
（3）计算把②和③等体积混合后的 pH 值。

解：（1）①HCl 是强酸，在溶液中完全解离。0.20mol/L HCl 溶液中，$c(\text{H}^+) = 0.20$mol/L

$$\text{pH} = -\lg[c(\text{H}^+)/c^\ominus] = -\lg 0.20 = 0.7$$

② 0.20mol/L NH$_3 \cdot$ H$_2$O 溶液中有：

$$\text{NH}_3 \cdot \text{H}_2\text{O}(aq) \rightleftharpoons \text{NH}_4^+(aq) + \text{OH}^-(aq)$$

平衡浓度（mol/L）：　0.20-x　　　　x　　　　x

$$K_b^\ominus = \frac{c(\text{NH}_4^+) \cdot c(\text{OH}^-)}{c(\text{NH}_3 \cdot \text{H}_2\text{O})} = \frac{x^2}{0.20 - x} = 1.78 \times 10^{-5}$$

因为 $c/K_b^\ominus = 0.20/(1.78 \times 10^{-5}) > 500$
所以

$$c(\text{OH}^-) = \sqrt{K_b^\ominus \cdot c} = \sqrt{1.78 \times 10^{-5} \times 0.20} = 1.9 \times 10^{-3} \text{mol/L}$$

$$\text{pH} = 14 - \text{pOH} = 14 + \lg(1.9 \times 10^{-3}) = 11.3$$

③ 0.20mol/L HOAc 溶液中有：

$$\text{HOAc}(aq) \rightleftharpoons \text{H}^+(aq) + \text{OAc}^-(aq)$$

平衡浓度（mol/L）：　0.20-x　　　　x　　　　x

$$K_a^\ominus = \frac{c(H^+) \cdot c(OAc^-)}{c(HOAc)} = \frac{x^2}{0.20-x} = 1.75 \times 10^{-5}$$

因为 $c/K_a^\ominus = 0.20/(1.75\times10^{-5}) > 500$

所以

$$c(H^+) = \sqrt{K_a^\ominus \cdot c} = \sqrt{1.75 \times 10^{-5} \times 0.20} = 1.9 \times 10^{-3} \text{mol/L}$$

$$pH = -\lg[c(H^+)/c^\ominus] = -\lg(1.9 \times 10^{-3}) = 2.7$$

④ 0.20mol/L NH_4OAc 中，NH_4OAc 发生双水解，溶液中 H^+ 浓度近似为：

$$c(H^+) = \sqrt{\frac{K_w^\ominus K_a^\ominus(HOAc)}{K_b^\ominus(NH_3 \cdot H_2O)}} = \sqrt{\frac{1.0 \times 10^{-14} \times 1.75 \times 10^{-5}}{1.78 \times 10^{-5}}} = 1.0 \times 10^{-7} \text{mol/L}$$

$$pH = 7.0$$

（2）混合后发生化学反应如下：

$$HCl(aq) + NH_3 \cdot H_2O(aq) \rightleftharpoons NH_4Cl(aq) + H_2O(l)$$

$$c(NH_4Cl) = 0.10 \text{mol/L}$$

$$NH_4^+(aq) + H_2O(l) \rightleftharpoons NH_3 \cdot H_2O(aq) + H^+(aq)$$

平衡浓度（mol/L）：0.10-x   x   x

$$K^\ominus = \frac{c(NH_3 \cdot H_2O) \cdot c(H^+)}{c(NH_4^+)} = \frac{c(NH_3 \cdot H_2O) \cdot c(H^+) \cdot c(OH^-)}{c(NH_4^+) \cdot c(OH^-)}$$

$$= \frac{K_w^\ominus}{K_b^\ominus(NH_3 \cdot H_2O)} = \frac{1.0 \times 10^{-14}}{1.78 \times 10^{-5}} = 5.6 \times 10^{-10} = \frac{x^2}{0.10-x}$$

因为 $c/K^\ominus = 0.10/(5.6\times10^{-10}) > 500$

所以 $c(H^+) = \sqrt{K^\ominus \cdot c} = \sqrt{5.6 \times 10^{-10} \times 0.10} = 7.48 \times 10^{-6} \text{mol/L}$

$$pH = -\lg[c(H^+)/c^\ominus] = -\lg(7.48 \times 10^{-6}) = 5.1$$

（3）混合后发生化学反应为：

$$HOAc(aq) + NH_3 \cdot H_2O(aq) \rightleftharpoons NH_4OAc(aq) + H_2O(l)$$

$$c(NH_4OAc) = 0.10 \text{mol/L}$$

NH_4OAc 发生双水解，溶液中 H^+ 浓度近似为：

$$c(H^+) = \sqrt{\frac{K_w^\ominus \cdot K_a^\ominus(HOAc)}{K_b^\ominus(NH_3 \cdot H_2O)}} = \sqrt{\frac{1.0 \times 10^{-14} \times 1.75 \times 10^{-5}}{1.78 \times 10^{-5}}} = 1.0 \times 10^{-7} \text{mol/L}$$

$$pH = 7.0$$

4-20 某溶液中含有甲酸（HCOOH）0.050mol/L 和 HCN 0.10mol/L，计算此溶液中的 H^+、$HCOO^-$ 和 CN^- 的浓度。（$K_a^\ominus(HCOOH) = 1.77\times10^{-4}$，$K_a^\ominus(HCN) = 6.17\times10^{-10}$）

解：两种酸溶液混合，其中 $K_a^\ominus(HCOOH) = 1.77\times10^{-4} \gg K_a^\ominus(HCN) = 6.17\times10^{-10}$，所以 $c(H^+)$ 由 HCOOH 解离决定。

0.050mol/L HCOOH 溶液中有：

$$HCOOH(aq) \rightleftharpoons H^+(aq) + HCOO^-(aq)$$

平衡浓度（mol/L）：0.050-x   x   x

$$K_a^{\ominus} = \frac{c(H^+) \cdot c(HCOO^-)}{c(HCOOH)} = \frac{x^2}{0.050 - x} = 1.77 \times 10^{-4}$$

因为 $c/K_a^{\ominus} = 0.050/(1.77 \times 10^{-4}) < 500$，所以需要解方程得：

$$c(H^+) = c(HCOO^-) = 2.89 \times 10^{-3} \text{mol/L}$$

$$\text{HCN(aq)} \Longrightarrow \text{H}^+(\text{aq}) + \text{CN}^-(\text{aq})$$

平衡浓度（mol/L）： $\quad 0.10-y \qquad 2.89 \times 10^{-3} \qquad y$

$$K_a^{\ominus} = \frac{c(H^+) \cdot c(CN^-)}{c(HCN)} = \frac{2.89 \times 10^{-3} y}{0.10 - y} = 6.17 \times 10^{-10}$$

因为 $K_a^{\ominus}(\text{HCN}) = 6.17 \times 10^{-10}$，故发生解离的 HCN 非常少，$y$ 很小，所以 $0.10 - y = 0.10$，$c(CN^-) = 2.13 \times 10^{-8} \text{mol/L}$。

5 沉淀-溶解平衡

5.1 知 识 概 要

本章主要内容涉及三个部分：
(1) 溶解度和溶度积的概念及换算；
(2) 溶度积规则；
(3) 沉淀的生成和溶解。

5.2 重点、难点

5.2.1 难溶电解质的溶解度和溶度积

5.2.1.1 溶度积常数

在含有固体难溶电解质的饱和溶液中存在难溶电解质和溶液中相应各离子间的多相平衡，称为沉淀-溶解平衡。沉淀-溶解平衡是一种多相离子平衡系统。

对于一般难溶电解质（A_mB_n），其沉淀-溶解平衡通式可表示为：

$$A_mB_n(s) \rightleftharpoons mA^{n+}(aq) + nB^{m-}(aq)$$

沉淀-溶解平衡常数表达式为：

$$K_{sp}^{\ominus}(A_mB_n) = c^m(A^{n+}) \cdot c^n(B^{m-}) \tag{5-1}$$

在难溶电解质的饱和溶液中，当温度一定时，各组分离子浓度以系数为幂指数的乘积为一常数，称为溶度积常数，简称溶度积，用符号 $K_{sp}^{\ominus}$ 表示。$K_{sp}^{\ominus}$ 表示了难溶电解质在溶液中溶解能力大小。$K_{sp}^{\ominus}$ 越大，表示难溶电解质在水中溶解能力越强。$K_{sp}^{\ominus}$ 与其他平衡常数一样，在一定温度下具有特定的数值，温度发生改变，其数值也随之改变。$K_{sp}^{\ominus}$ 数值既可由实验测得，也可以由热力学数据来计算。

5.2.1.2 溶度积和溶解度的换算关系

对于一般难溶电解质（A_mB_n），设其溶解度为 s mol/L（饱和溶液的浓度），其沉淀-溶解平衡通式可表示为：

$$A_mB_n(s) \rightleftharpoons mA^{n+}(aq) + nB^{m-}(aq)$$

平衡浓度（mol/L）： ms ns

$$K_{sp}^{\ominus}(A_mB_n) = c^m(A^{n+}) \cdot c^n(B^{m-}) = (ms)^m \cdot (ns)^n = m^m n^n \cdot s^{m+n} \tag{5-2}$$

即

$$s = \sqrt[m+n]{\frac{K_{sp}^{\ominus}}{m^m \cdot n^n}} \tag{5-3}$$

上式适用于难溶强电解质，不适用于易水解的难溶电解质和难溶弱电解质及以离子对形式存在的难溶电解质。对于同一类型的难溶电解质，可以通过溶度积大小来比较它们溶解度的大小，在相同温度下，溶度积越大，溶解度也越大；反之亦然。但对于不同类型的难溶电解质，则不能用溶度积直接比较溶解度的大小。

5.2.2 溶度积规则

任一难溶电解质的多相离子平衡可表示为：

$$A_m B_n(s) \rightleftharpoons m A^{n+}(aq) + n B^{m-}(aq)$$

其反应商为 Q：

$$Q(A_m B_n) = c^m(A^{n+}) \cdot c^n(B^{m-}) \tag{5-4}$$

当 $Q > K_{sp}^{\ominus}$ 时，反应逆向进行，即向着沉淀生成方向进行。

当 $Q = K_{sp}^{\ominus}$ 时，处于沉淀-溶解平衡状态；

当 $Q < K_{sp}^{\ominus}$ 时，反应正向进行，即向着沉淀溶解方向进行。

以上规律即为溶度积规则。应用此规则，可以判断一定条件下某溶液中是否有沉淀生成。

5.2.3 沉淀的生成和溶解

利用溶度积规则可以控制沉淀的生成和溶解。若要生成沉淀，就要增大相关离子的浓度，使得 $Q > K_{sp}^{\ominus}$；若要使沉淀溶解，就要减小相关离子的浓度，使得 $Q < K_{sp}^{\ominus}$。

5.2.3.1 影响沉淀反应的因素

在难溶电解质的饱和溶液中，加入含有相同离子的易溶强电解质时，难溶电解质的多相离子平衡就会发生移动，使难溶电解质溶解度降低，这种现象称作同离子效应。

如果在难溶电解质饱和溶液中加入不含有相同离子的某种强电解质，通常难溶电解质的溶解度比其在纯水中的溶解度有所增大，这种因加入强电解质而使难溶电解质的溶解度增大的现象称作盐效应。

对于难溶的金属氢氧化物或难溶的弱酸化合物来说，改变溶液的 pH 值，由于形成难以解离的水或弱酸，可以促成某些沉淀的生成或溶解。大多数金属硫化物的溶解度都很小，在沉淀分离中，同样可以利用控制溶液的 pH 值来促成金属硫化物沉淀的生成或溶解。

5.2.3.2 分步沉淀

当溶液中同时存在几种离子时，沉淀生成的顺序取决于相应的离子积达到或超过溶度积的先后顺序。溶液中离子积先达到溶度积的先沉淀，后达到的后沉淀。换言之，哪种离子沉淀所需沉淀剂的浓度小，哪种离子先沉淀。

利用分步沉淀可以进行离子分离。一般认为，当溶液中某种离子的浓度小于 10^{-5} mol/L 时，可以近似认为该种离子已经沉淀完全了。

5.2.3.3 沉淀的转化

借助于某一试剂的作用，把一种难溶电解质转化为另一种难溶电解质的过程，称为沉淀的转化。一般来说，溶解度较大的难溶电解质容易转化为溶解度较小的难溶电解质，而且两者的溶解度相差越大，沉淀转化越完全。

5.2.3.4　沉淀的溶解

根据溶度积规则，沉淀溶解的必要条件是溶液中的相应离子浓度的乘积小于该物质的溶度积，即 $Q < K_{sp}^{\ominus}$。因此，只要降低溶液中有关离子的浓度，沉淀就会溶解。一般采取的方法有酸溶法、氧化还原法、生成配位化合物等。

5.3　典　型　例　题

【例 5-1】　$Mn(OH)_2$ 饱和水溶液的 pH = 9.56，计算 $Mn(OH)_2$ 的溶解度和溶度积 $K_{sp}^{\ominus}$。

解： pOH = 14 - 9.56 = 4.44

$$c(OH^-) = 3.63 \times 10^{-5} mol/L$$

$$Mn(OH)_2(s) \rightleftharpoons Mn^{2+}(aq) + 2OH^-(aq)$$
$$\qquad\qquad\qquad s \qquad\qquad 2s$$

$$s = c(Mn^{2+}) = 0.5c(OH^-) = 0.5 \times 3.63 \times 10^{-5} = 1.82 \times 10^{-5} mol/L$$

$$K_{sp}^{\ominus} = c(Mn^{2+}) \cdot c^2(OH^-) = s(2s)^2 = 4s^3 = 4 \times (1.82 \times 10^{-5})^3 = 2.41 \times 10^{-14}$$

【例 5-2】　室温下 $Mg(OH)_2$ 的溶度积为 5.61×10^{-12}。试求：

(1) $Mg(OH)_2$ 在水中的溶解度；

(2) 在 0.010mol/L 的 NaOH 溶液中的溶解度。

解： $K_{sp}^{\ominus}(Mg(OH)_2) = 5.61 \times 10^{-12}$

(1) $Mg(OH)_2$ 在纯水中的溶解度为 s_1，则有：

$$Mg(OH)_2(s) \rightleftharpoons Mg^{2+}(aq) + 2OH^-(aq)$$
$$\qquad\qquad\qquad s_1 \qquad\qquad 2s_1$$

$$K_{sp}^{\ominus}(Mg(OH)_2) = c(Mg^{2+}) \cdot c^2(OH^-) = s_1 \cdot (2s_1)^2 = 5.61 \times 10^{-12}$$

$$s_1 = 1.12 \times 10^{-4} mol/L$$

(2) $Mg(OH)_2$ 在 NaOH 溶液中的溶解度为 s_2，则有：

$$Mg(OH)_2(s) \rightleftharpoons Mg^{2+}(aq) + 2OH^-(aq)$$
$$\qquad\qquad\qquad s_2 \qquad\qquad 0.010 + 2s_2$$

$$5.61 \times 10^{-12} = s_2 \cdot (0.010 + 2s_2)^2$$

$$s_2 = 5.61 \times 10^{-8} mol/L$$

【例 5-3】　通过计算说明在含有 0.100mol/L H^+ 及 0.001mol/L Cd^{2+} 的混合溶液中，通入 H_2S 至饱和，是否有 CdS 沉淀产生？（已知 $K_{a1}^{\ominus}(H_2S) = 8.91 \times 10^{-8}$，$K_{a2}^{\ominus}(H_2S) = 1.20 \times 10^{-13}$，$K_{sp}^{\ominus}(CdS) = 8.0 \times 10^{-27}$）

解： $c(H_2S) = 0.1mol/L$

$$c(H^+) = 0.1mol/L$$

$$c(S^{2-}) = \frac{K_{a1}^{\ominus} \cdot K_{a2}^{\ominus} \cdot c(H_2S)}{c^2(H^+)} = \frac{8.91 \times 10^{-8} \times 1.20 \times 10^{-13} \times 0.1}{0.100^2} = 1.07 \times 10^{-19} mol/L$$

$$Q = c(Cd^{2+}) \cdot c(S^{2-}) = 0.001 \times 1.07 \times 10^{-19} = 1.07 \times 10^{-22}$$

$$Q > K_{sp}^{\ominus}(CdS)$$

因此，有 CdS 沉淀生成。

【例 5-4】 在 0.2mol/L $MgCl_2$ 溶液中，加入等体积的含有 0.1mol/L $NH_3 \cdot H_2O$ 和 1.0mol/L NH_4Cl 的混合溶液，问能否产生 $Mg(OH)_2$ 沉淀？（已知 $K_b^{\ominus}(NH_3 \cdot H_2O) = 1.78 \times 10^{-5}$，$K_{sp}^{\ominus}(Mg(OH)_2) = 5.61 \times 10^{-12}$）

解： 等体积混合后，$c(NH_3 \cdot H_2O) = 0.05mol/L$，$c(NH_4Cl) = 0.5mol/L$，$c(Mg^{2+}) = 0.1mol/L$

$$K_b^{\ominus} = \frac{c(NH_4^+) \cdot c(OH^-)}{c(NH_3 \cdot H_2O)}$$

$NH_3 \cdot H_2O$ 和 NH_4Cl 混合溶液适用缓冲溶液公式，则有：

$$c(OH^-) = K_b^{\ominus} \frac{c(NH_3 \cdot H_2O)}{c(NH_4^+)} = 1.78 \times 10^{-5} \times \frac{0.05}{0.5} = 1.78 \times 10^{-6}mol/L$$

$$Q = c(Mg^{2+}) \cdot c^2(OH^-) = 0.1 \times (1.78 \times 10^{-6})^2 = 3.17 \times 10^{-13} < K_{sp}^{\ominus} = 5.61 \times 10^{-12}$$

因此，没有 $Mg(OH)_2$ 沉淀生成。

【例 5-5】 某溶液含 Ba^{2+} 和 Sr^{2+} 的浓度均为 0.1mol/L，计算说明滴加 Na_2SO_4 溶液时，哪种离子先沉淀？当第一种离子沉淀完全时，第二种离子沉淀了百分之几？（已知 $BaSO_4$ 的 $K_{sp}^{\ominus} = 1.08 \times 10^{-10}$，$SrSO_4$ 的 $K_{sp}^{\ominus} = 3.44 \times 10^{-7}$，滴加 Na_2SO_4 溶液过程，忽略混合金属离子溶液体积的变化）

解：（1）形成 $BaSO_4$ 沉淀所需浓度为：

$$c(SO_4^{2-}) = \frac{K_{sp}^{\ominus}(BaSO_4)}{c(Ba^{2+})} = \frac{1.08 \times 10^{-10}}{0.1} = 1.08 \times 10^{-9}mol/L$$

形成 $SrSO_4$ 沉淀所需浓度为：

$$c(SO_4^{2-}) = \frac{K_{sp}^{\ominus}(SrSO_4)}{c(Sr^{2+})} = \frac{3.44 \times 10^{-7}}{0.1} = 3.44 \times 10^{-6}mol/L$$

形成 $BaSO_4$ 沉淀所需 SO_4^{2-} 浓度较小，所以 Ba^{2+} 先沉淀。

（2）当 Ba^{2+} 沉淀完全时，溶液中 $c(Ba^{2+}) \leqslant 1.0 \times 10^{-5}mol/L$，此时溶液中 $c(SO_4^{2-}) = \frac{K_{sp}^{\ominus}(BaSO_4)}{c(Ba^{2+})} = \frac{1.08 \times 10^{-10}}{10^{-5}} = 1.08 \times 10^{-5}mol/L$

$$c(Sr^{2+}) = \frac{K_{sp}^{\ominus}(SrSO_4)}{c(SO_4^{2-})} = \frac{3.44 \times 10^{-7}}{1.08 \times 10^{-5}} = 0.032mol/L$$

$$\frac{0.10 - 0.032}{0.10} \times 100\% = 68\%$$

当 Ba^{2+} 沉淀完全时，Sr^{2+} 已经转化成 $SrSO_4$ 的百分数为 68%。

【例 5-6】 将 0.1mol/L $AgNO_3$ 溶液和 0.1mol/L K_2CrO_4 溶液等体积混合，有红褐色沉淀生成，再加入 NaCl 固体（忽略溶液体积的变化），可观察到红褐色沉淀转化为白色沉淀，通过计算解释实验现象。（已知 $K_{sp}^{\ominus}(Ag_2CrO_4) = 1.12 \times 10^{-12}$，$K_{sp}^{\ominus}(AgCl) = 1.77 \times 10^{-10}$）

解： 等体积混合后，$c(AgNO_3) = 0.05mol/L$，$c(K_2CrO_4) = 0.05mol/L$

$Q = c^2(Ag^+) \cdot c(CrO_4^{2-}) = 0.05^2 \times 0.05 = 0.000125 > K_{sp}^{\ominus}(Ag_2CrO_4) = 1.12 \times 10^{-12}$

所以，有 Ag_2CrO_4 红褐色沉淀生成。

$$Ag_2CrO_4 + 2Cl^- \rightleftharpoons 2AgCl + CrO_4^{2-}$$

$$K^{\ominus} = \frac{c(CrO_4^{2-})}{c^2(Cl^-)} = \frac{c(CrO_4^{2-}) \cdot c^2(Ag^+)}{c^2(Cl^-) \cdot c^2(Ag^+)} = \frac{K_{sp}^{\ominus}(Ag_2CrO_4)}{[K_{sp}^{\ominus}(AgCl)]^2} = \frac{1.12 \times 10^{-12}}{(1.77 \times 10^{-10})^2} = 3.57 \times 10^7$$

该平衡常数较大，可以发生沉淀的转化，从 Ag_2CrO_4 红褐色沉淀变为 AgCl 白色沉淀。

【例 5-7】 将 25.0mL 0.10mol/L $AgNO_3$ 溶液与 45.0mL 0.10mol/L K_2CrO_4 溶液混合后，求溶液中 Ag^+ 和 CrO_4^{2-} 的浓度。（已知 $K_{sp}^{\ominus}(Ag_2CrO_4) = 1.12 \times 10^{-12}$）

解： 混合后 $AgNO_3$ 浓度：

$$c(AgNO_3) = 0.10 \times \frac{25.0}{25.0 + 45.0} = 0.036mol/L$$

混合后 K_2CrO_4 浓度：

$$c(K_2CrO_4) = 0.10 \times \frac{45.0}{25.0 + 45.0} = 0.064mol/L$$

将发生沉淀反应：

$$2Ag^+ + CrO_4^{2-} \rightleftharpoons Ag_2CrO_4 \downarrow$$

其中 Ag^+ 不足量，而 CrO_4^{2-} 则过量。

0.036mol/L Ag^+ 将消耗 0.018mol/L CrO_4^{2-}，剩余 0.046mol/L CrO_4^{2-}。

$$残留的\, c(Ag^+) = \sqrt{\frac{K_{sp}^{\ominus}(Ag_2CrO_4)}{c(CrO_4^{2-})}} = \sqrt{\frac{1.12 \times 10^{-12}}{0.046}} = 4.93 \times 10^{-6}mol/L$$

$$c(CrO_4^{2-}) = 0.046mol/L$$

【例 5-8】 试计算 0.15L 1.50mol/L 的 Na_2CO_3 溶液可以使多少克 $BaSO_4$ 固体转化为 $BaCO_3$？（已知 $K_{sp}^{\ominus}(BaCO_3) = 2.58 \times 10^{-9}$，$K_{sp}^{\ominus}(BaSO_4) = 1.08 \times 10^{-10}$，$BaSO_4$ 式量为 233）

解：

解法 1：沉淀转化反应式：$BaSO_4(s) + CO_3^{2-}(aq) \rightleftharpoons BaCO_3(s) + SO_4^{2-}(aq)$

初始浓度：　　　　　　1.5

平衡浓度：　　　　　1.5-x　　　　　　　　　　　x

$$K^{\ominus} = \frac{c(SO_4^{2-})}{c(CO_3^{2-})} = \frac{c(SO_4^{2-}) \cdot c(Ba^{2+})}{c(CO_3^{2-}) \cdot c(Ba^{2+})} = \frac{K_{sp}^{\ominus}(BaSO_4)}{K_{sp}^{\ominus}(BaCO_3)} = \frac{1.08 \times 10^{-10}}{2.58 \times 10^{-9}} = 0.042$$

$$\frac{x}{1.5 - x} = 0.042$$

$$x = 0.060mol/L$$

$BaSO_4$ 固体质量：$m = 0.060 \times 0.15 \times 233 = 2.10g$

解法 2：

$$BaSO_4(s) \Longrightarrow Ba^{2+}(aq) + SO_4^{2-}(aq)$$

平衡浓度：

$$\qquad\qquad\qquad\qquad\qquad x \qquad\quad x+y$$

$$K_{sp}^{\ominus}(BaSO_4) = c(Ba^{2+}) \cdot c(SO_4^{2-}) = x(x+y) = 1.08 \times 10^{-10}$$

$$Ba^{2+}(aq) + CO_3^{2-}(aq) \Longrightarrow BaCO_3(s)$$

$$\qquad x \qquad\qquad 1.5-y \qquad\qquad y$$

$$K_{sp}^{\ominus}(BaCO_3) = c(Ba^{2+}) \cdot c(CO_3^{2-}) = x(1.5 - y) = 2.58 \times 10^{-9}$$

x 很小，$x + y \approx y$。

$$\frac{y}{1.5 - y} = 0.042$$

$$y = 0.060 mol/L$$

$BaSO_4$ 固体质量：$m = 0.060 \times 0.15 \times 233 = 2.10g$

5.4 课后习题及解答

5-1 已知 $K_{sp}^{\ominus}(AgIO_3) = 3.17 \times 10^{-8}$，$K_{sp}^{\ominus}(Ag_2CrO_4) = 1.12 \times 10^{-12}$，通过计算说明 $AgIO_3$ 和 Ag_2CrO_4 两种难溶电解质：

(1) 在纯水中，哪一种沉淀的溶解度大？

(2) 在 0.010mol/L $AgNO_3$ 溶液中，哪一种沉淀的溶解度大？

解：

(1) $AgIO_3(s) \Longrightarrow Ag^+(aq) + IO_3^-(aq)$

$$\qquad\qquad\qquad\qquad s \qquad\quad s$$

$$K_{sp}^{\ominus}(AgIO_3) = c(Ag^+) \cdot c(IO_3^-) = s^2$$

$$s(AgIO_3) = \sqrt{K_{sp}^{\ominus}} = \sqrt{3.17 \times 10^{-8}} = 1.78 \times 10^{-4} mol/L$$

$$Ag_2CrO_4(s) \Longrightarrow 2Ag^+(aq) + CrO_4^{2-}(aq)$$

$$\qquad\qquad\qquad\qquad 2s \qquad\qquad s$$

$$K_{sp}^{\ominus}(Ag_2CrO_4) = c^2(Ag^+) \cdot c(CrO_4^{2-}) = 4s^3$$

$$s(Ag_2CrO_4) = \sqrt[3]{K_{sp}^{\ominus}/4} = \sqrt[3]{1.12 \times 10^{-12}/4} = 6.54 \times 10^{-5} mol/L$$

在纯水中，$AgIO_3$ 溶解度大。

(2) 设 $AgIO_3$ 溶解度为 x mol/L，Ag_2CrO_4 溶解度为 y mol/L。

$$AgIO_3(s) \Longrightarrow Ag^+(aq) + IO_3^-(aq)$$

$$\qquad\qquad\qquad 0.010+x \qquad\quad x$$

$$K_{sp}^{\ominus}(AgIO_3) = c(Ag^+) \cdot c(IO_3^-) = (0.010 + x) \cdot x = 3.17 \times 10^{-8}$$

$$x = 3.17 \times 10^{-6} mol/L$$

$$Ag_2CrO_4(s) \Longrightarrow 2Ag^+(aq) + CrO_4^{2-}(aq)$$

$$\qquad\qquad\qquad 0.010 + 2y \qquad\qquad y$$

$$K_{sp}^{\ominus}(Ag_2CrO_4) = c^2(Ag^+) \cdot c(CrO_4^{2-}) = (0.010 + 2y)^2 \cdot y = 1.12 \times 10^{-12}$$

$$y = 1.12 \times 10^{-8} mol/L$$

在 0.010mol/L AgNO$_3$ 中，AgIO$_3$ 溶解度大。

5-2 填空：

在含有大量固体 BaSO$_4$ 的溶液中，经一段时间达到平衡后，该溶液叫做_____溶液。该溶液中 Ba^{2+} 和 SO$_4^{2-}$ 的离子积 Q _____ $K_{sp}^{\ominus}$。加入少量 Na$_2$SO$_4$ 后，BaSO$_4$ 的溶解度_____，这种现象称为_____。

答案：饱和，=，减小，同离子效应

【解析】沉淀溶解平衡基本概念。

5-3 如何用化学平衡观点来理解溶度积规则？试用溶度积规则解释下列事实：

(1) CaCO$_3$ 既溶于稀盐酸，也溶于醋酸。

(2) Ag$_2$S 既不溶于醋酸，也不溶于盐酸。

(3) ZnS 能溶于盐酸和稀硫酸中；CuS 不溶于盐酸和稀硫酸中，却能溶于硝酸中。

答案：

(1) CaCO$_3$ 溶解生成的 CO$_3^{2-}$ 与稀盐酸中的 H$^+$ 可以结合生成弱电解质 H$_2$CO$_3$，H$_2$CO$_3$ 进一步分解释放出 CO$_2$，降低了溶液中 CO$_3^{2-}$ 的浓度，使 $Q<K_{sp}^{\ominus}$，于是平衡向沉淀溶解的方向移动，只要有足够的盐酸存在，CaCO$_3$ 会全部溶解。虽然醋酸是弱酸，但是其解离常数比 HCO$_3^-$ 和 H$_2$CO$_3$ 的解离常数都大，醋酸提供的 H$^+$浓度也足以使 CaCO$_3$ 溶解。

(2) Ag$_2$S 的 $K_{sp}^{\ominus}$ 很小（$K_{sp}^{\ominus}=6.3\times10^{-50}$），提供的 S^{2-} 非常小，即使醋酸或者盐酸中 H$^+$相当大，也不能与如此微量的 S^{2-} 形成 H$_2$S，因此 Ag$_2$S 既不溶于醋酸，也不溶于盐酸。

(3) ZnS 的 $K_{sp}^{\ominus}$较大（$K_{sp}^{\ominus}=1.6\times10^{-24}$），盐酸或者稀硫酸提供的 H$^+$可以与 ZnS 提供的 S^{2-}形成 H$_2$S，降低了溶液中 S^{2-} 的浓度，使 $Q<K_{sp}^{\ominus}$，于是平衡向沉淀溶解的方向移动，因此 ZnS 能溶于盐酸和稀硫酸中。

CuS 的 $K_{sp}^{\ominus}$较小（$K_{sp}^{\ominus}=6.3\times10^{-36}$），盐酸或者稀硫酸提供的 H$^+$不能与 CuS 提供的 S^{2-}形成 H$_2$S，因此 CuS 不溶于盐酸和稀硫酸中。在硝酸中会发生氧化还原反应，S^{2-}被氧化为单质 S，降低了溶液中 S^{2-} 的浓度，使 $Q<K_{sp}^{\ominus}$，于是平衡向沉淀溶解的方向移动，因此 CuS 溶于硝酸中。

【解析】任一难溶电解质的多相离子平衡表示为：
$$A_mB_n(s) \rightleftharpoons mA^{n+}(aq) + nB^{m-}(aq)$$
其反应商 Q 的表达式与 $K_{sp}^{\ominus}$相同，即：$Q(A_mB_n)=c^m(A^{n+})\cdot c^n(B^{m-})$。根据化学反应的反应商判据，将 Q 与 $K_{sp}^{\ominus}$比较，可以判断沉淀的生成或溶解方向。

依据平衡移动原理，将 Q 与 $K_{sp}^{\ominus}$比较，可以判断沉淀的生成与溶解，即为溶度积规则。

$Q>K_{sp}^{\ominus}$，反应逆向进行，即向着沉淀生成方向进行；

$Q=K_{sp}^{\ominus}$，处于沉淀–溶解平衡状态；

$Q<K_{sp}^{\ominus}$，反应正向进行，即向着沉淀溶解方向进行。

5-4 已知 $K_{sp}^{\ominus}(PbCl_2)=1.70\times10^{-5}$，将 Pb(NO$_3$)$_2$ 溶液与 NaCl 溶液混合，设混合液中 Pb(NO$_3$)$_2$ 的浓度为 0.020mol/L。问：

(1) 当混合溶液中 Cl$^-$ 的浓度等于 5.0×10^{-4}mol/L 时，是否有沉淀生成？

（2）当混合溶液中 Cl^- 的浓度为多大时，开始生成沉淀？

（3）当混合溶液中 Cl^- 的浓度为 6.0×10^{-2} mol/L 时，残留于溶液中 Pb^{2+} 的浓度为多少？

解： $PbCl_2(s) \rightleftharpoons Pb^{2+}(aq) + 2Cl^-(aq)$

（1）$c(Pb^{2+}) = 0.020$ mol/L，$c(Cl^-) = 5.0 \times 10^{-4}$ mol/L

$$Q = c(Pb^{2+}) \cdot c^2(Cl^-) = 0.020 \times (5.0 \times 10^{-4})^2 = 5 \times 10^{-9}$$

$Q < K_{sp}^{\ominus}(PbCl_2)$，所以无 $PbCl_2$ 沉淀生成。

（2）生成 $PbCl_2$ 沉淀所需的 Cl^- 最低浓度为：

$$c(Cl^-) = \sqrt{K_{sp}^{\ominus}(PbCl_2)/c(Pb^{2+})} = \sqrt{1.70 \times 10^{-5}/0.020} = 2.92 \times 10^{-2} \text{mol/L}$$

（3）$c(Pb^{2+}) = K_{sp}^{\ominus}(PbCl_2)/c^2(Cl^-) = 1.70 \times 10^{-5}/(6.0 \times 10^{-2})^2 = 4.72 \times 10^{-3}$ mol/L

5-5 某溶液中含有 0.10mol/L Li^+ 和 0.10mol/L Mg^{2+}，滴加 NaF 溶液（忽略体积的变化），哪种离子首先被沉淀出来？当第二种沉淀析出时，第一种被沉淀的离子是否沉淀完全？两种离子有无可能分离开？

解： $K_{sp}^{\ominus}(LiF) = 1.84 \times 10^{-3}$，$K_{sp}^{\ominus}(MgF_2) = 5.16 \times 10^{-11}$

$$LiF(s) \rightleftharpoons Li^+(aq) + F^-(aq)$$

生成 LiF 沉淀所需 F^- 最低浓度为：

$$c_1(F^-) = \frac{K_{sp}^{\ominus}(LiF)}{c(Li^+)} = \frac{1.84 \times 10^{-3}}{0.10} = 1.84 \times 10^{-2} \text{mol/L}$$

$$MgF_2(s) \rightleftharpoons Mg^{2+}(aq) + 2F^-(aq)$$

生成 MgF_2 沉淀所需 F^- 最低浓度为：

$$c_2(F^-) = \sqrt{\frac{K_{sp}^{\ominus}(MgF_2)}{c(Mg^{2+})}} = \sqrt{\frac{5.16 \times 10^{-11}}{0.10}} = 2.27 \times 10^{-5} \text{mol/L}$$

$c_1(F^-) > c_2(F^-)$，MgF_2 沉淀先析出，LiF 沉淀后析出。

当 LiF 沉淀开始析出后，溶液中 F^- 浓度为 1.84×10^{-2} mol/L，这时 Mg^{2+} 的浓度为：

$$c(Mg^{2+}) = \frac{K_{sp}^{\ominus}(MgF_2)}{[c(F^-)]^2} = \frac{5.16 \times 10^{-11}}{(1.84 \times 10^{-2})^2} = 1.52 \times 10^{-7} \text{mol/L}$$

说明当 LiF 开始析出沉淀时，Mg^{2+} 的浓度小于 1.0×10^{-5} mol/L，MgF_2 沉淀完全，因此两种离子可能完全分开。

5-6 已知 CaF_2 的溶度积为 5.3×10^{-9}，求 CaF_2 在下列情况时的溶解度：

（1）在纯水中；

（2）在 1.0×10^{-2} mol/L NaF 溶液中；

（3）在 1.0×10^{-2} mol/L $CaCl_2$ 溶液中。

解： $K_{sp}^{\ominus}(CaF_2) = 5.3 \times 10^{-9}$

（1）CaF_2 在纯水中的溶解度为 s_1，则有：

$$CaF_2(s) \rightleftharpoons Ca^{2+}(aq) + 2F^-(aq)$$
$$\qquad\qquad\qquad s_1 \qquad\qquad 2s_1$$

$$K_{sp}^{\ominus}(CaF_2) = c(Ca^{2+}) \cdot c^2(F^-)$$

$$5.3 \times 10^{-9} = s_1 \cdot (2s_1)^2$$
$$s_1 = 1.1 \times 10^{-3} \text{mol/L}$$

（2）CaF_2 在 NaF 溶液中的溶解度为 s_2，则有：
$$CaF_2(s) \rightleftharpoons Ca^{2+}(aq) + 2F^-(aq)$$
$$s_2 \qquad 1.0 \times 10^{-2} + 2s_2$$
$$5.3 \times 10^{-9} = s_2 \cdot (1.0 \times 10^{-2} + 2s_2)^2$$
$$s_2 = 5.3 \times 10^{-5} \text{mol/L}$$

（3）CaF_2 在 $CaCl_2$ 溶液中的溶解度为 s_3，则有：
$$CaF_2(s) \rightleftharpoons Ca^{2+}(aq) + 2F^-(aq)$$
$$1.0 \times 10^{-2} + s_3 \qquad 2s_3$$
$$5.3 \times 10^{-9} = (1.0 \times 10^{-2} + s_3) \cdot (2s_3)^2$$
$$s_3 = 3.6 \times 10^{-4} \text{mol/L}$$

5-7　选择题

（1）Ag_2CrO_4 在纯水中的溶解度为 6.5×10^{-5}mol/L，则其在 0.0010mol/L $AgNO_3$ 溶液中的溶解度（　　）。

A．6.5×10^{-5}mol/L　　　　　　B．1.1×10^{-6}mol/L

C．1.1×10^{-9}mol/L　　　　　　D．无法确定

答案：B

【解析】
$$Ag_2CrO_4(s) \rightleftharpoons 2Ag^+(aq) + CrO_4^{2-}(aq)$$
$$K_{sp}^{\ominus}(Ag_2CrO_4) = c^2(Ag^+) \cdot c(CrO_4^{2-}) = 4s^3 = 4 \times (6.5 \times 10^{-5})^3 = 1.1 \times 10^{-12}$$
设 Ag_2CrO_4 溶解度为 $x$mol/L，则有：
$$Ag_2CrO_4(s) \rightleftharpoons 2Ag^+(aq) + CrO_4^{2-}(aq)$$
$$0.0010+2x \qquad x$$
$$K_{sp}^{\ominus}(Ag_2CrO_4) = c^2(Ag^+) \cdot c(CrO_4^{2-}) = (0.0010 + 2x)^2 \cdot x = 1.1 \times 10^{-12}$$
$$x \text{ 很小，} 0.0010+2x \approx 0.0010$$
$$x = 1.1 \times 10^{-6} \text{mol/L}$$

（2）下列几种情况中，$BaSO_4$ 的溶解度最大的是（　　）。

A．1mol/L KCl　　　　　　B．2mol/L $BaCl_2$

C．纯水　　　　　　D．0.1mol/L H_2SO_4

答案：A

【解析】选项 A，产生盐效应，溶解度增大。选项 B 和选项 D，产生同离子效应，溶解度减小。

（3）已知 $K_{sp}^{\ominus}(Ag_2CrO_4) = 1.12 \times 10^{-12}$，欲从原来含有 0.1mol/L Ag^+ 的溶液中，加入 K_2CrO_4 以除去 90% 的 Ag^+，当达到要求时，溶液中的 $c(CrO_4^{2-})$ 应该是（　　）。

A．1.12×10^{-12}mol/L　　　　　　B．1.12×10^{-11}mol/L

C．1.12×10^{-10}mol/L　　　　　　D．1.12×10^{-8}mol/L

答案：D

【解析】当含有 0.1mol/L Ag^+ 的溶液中被除去90%的 Ag^+，达到要求时，$c(\text{Ag}^+)=0.01\text{mol/L}$

$$K_{sp}^{\ominus}(\text{Ag}_2\text{CrO}_4)=c^2(\text{Ag}^+)\cdot c(\text{CrO}_4^{2-})=0.01^2\times c(\text{CrO}_4^{2-})=1.12\times10^{-12}$$

$$c(\text{CrO}_4^{2-})=1.12\times10^{-8}\text{mol/L}$$

(4) 25℃，PbI_2 溶解度为 $1.35\times10^{-3}\text{mol/L}$，其溶度积为（　　）。

A. 2.8×10^{-8} 　　　　　　　　　　B. 9.8×10^{-9}

C. 2.3×10^{-6} 　　　　　　　　　　D. 4.7×10^{-6}

答案：B

【解析】$K_{sp}^{\ominus}(\text{PbI}_2)=c(\text{Pb}^{2+})\cdot c^2(\text{I}^-)=4s^3=4\times(1.35\times10^{-3})^3=9.8\times10^{-9}$

(5) 难溶物 AB_2C_3，测得平衡时 C 的浓度为 $3.0\times10^{-3}\text{mol/L}$，则 $K_{sp}^{\ominus}(\text{AB}_2\text{C}_3)$ 是（　　）。

A. 2.9×10^{-15} 　　　　　　　　　　B. 1.16×10^{-14}

C. 1.08×10^{-16} 　　　　　　　　　　D. 6×10^{-3}

答案：C

【解析】平衡时，若 $c(\text{C})=3.0\times10^{-3}\text{mol/L}$，则 $c(\text{A})=1.0\times10^{-3}\text{mol/L}$，$c(\text{B})=2.0\times10^{-3}\text{mol/L}$

$$K_{sp}^{\ominus}(\text{AB}_2\text{C}_3)=c(\text{A})\cdot c^2(\text{B})\cdot c^3(\text{C})=1.0\times10^{-3}\times(2.0\times10^{-3})^2\times(3.0\times10^{-3})^3$$
$$=1.08\times10^{-16}$$

(6) 25℃时，已知反应 $\text{AgCl}(s)\rightleftharpoons\text{Ag}^+(aq)+\text{Cl}^-(aq)$ 的 $\Delta_r G_m^{\ominus}=55.7\text{kJ/mol}$，则 AgCl 的 $K_{sp}^{\ominus}$ 为（　　）。

A. 1.74×10^{-10} 　　　　　　　　　　B. 3.4×10^{-10}

C. 5.0×10^{-11} 　　　　　　　　　　D. 8.9×10^{-9}

答案：A

【解析】此反应的 $K^{\ominus}$ 即为 $K_{sp}^{\ominus}$。

$$\Delta_r G_m^{\ominus}=-RT\ln K^{\ominus}$$
$$55.7\times10^3=-8.314\times(273.15+25)\times\ln K_{sp}^{\ominus}$$
$$K_{sp}^{\ominus}=1.74\times10^{-10}$$

(7) 对于分步沉淀，下列叙述正确的是（　　）。

A. 被沉淀离子浓度小的先沉淀　　　　B. 沉淀时所需沉淀剂小的先沉淀

C. 溶解度小的物质先沉淀　　　　　　D. 被沉淀离子浓度大的先沉淀

答案：B

【解析】当溶液中同时存在几种离子时，沉淀生成的顺序取决于相应的离子积达到或超过溶度积的先后顺序。溶液中离子浓度乘积先达到溶度积的先沉淀，后达到的后沉淀。换言之，哪种离子沉淀所需沉淀剂的浓度小，哪种离子先沉淀。

(8) 25℃时，已知 $K_{sp}^{\ominus}(\text{Ca(OH)}_2)=5.5\times10^{-6}$，$\text{Ca(OH)}_2$ 饱和溶液中 $c(\text{OH}^-)$ 为（　　）。

A. 0.011mol/L 　　　　　　　　　　B. 0.022mol/L

C. 0.016mol/L   D. 0.013mol/L

答案：B

【解析】$K_{sp}^{\ominus}(Ca(OH)_2) = c(Ca^{2+}) \cdot c^2(OH^-) = 4s^3 = 5.5 \times 10^{-6}$

$$s = 0.011mol/L = c(Ca^{2+})$$

$$c(OH^-) = 2c(Ca^{2+}) = 0.022mol/L$$

（9）25℃时，已知 CaF_2 的溶度积常数为 $K_{sp}^{\ominus}(CaF_2) = 5.3 \times 10^{-9}$，则 CaF_2 饱和溶液中钙离子浓度和氟离子浓度分别为（   ）。

A. $1.1 \times 10^{-3}mol/L$、$1.1 \times 10^{-3}mol/L$

B. $1.1 \times 10^{-3}mol/L$、$2.2 \times 10^{-3}mol/L$

C. $5.5 \times 10^{-4}mol/L$、$1.1 \times 10^{-3}mol/L$

D. $2.2 \times 10^{-3}mol/L$、$1.1 \times 10^{-3}mol/L$

答案：B

【解析】$K_{sp}^{\ominus}(CaF_2) = c(Ca^{2+}) \cdot c^2(F^-) = 4s^3 = 5.3 \times 10^{-9}$

$$s = 1.1 \times 10^{-3}mol/L = c(Ca^{2+})$$

$$c(F^-) = 2c(Ca^{2+}) = 2.2 \times 10^{-3}mol/L$$

（10）有 $Fe(OH)_3$、$BaSO_4$、$CaCO_3$、ZnS 四种难溶电解质，其中溶解度不随溶液 pH 值变化的是（   ）。

A. $CaCO_3$ B. $BaSO_4$ C. ZnS D. $Fe(OH)_3$

答案：B

【解析】选项 A，$CaCO_3$ 溶解生成的 CO_3^{2-} 与 H^+ 可以反应生成 CO_2，因此 pH 值变化会影响 CO_3^{2-} 的浓度，从而影响 $CaCO_3$ 的溶解度。

选项 B，$BaSO_4$ 溶解生成的 Ba^{2+} 和 SO_4^{2-} 都不与 H^+ 反应，因此 pH 值变化不会影响 $BaSO_4$ 的溶解度。

选项 C，ZnS 溶解生成的 S^{2-} 与 H^+ 可以反应生成 H_2S，因此 pH 值变化会影响 S^{2-} 的浓度，从而影响 ZnS 的溶解度。

选项 D，$Fe(OH)_3$ 溶解生成的 OH^- 与 H^+ 可以反应生成 H_2O，因此 pH 值变化会影响 OH^- 的浓度，从而影响 $Fe(OH)_3$ 的溶解度。

（11）已知 $K_{sp}^{\ominus}(SrSO_4) = 3.44 \times 10^{-7}$，$K_{sp}^{\ominus}(PbSO_4) = 2.53 \times 10^{-8}$，$K_{sp}^{\ominus}(Ag_2SO_4) = 1.20 \times 10^{-5}$，在 1.0L 含有 Sr^{2+}、Pb^{2+}、Ag^+ 等离子的溶液中，其浓度均为 0.0010mol/L，加入 0.010mol Na_2SO_4 固体，生成沉淀的是（   ）。

A. $SrSO_4$，$PbSO_4$，Ag_2SO_4 B. $SrSO_4$，$PbSO_4$

C. $SrSO_4$，Ag_2SO_4 D. $PbSO_4$，Ag_2SO_4

答案：B

【解析】$Q(SrSO_4) = c(Sr^{2+}) \cdot c(SO_4^{2-}) = 0.0010 \times 0.01 = 1.0 \times 10^{-5} > K_{sp}^{\ominus}(SrSO_4)$
有 $SrSO_4$ 沉淀生成

$Q(PbSO_4) = c(Pb^{2+}) \cdot c(SO_4^{2-}) = 0.0010 \times 0.01 = 1.0 \times 10^{-5} > K_{sp}^{\ominus}(PbSO_4)$
有 $PbSO_4$ 沉淀生成

$Q(\mathrm{Ag_2SO_4}) = c^2(\mathrm{Ag^{2+}}) \cdot c(\mathrm{SO_4^{2-}}) = 0.0010^2 \times 0.01 = 1.0 \times 10^{-8} < K_{sp}^{\ominus}(\mathrm{Ag_2SO_4})$

没有 $\mathrm{Ag_2SO_4}$ 沉淀生成

（12）下列沉淀中，可溶于 $1\mathrm{mol/L}\ \mathrm{NH_4Cl}$ 溶液中的是（　　）。

A. $\mathrm{Fe(OH)_3}$（$K_{sp}^{\ominus} = 2.79\times10^{-39}$）　　　B. $\mathrm{Mg(OH)_2}$（$K_{sp}^{\ominus} = 5.61\times10^{-12}$）

C. $\mathrm{Al(OH)_3}$（$K_{sp}^{\ominus} = 1.3\times10^{-33}$）　　　D. $\mathrm{Cr(OH)_3}$（$K_{sp}^{\ominus} = 6.3\times10^{-31}$）

答案：B

【解析】$\qquad \mathrm{NH_4^+(aq)} + \mathrm{H_2O(l)} \rightleftharpoons \mathrm{NH_3 \cdot H_2O(aq)} + \mathrm{H^+(aq)}$

初始浓度（mol/L）：1

平衡浓度（mol/L）：$1-x \qquad\qquad\qquad\qquad x \qquad\qquad x$

$$K^{\ominus} = \frac{c(\mathrm{NH_3 \cdot H_2O}) \cdot c(\mathrm{H^+})}{c(\mathrm{NH_4^+})} = \frac{K_w^{\ominus}}{K_b^{\ominus}(\mathrm{NH_3 \cdot H_2O})} = \frac{1.0 \times 10^{-14}}{1.78 \times 10^{-5}} = 5.6 \times 10^{-10} = \frac{x^2}{1-x}$$

$$c(\mathrm{H^+}) = 2.37 \times 10^{-5}\mathrm{mol/L}$$

$$c(\mathrm{OH^-}) = 4.22 \times 10^{-10}\mathrm{mol/L}$$

选项 A：

$$c(\mathrm{Fe^{3+}}) = \frac{K_{sp}^{\ominus}(\mathrm{Fe(OH)_3})}{c^3(\mathrm{OH^-})} = \frac{2.79 \times 10^{-39}}{(4.22 \times 10^{-10})^3} = 3.71 \times 10^{-11}\mathrm{mol/L}, \quad 产生沉淀所需$$

$c(\mathrm{Fe^{3+}})$ 较小。

选项 B：

$$c(\mathrm{Mg^{2+}}) = \frac{K_{sp}^{\ominus}(\mathrm{Mg(OH)_2})}{c^2(\mathrm{OH^-})} = \frac{5.61 \times 10^{-12}}{(4.22 \times 10^{-10})^2} = 3.15 \times 10^7\mathrm{mol/L}, \quad 产生沉淀所需$$

$c(\mathrm{Mg^{2+}})$ 较大。

选项 C：

$$c(\mathrm{Al^{3+}}) = \frac{K_{sp}^{\ominus}(\mathrm{Al(OH)_3})}{c^3(\mathrm{OH^-})} = \frac{1.3 \times 10^{-33}}{(4.22 \times 10^{-10})^3} = 1.73 \times 10^{-5}\mathrm{mol/L}, \quad 产生沉淀所需$$

$c(\mathrm{Al^{3+}})$ 较小。

选项 D：

$$c(\mathrm{Cr^{3+}}) = \frac{K_{sp}^{\ominus}(\mathrm{Cr(OH)_3})}{c^3(\mathrm{OH^-})} = \frac{6.3 \times 10^{-31}}{(4.22 \times 10^{-10})^3} = 8.38 \times 10^{-3}\mathrm{mol/L}, \quad 产生沉淀所需$$

$c(\mathrm{Al^{3+}})$ 较小。

5-8 将 $1.0\mathrm{L}$ 的 $0.10\mathrm{mol/L}\ \mathrm{BaCl_2}$ 溶液和 $0.20\mathrm{mol/L}\ \mathrm{Na_2SO_4}$ 溶液等体积混合，生成 $\mathrm{BaSO_4}$ 沉淀。已知 $K_{sp}^{\ominus}(\mathrm{BaSO_4}) = 1.08\times10^{-10}$，则沉淀后溶液中 $\mathrm{Ba^{2+}}$ 和 $\mathrm{SO_4^{2-}}$ 的浓度各是多少？

解：等体积混合后，$c(\mathrm{BaCl_2}) = 0.05\mathrm{mol/L}$，$c(\mathrm{Na_2SO_4}) = 0.10\mathrm{mol/L}$

$$\mathrm{BaSO_4(s)} \rightleftharpoons \mathrm{Ba^{2+}(aq)} + \mathrm{SO_4^{2-}(aq)}$$

初始浓度（mol/L）：$\qquad\qquad\qquad 0.05 \qquad 0.10$

平衡浓度（mol/L）：$\qquad\qquad\qquad x \qquad 0.05 + x$

由于 x 很小，因此 $0.05 + x \approx 0.05$。

$$K_{sp}^{\ominus}(BaSO_4) = c(Ba^{2+}) \cdot c(SO_4^{2-}) = x(0.05 + x) = 0.05x = 1.08 \times 10^{-10}$$

$$c(Ba^{2+}) = 2.16 \times 10^{-9}mol/L$$

$$c(SO_4^{2-}) = 0.05mol/L$$

5-9　已知 $K_{sp}^{\ominus}(AgBr) = 5.35 \times 10^{-13}$，将 40.0mL 0.10mol/L $AgNO_3$ 溶液与 10.0mL 0.15mol/L NaBr 溶液混合后生成 AgBr，求生成 AgBr 的物质的量。

解：混合后共 50mL，$c(AgNO_3) = 0.08mol/L$，$c(NaBr) = 0.03mol/L$

$$Ag^+(aq) + Br^-(aq) \Longrightarrow AgBr(s)$$

初始浓度（mol/L）：　　　0.08　　　　0.03

平衡浓度（mol/L）：　0.05 + x　　　　x

由于 x 很小，因此 0.05 + x ≈ 0.05。

$$K_{sp}^{\ominus}(AgBr) = c(Ag^+) \cdot c(Br^-) = (0.05 + x)x = 0.05x = 5.35 \times 10^{-13}$$

$$c(Br^-) = 1.07 \times 10^{-11}mol/L$$

$$n(AgBr) = (0.03 - 1.07 \times 10^{-11}) \times 50 \times 10^{-3} = 0.0015mol$$

5-10　已知反应 $Cr(OH)_3 + OH^- \Longrightarrow [Cr(OH)_4]^-$ 的标准平衡常数 $K^{\ominus} = 0.40$。若将 0.10mol $Cr(OH)_3$ 刚好溶解在 1.0L NaOH 溶液中，问 NaOH 溶液的初始浓度至少应为多少？

解：设 NaOH 溶液的初始浓度至少应为 x mol/L，则有：

$$Cr(OH)_3(s) + OH^-(aq) \Longrightarrow [Cr(OH)_4]^-(aq)$$

平衡浓度（mol/L）：　　　　x-0.10　　　　　　0.10

$$K^{\ominus} = \frac{c(Cr(OH)_4^-)}{c(OH^-)} = \frac{0.10}{x - 0.10} = 0.40$$

$$x = 0.35mol/L$$

因此，NaOH 溶液的初始浓度至少应为 0.35mol/L。

5-11　已知 $BaSO_4$ 在 0.010mol/L $BaCl_2$ 溶液中的溶解度为 1.1×10^{-8}mol/L，求 $BaSO_4$ 在纯水中的溶解度。

解：在 0.010mol/L $BaCl_2$ 溶液中有：

$$BaSO_4(s) \Longrightarrow Ba^{2+}(aq) + SO_4^{2-}(aq)$$

平衡浓度（mol/L）：　　　　　　　s_1 + 0.01　　　s_1

$$K_{sp}^{\ominus}(BaSO_4) = c(Ba^{2+}) \cdot c(SO_4^{2-}) = (s_1 + 0.01) \times s_1$$

$$= (1.1 \times 10^{-8} + 0.01) \times 1.1 \times 10^{-8} = 1.1 \times 10^{-10}$$

在纯水中有：

$$BaSO_4(s) \Longrightarrow Ba^{2+}(aq) + SO_4^{2-}(aq)$$

平衡浓度（mol/L）：　　　　　　　　s_2　　　　s_2

$$K_{sp}^{\ominus}(BaSO_4) = c(Ba^{2+}) \cdot c(SO_4^{2-}) = s_2^2 = 1.1 \times 10^{-10}$$

$$s_2 = 1.05 \times 10^{-5}mol/L$$

因此，$BaSO_4$ 在纯水中的溶解度为 1.05×10^{-5}mol/L。

5-12　已知 $K_{sp}^{\ominus}(AgBr) = 5.35 \times 10^{-13}$，$K_{sp}^{\ominus}(AgCl) = 1.77 \times 10^{-10}$，向含相同浓度的

Br⁻和 Cl⁻的混合溶液中逐滴加入 $AgNO_3$ 溶液，求当 AgCl 开始沉淀时，溶液中 $c(Br^-)$ 与 $c(Cl^-)$ 的比值。

解：由于 $K_{sp}^{\ominus}(AgCl)>K_{sp}^{\ominus}(AgBr)$，含相同浓度的 Br⁻ 和 Cl⁻的混合溶液中 AgBr 先沉淀，AgCl 后沉淀。

当 AgCl 开始沉淀时，则有：

$$K_{sp}^{\ominus}(AgCl) = c(Ag^+) \cdot c(Cl^-)$$

$$K_{sp}^{\ominus}(AgBr) = c(Ag^+) \cdot c(Br^-)$$

$$\frac{c(Br^-)}{c(Cl^-)} = \frac{c(Br^-)}{c(Cl^-)} \cdot \frac{c(Ag^+)}{c(Ag^+)} = \frac{K_{sp}^{\ominus}(AgBr)}{K_{sp}^{\ominus}(AgCl)} = \frac{5.35 \times 10^{-13}}{1.77 \times 10^{-10}} = 3.02 \times 10^{-3}$$

5-13　已知 $K_{sp}^{\ominus}(BaSO_4) = 1.08 \times 10^{-10}$，$K_{sp}^{\ominus}(MgF_2) = 5.16 \times 10^{-11}$，求 $BaSO_4$、MgF_2 在水中的溶解度各为多少?

解：$BaSO_4$ 在纯水中有：

$$BaSO_4(s) \Longrightarrow Ba^{2+}(aq) + SO_4^{2-}(aq)$$

平衡浓度（mol/L）：$\qquad\qquad\qquad\qquad s_1 \qquad\quad s_1$

$$K_{sp}^{\ominus}(BaSO_4) = c(Ba^{2+}) \cdot c(SO_4^{2-}) = s_1^2 = 1.08 \times 10^{-10}$$

$$s_1 = 1.04 \times 10^{-5} mol/L$$

因此，$BaSO_4$ 在纯水中的溶解度为 $1.04 \times 10^{-5} mol/L$。

MgF_2 在纯水中有：

$$MgF_2(s) \Longrightarrow Mg^{2+}(aq) + 2F^-(aq)$$

平衡浓度（mol/L）：$\qquad\qquad\qquad\qquad s_2 \qquad\quad 2s_2$

$$K_{sp}^{\ominus}(BaSO_4) = c(Mg^{2+}) \cdot c^2(F^-) = 4s_2^3 = 5.16 \times 10^{-11}$$

$$s_2 = 2.35 \times 10^{-4} mol/L$$

因此，MgF_2 在纯水中的溶解度为 $2.35 \times 10^{-4} mol/L$。

5-14　某难溶电解质 AB_2（摩尔质量是 80g/mol），常温下其溶解度为每 100mL 溶液中含 $2.4 \times 10^{-4} g\ AB_2$，求 AB_2 的溶度积为多少?

解：每 100mL 溶液中，溶解的 AB_2 为：

$$n(AB_2) = 2.4 \times 10^{-4}/80 = 3 \times 10^{-6} mol$$

$$s = 3 \times 10^{-6}/(100 \times 10^{-3}) = 3 \times 10^{-5} mol/L$$

$$K_{sp}^{\ominus}(AB_2) = 4s^3 = 4 \times (3 \times 10^{-5})^3 = 1.08 \times 10^{-13}$$

5-15　已知 AgI 的溶度积为 8.52×10^{-17}，求 AgI 在纯水中和在 0.010mol/L KI 溶液中的溶解度。

解：AgI 在纯水中有：

$$AgI(s) \Longrightarrow Ag^+(aq) + I^-(aq)$$

平衡浓度（mol/L）：$\qquad\qquad\qquad\qquad s_1 \qquad\quad s_1$

$$K_{sp}^{\ominus}(AgI) = c(Ag^+) \cdot c(I^-) = s_1^2 = 8.52 \times 10^{-17}$$

$$s_1 = 9.23 \times 10^{-9} mol/L$$

因此，AgI 在纯水中的溶解度为 9.23×10^{-9} mol/L。

AgI 在 0.010mol/L KI 溶液中有：

$$\text{AgI(s)} \rightleftharpoons \text{Ag}^+(\text{aq}) + \text{I}^-(\text{aq})$$

平衡浓度（mol/L）：　　　　　　　　　s_2　　$0.010 + s_2$

由于 s_2 很小，因此 $0.010 + s_2 \approx 0.010$

$$K_{\text{sp}}^{\ominus}(\text{AgI}) = c(\text{Ag}^+) \cdot c(\text{I}^-) = s_2(0.010 + s_2) = 8.52 \times 10^{-17}$$

$$s_1 = 8.52 \times 10^{-15} \text{mol/L}$$

因此，AgI 在 0.010mol/L KI 溶液中的溶解度为 8.52×10^{-15} mol/L。

5-16　已知 $K_{\text{sp}}^{\ominus}(\text{Mn(OH)}_2) = 1.9 \times 10^{-13}$，在 100mL、0.20mol/L MnCl_2 溶液中加入 100mL 含有 NH_4Cl 的 0.010mol/L $\text{NH}_3(\text{aq})$，问此氨水溶液中需含有多少克 NH_4Cl 才不致生成 Mn(OH)_2 沉淀。

解：混合后 $c(\text{MnCl}_2) = 0.10$ mol/L，$c(\text{NH}_3) = 0.005$ mol/L

刚开始产生 Mn(OH)_2 沉淀时浓度为：

$$c(\text{OH}^-) = \sqrt{\frac{K_{\text{sp}}^{\ominus}(\text{Mn(OH)}_2)}{c(\text{Mn}^{2+})}} = \sqrt{\frac{1.9 \times 10^{-13}}{0.10}} = 1.38 \times 10^{-6} \text{mol/L}$$

$\text{NH}_3\text{-NH}_4\text{Cl}$ 溶液中浓度为：

$$c(\text{OH}^-) = K_{\text{b}}^{\ominus} \frac{c(\text{NH}_3 \cdot \text{H}_2\text{O})}{c(\text{NH}_4^+)} = 1.8 \times 10^{-5} \times \frac{0.005}{c(\text{NH}_4^+)} = 1.38 \times 10^{-6} \text{mol/L}$$

$$c(\text{NH}_4^+) = 0.065 \text{mol/L}$$

$$m(\text{NH}_4\text{Cl}) = 0.065 \times 200 \times 10^{-3} \times 53.5 = 0.70 \text{g}$$

6 氧化还原平衡

6.1 知 识 概 要

本章主要内容涉及四个部分：
（1）氧化还原反应的基本概念：氧化数的概念、氧化还原方程式的配平；
（2）原电池：原电池的组成和表示方法、电极的类型；
（3）电动势与电极电势：电极电势的概念、电池反应的 Nernst 方程和电极反应的 Nernst 方程、电极电势的应用、元素电势图；
（4）常用的化学电源、电解的概念和应用、金属腐蚀与防护。

6.2 重点、难点

6.2.1 氧化还原反应基本概念

6.2.1.1 氧化数

氧化数是指某元素原子在其化合状态中的形式电荷数，该电荷数是假定把每个化学键的电子指定给电负性更大的原子而求得的。氧化数可以是整数，也可以是分数。

确定氧化数的一般规则：在单质中，元素原子的氧化数为零。在单原子离子中，元素的氧化数等于离子所带的电荷数。在大多数化合物中，氢的氧化数为+1，只有在金属氢化物中氢的氧化数为−1。在化合物中氧的氧化数一般为−2，在过氧化物中氧的氧化数为−1，在超氧化物中氧的氧化数为−1/2。在所有的氟化物中，氟的氧化数为−1。碱金属和碱土金属在化合物中的氧化数分别为+1 和+2。在中性分子中，各元素原子氧化数的代数和为零。在多原子离子中，各元素氧化数的代数和等于离子所带总电荷数。

6.2.1.2 氧化还原反应方程式的配平

氧化还原反应过程中伴有电子的转移（或得失）。在氧化还原反应中，氧化数升高的物质是还原剂，氧化数降低的物质是氧化剂。配平氧化还原反应方程式常用的方法有两种：氧化数法和离子-电子法。配平原则：得失电子平衡，电荷平衡，物料平衡。

氧化数法的优点是简单、快速，适用于水溶液中，以及气固相氧化还原反应。

离子-电子法也称为半反应法。氧化还原反应可以拆为两个半反应，即氧化剂的还原反应和还原剂的氧化反应。在氧化还原半反应中，出现同一元素氧化数不同的两个物质。其中氧化数高的物质，称为氧化型；氧化数低的物质称为还原型；同一元素的氧化型和还原型物质构成氧化还原电对，表示为：氧化型/还原型。所对应的半反应为：

$$氧化型 + ne \Longleftrightarrow 还原型$$

离子-电子法是将两个半反应分别配平，再将两个半反应合为一个完整反应。用离子-电子法配平时，不需要知道元素的氧化数，得到的是配平的半反应。离子-电子法可以反映出水溶液中氧化还原反应的实质，但是不适用于气固相氧化还原反应。表 6-1 是不同介质条件下反应方程式配平氧原子数的经验规则。

表 6-1　不同介质条件下反应方程式配平氧原子数的经验规则

介质条件	左边反应物		右边生成物
	O 原子数	配平时应加入的物质	
酸性	多	H^+	H_2O
	少	H_2O	H^+
碱性	多	H_2O	OH^-
	少	OH^-	H_2O
中性	多	H_2O	OH^-
	少	H_2O	H^+

6.2.2　原电池

借助氧化还原反应将化学能转化为电能的装置称为原电池。理论上，任何一个自发进行的氧化还原反应都可以组成原电池。由于反应速率、安全性和技术条件等因素的限制，原电池可以利用的氧化还原反应仅是极少数。

6.2.2.1　原电池的组成和电池符号

原电池由电极（反应物）和盐桥组成。反应物决定原电池的主要性质，如电势高低、反应快慢等。当反应物中没有可以导电的固体时，需要外加惰性电极。惰性电极不参加电极上的反应，其作用仅是导通电子，常用的惰性电极有石墨和铂。盐桥的作用是导通离子而使整个电路导通。

原电池可用电池符号表示。书写电池符号时，习惯上把电池的负极写在左边，正极写在右边，以"‖"表示盐桥，以"│"表示相界面，同相内不同物质以"，"隔开，一般需要标明反应物质的浓度或压力；当反应物中没有可以导电的固体时，需要外加惰性电极。凡是参加了电极反应的物质，不论是否发生氧化数的变化，都必须写进电池符号。

6.2.2.2　电极

在原电池中，电子流出的一极称为负极，电子流入的一极称为正极；负极发生氧化反应，正极发生还原反应，两极上的反应称为电极反应。因为每个电极是原电池的一半，故又称为半电池反应。

常见电极的分类见表 6-2。

6.2.2.3　电极电势

产生于金属和它的盐溶液界面之间的电势差称为该金属的平衡电极电势，简称电极电势，以符号 $E(M^{n+}/M)$ 表示。如果组成电极的所有物质都在各自标准态下，温度通常为 25℃，所测得的电极电势叫做该电极的标准电极电势，以 $E^{\ominus}(M^{n+}/M)$ 表示。

表6-2 常见电极的分类

电极种类	举 例		
	电对	电极反应	电极符号
金属与金属离子	Cu^{2+}/Cu	$Cu^{2+}(aq)+2e \rightleftharpoons Cu(s)$	$Cu\mid Cu^{2+}$
非金属与非金属离子	O_2/OH^-	$O_2(g)+2H_2O(l)+4e \rightleftharpoons 4OH^-(aq)$	$Pt\mid O_2\mid OH^-$
同一元素的不同价态离子	Fe^{3+}/Fe^{2+}	$Fe^{3+}(aq)+e \rightleftharpoons Fe^{2+}(aq)$	$Pt\mid Fe^{3+}, Fe^{2+}$
金属、金属难溶盐和难溶盐负离子	$AgCl/Ag$	$AgCl(s)+e \rightleftharpoons Ag(s)+Cl^-(aq)$	$Ag\mid AgCl\mid Cl^-$

原电池的电动势（E）是在外电路没有电流通过的状态下，两个电极之间的电势差：

$$E = E_+ - E_-$$

当构成电极的各物质均处于标准状态时，则有：

$$E^\ominus = E_+^\ominus - E_-^\ominus$$

原电池的电动势的绝对值可以测量，但无法测出电极电势的绝对值。在水溶液电化学中，统一采用标准氢电极作为参比标准，其电极符号为 $Pt\mid H_2(100kPa)\mid H^+(1mol/L)$，规定其标准电极电势为零（$E^\ominus(H^+/H_2)=0.0V$）。欲测定某电极的电极电势，可将待测电极的半电池与标准氢电极半电池组成原电池，测出原电池的电动势 E，计算出待测电极相对于标准氢电极的电极电势，即为该电极的电极电势。在实际使用中，由于标准氢电极操作条件难以控制，常以饱和甘汞电极代替标准氢电极，称作参比电极。甘汞电极稳定性好，使用方便。饱和甘汞电极的电极符号为：$Pt\mid Hg\mid Hg_2Cl_2\mid KCl$（饱和），电极反应为 $Hg_2Cl_2(s)+2e \rightleftharpoons 2Hg(l)+2Cl^-(aq)$，25℃时，饱和甘汞电极的标准电极电势为0.2415V。

标准电极电势代数值越大，电对所对应的氧化型物质的氧化能力越强，还原型物质的还原能力越弱。标准电极电势代数值越小，电对所对应的还原型物质的还原能力越强，氧化型物质的氧化能力越弱。

使用标准电极电势数值时应注意以下问题：

（1）电极反应中所有离子的浓度为 $c^\ominus$，气体为标准压力 $p^\ominus$；

（2）电极电势是强度性质，不具有加和性；

（3）$E^\ominus$ 表示物质的氧化还原能力，与反应速率无关；

（4）$E^\ominus$ 数据只限于水溶液中使用，不适用于非水溶液。

6.2.3 Nernst 方程

6.2.3.1 原电池电动势与 Gibbs 函数

在等温等压过程中，系统吉布斯函数的减小等于系统对外所做的最大非膨胀功，对于电池反应来说就是电功。因此有：

$$\Delta_r G_m = -W'_{max} = -nFE \tag{6-1}$$

如果反应处于标准态，有：

$$\Delta_r G_m^\ominus = -nFE^\ominus \tag{6-2}$$

6.2.3.2 电动势的 Nernst 方程

原电池的电动势与电池反应的 $\Delta_r G_m$ 有直接的关系，所以一切影响 $\Delta_r G_m$ 的因素都会影响电池的电动势，这些因素包括温度、压力、反应物和生成物的性质以及它们的浓度。

在任意状态下有：

$$E = E^{\ominus} - \frac{RT}{nF}\ln Q \tag{6-3}$$

已知 $F = 96485\text{C/mol}$，$R = 8.314\text{J/(mol·K)}$。在 298.15K 时，可得：

$$E = E^{\ominus} - \frac{0.0592}{n}\lg Q \tag{6-4}$$

式（6-4）是常温下，电池电动势与反应物浓度（或压力）关系的 Nernst 方程式。

6.2.3.3　电极电势的 Nernst 方程

对于任意一个电极，电极反应通式为：

$$\text{氧化型} + ne \Longleftrightarrow \text{还原型}$$

在 298.15K 时，电极电势与浓度（或分压）的关系的 Nernst 方程，可由热力学导出：

$$E = E^{\ominus} + \frac{0.0592}{n}\lg\frac{[\text{氧化型}]}{[\text{还原型}]} \tag{6-5}$$

使用 Nernst 方程时应注意，Nernst 方程中的浓度为相对浓度（$c/c^{\ominus}$），若有气体参加电极反应，则用相对分压（$p/p^{\ominus}$）表示，电极反应中的固体、纯液体不列入方程式；在电极反应中，若除了氧化型、还原型物质外，还有其他物质参加电极反应，则其浓度也要列入 Nernst 方程式。

由电极电势的 Nernst 方程可知，凡是能改变溶液中离子浓度的因素，对电极电势都有影响。例如，生成配合物或弱电解质等，对电极电势都有较大的影响。一些含氧酸（盐）或氢氧化物参加的电极反应，有 H^+ 或 OH^- 参加，尽管 H^+ 和 OH^- 的氧化数不发生改变，但它们的浓度改变同样对电极电势产生影响。

6.2.3.4　电极电势的应用

A　判断原电池的正、负极

在原电池中，电极电势代数值大的电极作正极，电极电势代数值小的电极作负极。

B　判断氧化剂、还原剂的相对强弱

电极电势代数值越小，电对所对应的还原型物质的还原能力越强，氧化型物质的氧化能力越弱；电极电势代数值越大，电对所对应的氧化型物质的氧化能力越强，还原型物质的还原能力越弱。

C　判断氧化还原反应进行的方向

对于任意氧化还原反应方向的判断遵循以下规律：

$E>0$，反应向正向进行；

$E=0$，处于平衡状态；

$E<0$，反应向逆向进行。

D　判断氧化还原反应进行的程度

氧化还原反应平衡常数与标准电池电动势的关系为：

$$\lg K^{\ominus} = \frac{nE^{\ominus}}{0.0592} \tag{6-6}$$

一定温度下，氧化还原反应的标准平衡常数 $K^\ominus$ 只与标准电动势 $E^\ominus$ 有关，而与物质的浓度无关。$E^\ominus$ 越大，$K^\ominus$ 值越大，氧化还原反应进行得越完全。

E　计算弱酸的解离常数以及难溶电解质的溶度积常数

对于一元弱酸（HA）和 H_2 组成的电对的标准电极电势与弱酸的解离常数之间存在如下定量关系式（298.15K）：

$$E^\ominus(HA/H_2) = 0.0592 \lg K_a^\ominus(HA) \tag{6-7}$$

卤化银电极的标准电极电势 $E^\ominus(AgX/Ag)$ 和银电极的标准电极电势 $E^\ominus(Ag^+/Ag)$ 的关系：

$$E^\ominus(AgX/Ag) = E^\ominus(Ag^+/Ag) + 0.0592 \lg[K_{sp}^\ominus(AgX)] \tag{6-8}$$

F　元素电势图

将同一元素不同氧化态，按照从左至右元素的氧化态由高到低排列，两种氧化态之间以直线连接，在直线上标明该电对的标准电极电势，这种图形称作元素电势图。利用元素电势图可以判断歧化反应能否发生，计算某电对的标准电极电势，解释元素的氧化还原特性。

歧化反应是一种自身氧化还原反应。若某元素的三种氧化态组成两个电对，按氧化态由高到低排列为：

$$A \underset{}{\overset{E^\ominus_{左}}{\rule{3em}{0.4pt}}} B \underset{}{\overset{E^\ominus_{右}}{\rule{3em}{0.4pt}}} C$$

如果 $E^\ominus_{右} > E^\ominus_{左}$，可以发生歧化反应，即：$B \longrightarrow A + C$；反之，$E^\ominus_{右} < E^\ominus_{左}$，不可以发生歧化反应，但其逆反应可以发生，即：$A + C \longrightarrow B$。

若某一元素的电势图为：

$$A \underset{n_1}{\overset{E^\ominus_1}{\rule{3em}{0.4pt}}} B \underset{n_2}{\overset{E^\ominus_2}{\rule{3em}{0.4pt}}} C \underset{n_3}{\overset{E^\ominus_3}{\rule{3em}{0.4pt}}} D$$

$$E^\ominus = \frac{n_1 E^\ominus_1 + n_2 E^\ominus_2 + n_3 E^\ominus_3}{n_1 + n_2 + n_3} \tag{6-9}$$

6.2.4　化学电源

将化学反应释放出来的能量转换成电能的装置称为化学电源。

6.2.4.1　干电池

干电池只能放电一次，属于一次电池。

A　锌锰干电池

锌锰干电池使用 $ZnCl_2$ 和 NH_4Cl 的糊状混合物作为电解质。

负极反应：$\qquad\qquad Zn \Longrightarrow Zn^{2+} + 2e$

正极反应：$\quad 2MnO_2 + 2NH_4^+ + 2e \Longrightarrow 2MnO(OH) + 2NH_3$

电池总反应：$Zn + 2MnO_2 + 2NH_4^+ \Longrightarrow Zn^{2+} + 2MnO(OH) + 2NH_3$

B 碱性锌锰干电池

碱性锌锰干电池使用氢氧化钾（KOH）或氢氧化钠（NaOH）作为电解质。

负极反应：$\qquad Zn + 2OH^- \rightleftharpoons ZnO + H_2O + 2e$

正极反应：$\qquad 2MnO_2 + 2H_2O + 2e \rightleftharpoons 2MnO(OH) + 2OH^-$

电池总反应：$\qquad Zn + 2MnO_2 + H_2O \rightleftharpoons ZnO + 2MnO(OH)$

C 银锌碱性电池

银锌碱性电池使用 KOH 作为电解质。

负极反应：$\qquad Zn + 2OH^- \rightleftharpoons Zn(OH)_2 + 2e$

正极反应：$\qquad Ag_2O + H_2O + 2e \rightleftharpoons 2Ag + 2OH^-$

电池总反应：$\qquad Zn + Ag_2O + H_2O \rightleftharpoons 2Ag + Zn(OH)_2$

6.2.4.2 蓄电池（二次电池）

蓄电池可通过多次充电、放电反复使用，属于二次电池。

A 铅酸蓄电池

铅酸蓄电池使用硫酸作为电解质。

负极反应：$\qquad Pb + SO_4^{2-} \rightleftharpoons PbSO_4 + 2e$

正极反应：$\qquad PbO_2 + 4H^+ + SO_4^{2-} + 2e \rightleftharpoons PbSO_4 + 2H_2O$

电池总反应：$\qquad Pb + PbO_2 + 2H_2SO_4 \rightleftharpoons 2PbSO_4 + 2H_2O$

B 镉镍电池

镉镍电池使用 KOH 作为电解质。

负极反应：$\qquad Cd + 2OH^- \rightleftharpoons Cd(OH)_2 + 2e$

正极反应：$\qquad 2NiOOH + 2H_2O + 2e \rightleftharpoons 2Ni(OH)_2 + 2OH^-$

电池总反应：$\qquad Cd + 2NiOOH + 2H_2O \rightleftharpoons Cd(OH)_2 + 2Ni(OH)_2$

6.2.4.3 锂离子电池

锂离子电池是一种充电电池，电解质溶液溶质常采用锂盐，如高氯酸锂（$LiClO_4$）、六氟磷酸锂（$LiPF_6$）、四氟硼酸锂（$LiBF_4$），溶剂常采用有机溶剂。

正极反应：$\qquad LiFePO_4 \rightleftharpoons Li_{1-x}FePO_4 + xLi + xe$

负极反应：$\qquad xLi + xe + 6C \rightleftharpoons Li_xC_6$

电池总反应：$\qquad LiFePO_4 + 6C \rightleftharpoons Li_xC_6 + Li_{1-x}FePO_4$

6.2.4.4 燃料电池

燃料电池是一种将氢和氧的化学能通过电极反应直接转换成电能的装置。碱性氢氧燃料电池中有如下反应。

负极反应：$H_2(g) + 2OH^-(aq) - 2e \rightleftharpoons 2H_2O(l)$

正极反应：$\dfrac{1}{2}O_2(g) + H_2O(l) + 2e \rightleftharpoons 2OH^-(aq)$

电池总反应：$\qquad H_2(g) + \dfrac{1}{2}O_2(g) \rightleftharpoons H_2O(l)$

6.2.5　电解及其应用

电解是使用直流电促使热力学非自发的氧化还原反应发生的过程。相应的装置称为电解池，即把电能转化为化学能的装置，电解池与原电池的区别见下表：

项　目	原　电　池		电　解　池	
电极习惯名称	负　极	正　极	阴　极	阳　极
电子流向	电子流出	电子流入	电子流入	电子流出
电极反应	氧化反应	还原反应	还原反应	氧化反应
反应自发性	可自发反应		非自发反应	
装置作用	化学能转化为电能		电能转化为化学能	

对于同一个电解系统，"实际分解电压"大于"理论分解电压"，两者的差异起因于电池内阻。

利用电解可以进行电镀、电解抛光和阳极氧化。

6.2.6　金属腐蚀与防护

金属腐蚀按其作用特点可分为化学腐蚀和电化学腐蚀。金属与干燥气体或电解质液体发生化学反应而造成腐蚀，称为化学腐蚀。化学腐蚀的特点是在反应过程中没有电流产生，全部作用在金属表面上发生。化学腐蚀受温度影响很大。当金属在潮湿空气中或与电解质溶液接触时，由于电化学作用而引起的腐蚀称为电化学腐蚀。和化学腐蚀不同，电化学腐蚀是由于形成了原电池而产生的。

防护金属腐蚀的方法有制备耐腐蚀合金、添加缓蚀剂和阴极保护法等。

6.3　典　型　例　题

【例 6-1】　由标准氢电极和镍电极组成原电池。若 $c(Ni^{2+}) = 0.010mol/L$ 时，电池的电动势为 $0.3162V$，其中镍为负极，试计算 $E^{\ominus}(Ni^{2+}/Ni)$。（$F = 96485C/mol$）

解：$E = E(H^+/H_2) - E(Ni^{2+}/Ni) = 0 - E(Ni^{2+}/Ni) = 0.3162V$

$$E(Ni^{2+}/Ni) = -0.3162V$$

$$E(Ni^{2+}/Ni) = E^{\ominus}(Ni^{2+}/Ni) + \frac{0.0592}{2} \times \lg c(Ni^{2+})$$

$$= E^{\ominus}(Ni^{2+}/Ni) + \frac{0.0592}{2} \times \lg 0.01$$

$$E^{\ominus}(Ni^{2+}/Ni) = -0.257V$$

【例 6-2】　已知 $E^{\ominus}(MnO_4^-/Mn^{2+}) = 1.507V$，$E^{\ominus}(Fe^{3+}/Fe^{2+}) = 0.771V$，若将此两电对组成原电池：

（1）写出该电池的电池符号；

（2）写出电池反应式；

（3）当 $c(MnO_4^-) = c(Fe^{2+}) = 1.0mol/L$、$c(Fe^{3+}) = c(Mn^{2+}) = 0.01mol/L$、溶液的 pH =

2.0 时，计算该原电池的电动势 E。

解：(1) $(-)Pt \mid Fe^{2+}(1.00mol/L)$，$Fe^{3+}(1.00mol/L) \parallel MnO_4^-(1.0mol/L)$，$Mn^{2+}$
$(1.0mol/L)$，$H^+(1.0mol/L) \mid Pt(+)$

(2) 正极反应：$MnO_4^-(aq) + 8H^+(aq) + 5e \rightleftharpoons Mn^{2+}(aq) + 4H_2O(l)$

负极反应：$Fe^{2+}(aq) - e \rightleftharpoons Fe^{3+}(aq)$

电池反应：

$$MnO_4^-(aq) + 8H^+(aq) + 5Fe^{2+}(aq) \rightleftharpoons Mn^{2+}(aq) + 5Fe^{3+}(aq) + 4H_2O(l)$$

(3) 解法 1：$E_+ = E^{\ominus}(MnO_4^-/Mn^{2+}) + \dfrac{0.0592}{5} \times \lg \dfrac{c(MnO_4^-) \cdot c^8(H^+)}{c(Mn^{2+})}$

$$= 1.507 + \frac{0.0592}{5} \times \lg \frac{0.01^8}{0.01}$$

$$= 1.34V$$

$$E_- = E^{\ominus}(Fe^{3+}/Fe^{2+}) + \frac{0.0592}{1} \times \lg \frac{c(Fe^{3+})}{c(Fe^{2+})}$$

$$= 0.771 + \frac{0.0592}{1} \times \lg \frac{0.01}{1}$$

$$= 0.653V$$

$$E = E_+ - E_- = 1.34 - 0.653 = 0.687V$$

解法 2：$E^{\ominus} = E_+^{\ominus} - E_-^{\ominus} = 1.507 - 0.771 = 0.736V$

$$E = E^{\ominus} - \frac{0.0592}{5} \times \lg \left[\frac{c(Mn^{2+})}{c(MnO_4^-) \cdot c^8(H^+)} \times \frac{c^5(Fe^{3+})}{c^5(Fe^{2+})} \right]$$

$$= 0.736 - \frac{0.0592}{5} \times \lg \frac{0.01 \times 0.01^5}{0.01^8}$$

$$= 0.689V$$

【例 6-3】 某原电池的原电池符号为：$(-)Pt \mid Fe^{3+}(c^{\ominus})$，$Fe^{2+}(0.10mol/L) \parallel$
$Mn^{2+}(c^{\ominus})$，$H^+(0.10mol/L)$，$MnO_2 \mid Pt(+)$，已知 298K 时 $E^{\ominus}(MnO_2/Mn^{2+}) = 1.224V$，
$E^{\ominus}(Fe^{3+}/Fe^{2+}) = 0.771V$，$F = 96485C/mol$，试计算 298K 时该原电池的电动势，并写出电池反应式。

解：电池反应：

$$MnO_2(s) + 2Fe^{2+}(aq) + 4H^+(aq) \rightleftharpoons Mn^{2+}(aq) + 2Fe^{3+}(aq) + 2H_2O(l)$$

正极反应：$MnO_2(s) + 4H^+(aq) + 2e \rightleftharpoons Mn^{2+}(aq) + 2H_2O(l)$

负极反应：$\qquad\qquad Fe^{2+}(aq) \rightleftharpoons Fe^{3+}(aq) + e$

解法 1：$E^{\ominus} = E^{\ominus}(MnO_2/Mn^{2+}) - E^{\ominus}(Fe^{3+}/Fe^{2+}) = 1.224 - 0.771 = 0.453V$

$$E = E^{\ominus} - \frac{0.0592}{2} \times \lg \frac{c^2(Fe^{3+}) \cdot c(Mn^{2+})}{c^2(Fe^{2+}) \cdot c^4(H^+)} = 0.453 - \frac{0.0592}{2} \times \lg \frac{1}{0.1^2 \times 0.1^4} = 0.2754V$$

解法 2：$E(MnO_2/Mn^{2+}) = E^{\ominus}(MnO_2/Mn^{2+}) + \dfrac{0.0592}{2} \times \lg \dfrac{c^4(H^+)}{c(Mn^{2+})} = 1.224 + \dfrac{0.0592}{2} \times$

$\lg 0.1^4 = 1.1056V$

$$E(\text{Fe}^{3+}/\text{Fe}^{2+}) = E^{\ominus}(\text{Fe}^{3+}/\text{Fe}^{2+}) + 0.0592 \times \lg\frac{c(\text{Fe}^{3+})}{c(\text{Fe}^{2+})} = 0.771 + 0.0592 \times \lg\frac{1}{0.1} = 0.8302\text{V}$$

$$E = E(\text{MnO}_2/\text{Mn}^{2+}) - E(\text{Fe}^{3+}/\text{Fe}^{2+}) = 1.1056 - 0.8302 = 0.2754\text{V}$$

【例 6-4】 已知 $E^{\ominus}(\text{Sn}^{2+}/\text{Sn}) = -0.1375\text{V}$，$E^{\ominus}(\text{Pb}^{2+}/\text{Pb}) = -0.1262\text{V}$，$F = 96485\text{C/mol}$，$\text{Sn}(\text{s}) + \text{Pb}^{2+}(0.1\text{mol/L}) \Longrightarrow \text{Sn}^{2+}(0.01\text{mol/L}) + \text{Pb}(\text{s})$，试计算该反应在 298K 时的标准平衡常数 $K^{\ominus}$、吉布斯函数变 $\Delta_r G_m$。

解： $E^{\ominus} = E^{\ominus}(\text{Pb}^{2+}/\text{Pb}) - E^{\ominus}(\text{Sn}^{2+}/\text{Sn}) = -0.1262 - (-0.1375) = 0.0113\text{V}$

$$\lg K^{\ominus} = \frac{nE^{\ominus}}{0.0592} = \frac{2 \times 0.0113}{0.0592} = 0.382$$

$$K^{\ominus} = 2.41$$

由于该电池是非标准电池，所以其吉布斯函数变 $\Delta_r G_m$ 应由非标电动势计算：

$$E = E^{\ominus} - \frac{0.0592}{2} \times \lg\frac{c(\text{Sn}^{2+})}{c(\text{Pb}^{2+})} = 0.0113 - \frac{0.0592}{2} \times \lg\frac{0.01}{0.1} = 0.0409\text{V}$$

$$\Delta_r G_m = -nFE = -2 \times 96485 \times 0.0409 = -7.89\text{kJ/mol}$$

【例 6-5】 298K 时，在 0.10mol/L AgNO_3 溶液中，加入过量的铜粉，当反应达平衡时，溶液中 Cu^{2+} 和 Ag^+ 的浓度各为多少？（已知 $E^{\ominus}(\text{Ag}^+/\text{Ag}) = 0.7996\text{V}$，$E^{\ominus}(\text{Cu}^{2+}/\text{Cu}) = 0.3419\text{V}$）

解：
$$\text{Cu}(\text{s}) + 2\text{Ag}^+(\text{aq}) \Longrightarrow \text{Cu}^{2+}(\text{aq}) + 2\text{Ag}(\text{s})$$

初始浓度（mol/L）：　　　　　　0.10

平衡浓度（mol/L）：　　　　　　x　　　　　　$(0.10-x)/2$

由于铜粉过量，因此 x 很小，$c(\text{Cu}^{2+}) = (0.10-x)/2 \approx 0.05\text{mol/L}$

解法 1：平衡时 $E(\text{Ag}^+/\text{Ag}) = E(\text{Cu}^{2+}/\text{Cu})$

$$E^{\ominus}(\text{Ag}^+/\text{Ag}) + 0.0592 \times \lg c(\text{Ag}^+) = E^{\ominus}(\text{Cu}^{2+}/\text{Cu}) + \frac{0.0592}{2} \times \lg c(\text{Cu}^{2+})$$

$$0.7996 + 0.0592 \times \lg x = 0.3419 + \frac{0.0592}{2} \times \lg 0.05$$

$$x = 4.15 \times 10^{-9}\text{mol/L}$$

解法 2：$E^{\ominus} = E^{\ominus}(\text{Ag}^+/\text{Ag}) - E^{\ominus}(\text{Cu}^{2+}/\text{Cu}) = 0.7996 - 0.3419 = 0.4577\text{V}$

$$\lg K^{\ominus} = \frac{nE^{\ominus}}{0.0592} = \frac{2 \times 0.4577}{0.0592} = 15.5$$

$$K^{\ominus} = 3.16 \times 10^{15}$$

$$K^{\ominus} = \frac{c(\text{Cu}^{2+})}{c^2(\text{Ag}^+)} = \frac{0.05}{x^2} = 3.16 \times 10^{15}$$

$$x = 3.98 \times 10^{-9}\text{mol/L}$$

【例 6-6】 根据下面电势图（在酸性介质中）：

$$\text{BrO}_4^- \xrightarrow{1.76\text{V}} \text{BrO}_3^- \xrightarrow{1.49\text{V}} \text{HBrO} \xrightarrow{1.596\text{V}} \text{Br}_2(\text{l}) \xrightarrow{1.066\text{V}} \text{Br}^-$$

（1）判断能发生歧化的物质，写出歧化反应方程式；

（2）计算上述歧化反应的 $\Delta_r G_m^{\ominus}$；

（3）计算该反应在 298K 时的平衡常数 $K^{\ominus}$。

解：（1）酸性条件下 HBrO 能发生歧化反应，方程式如下：

$$5HBrO(aq) \rightleftharpoons BrO_3^-(aq) + 2Br_2(l) + H^+(aq) + 2H_2O$$

（2）$E^\ominus = E^\ominus(HBrO/Br_2) - E^\ominus(BrO_3^-/HBrO) = 1.596 - 1.49 = 0.106V$

$$\Delta_r G_m^\ominus = -nFE^\ominus = -4 \times 96485 \times 0.106 = -40910J/mol = -40.91kJ/mol$$

（3）$\lg K^\ominus = \dfrac{nE^\ominus}{0.0592} = \dfrac{4 \times 0.106}{0.0592} = 7.16$

$$K^\ominus = 1.45 \times 10^7$$

【例 6-7】 已知 $E^\ominus(Ag^+/Ag) = 0.7996V$，$F = 96485C/mol$，实验测得下列电池电动势 $E = 0.66V$，求该溶液中 H^+ 的浓度。

$$(-)Pt|H_2(100kPa)|H^+(x)\|Ag^+(0.01mol/L)|Ag(+)$$

解：

解法 1：

$$E(Ag^+/Ag) = E^\ominus(Ag^+/Ag) + 0.0592 \times \lg c(Ag^+) = 0.7996 + 0.0592 \times \lg 0.01 = 0.6812V$$

$$E(H^+/H_2) = E(Ag^+/Ag) - E = 0.6812 - 0.66 = 0.0212V$$

$$E(H^+/H_2) = E^\ominus(H^+/H_2) + \frac{0.0592}{2} \times \lg \frac{[c(H^+)/c^\ominus]^2}{p(H_2)/p^\ominus}$$

$$= 0 + \frac{0.0592}{2} \times \lg c(H^+)^2$$

$$= 0.0212V$$

$$c(H^+) = 2.28mol/L$$

解法 2：$E = E^\ominus - \dfrac{0.0592}{2} \times \lg \dfrac{c^2(H^+)}{c^2(Ag^+) \cdot [p(H_2)/p^\ominus]}$

$$0.66 = 0.7996 - \frac{0.0592}{2} \times \lg \frac{c^2(H^+)}{0.01^2}$$

$$c(H^+) = 2.28mol/L$$

【例 6-8】 已知 $E^\ominus(Cu^{2+}/Cu^+) = 0.153V$，$E^\ominus(I_2/I^-) = 0.5355V$，$K_{sp}^\ominus(CuI) = 1.27 \times 10^{-12}$，通过计算说明反应

$$2Cu^{2+}(aq) + 4I^-(aq) \rightleftharpoons 2CuI(s) + I_2(s)$$

在标准状态下能否自发进行。

解： 正极反应：$Cu^{2+}(aq) + I^-(aq) + e \rightleftharpoons CuI(s)$

　　负极反应：$2I^-(aq) \rightleftharpoons I_2(s) + 2e$

$E^\ominus(Cu^{2+}/CuI)$ 可以看作非标准状态下的 $E(Cu^{2+}/Cu^+)$，则有：

$$E^\ominus(Cu^{2+}/CuI) = E(Cu^{2+}/Cu^+) = E^\ominus(Cu^{2+}/Cu^+) + 0.0592 \times \lg \frac{c(Cu^{2+})}{c(Cu^+)}$$

$$K_{sp}^\ominus(CuI) = c(Cu^+) \cdot c(I^-)$$

代入可得：

$$E^\ominus(Cu^{2+}/CuI) = E^\ominus(Cu^{2+}/Cu^+) + 0.0592 \times \lg \frac{c(Cu^{2+}) \cdot c(I^-)}{K_{sp}^\ominus}$$

$$= 0.153 + 0.0592 \times \lg \frac{1}{1.27 \times 10^{-12}} = 0.857V$$

$$E = E^{\ominus}(Cu^{2+}/CuI) - E^{\ominus}(I_2/I^-) = 0.857 - 0.5355 = 0.322V > 0$$

所以，该反应在标准状态下能自发进行。

6.4 课后习题及解答

6-1 解释下列现象：

（1）海上航行的船舶，在船底四周镶嵌锌块；

（2）单质银不能从盐酸溶液中置换出氢气，但可从氢碘酸中置换出氢气；

（3）单质铁能从 $CuCl_2$ 溶液中置换出单质铜，单质铜能溶解在 $FeCl_3$ 溶液中；

（4）向碘的水溶液中滴加 NaOH，颜色消失；

（5）为防止氯化亚铁变黄加入少量铁粉。

答案：（1）在船底四周镶嵌锌块的目的是为了防止船舶在海水中受到腐蚀。此时锌块是阳极，船体是阴极。锌块作为腐蚀电池的阳极而被腐蚀，从而使被保护船体金属免遭腐蚀，这种保护法牺牲了阳极，保护了阴极，所以称为牺牲阳极法。

（2）由于 $E^{\ominus}(Ag^+/Ag) = 0.7996V$，$E^{\ominus}(H^+/H_2) = 0V$，$E^{\ominus}(Ag^+/Ag) > E^{\ominus}(H^+/H_2)$，所以单质银不能从盐酸溶液中置换出氢气。

$$2Ag(s) + 2H^+(aq) + 2I^-(aq) \rightleftharpoons 2AgI(s) + H_2(g)$$

$$E^{\ominus}(AgI/Ag) = E^{\ominus}(Ag^+/Ag) + 0.0592 \times \lg c(Ag^+)$$

$$= E^{\ominus}(Ag^+/Ag) + 0.0592 \times \lg K_{sp}^{\ominus}(AgI)$$

$$= -0.15V$$

由于 $E^{\ominus}(H^+/H_2) > E^{\ominus}(AgI/Ag)$，所以单质银可从氢碘酸中置换出氢气。

（3）$E^{\ominus}(Fe^{3+}/Fe^{2+}) = 0.771V$，$E^{\ominus}(Cu^{2+}/Cu) = 0.3419V$，$E^{\ominus}(Fe^{2+}/Fe) = -0.447V$

$$E^{\ominus}(Cu^{2+}/Cu) > E^{\ominus}(Fe^{2+}/Fe)$$

$$Cu^{2+}(aq) + Fe(s) \rightleftharpoons Cu(s) + Fe^{2+}(aq)$$

因此，单质铁能从 $CuCl_2$ 溶液中置换出单质铜。

$$E^{\ominus}(Fe^{3+}/Fe^{2+}) > E^{\ominus}(Cu^{2+}/Cu)$$

$$Cu(s) + 2Fe^{3+}(aq) \rightleftharpoons Cu^{2+}(aq) + 2Fe^{2+}(aq)$$

因此，单质铜能溶解在 $FeCl_3$ 溶液中。

（4）碱性溶液中，$E^{\ominus}(IO^-/I_2) = 0.42V$，$E^{\ominus}(I_2/I^-) = 0.5355V$，

发生歧化反应：$NaOH(aq) + I_2(s) \rightleftharpoons NaIO(aq) + NaI(aq) + H_2O(l)$

所以，向碘的水溶液中滴加 NaOH，颜色消失。

（5）$\quad E^{\ominus}(Fe^{3+}/Fe^{2+}) = 0.771V$，$E^{\ominus}(Fe^{2+}/Fe) = -0.447V$

发生反应：$\quad 2Fe^{3+}(aq) + Fe(s) \rightleftharpoons 3Fe^{2+}(aq)$

因此，加入少量铁粉可以防止氯化亚铁被氧化变黄。

【解析】考察氧化还原基本原理。

6-2 选择正确答案：

（1）在碱性介质中，H_2O_2 的氧化产物是（　　）。

A. O^{2-} 　　　　　B. OH^- 　　　　　C. O_2 　　　　　D. H_2O

答案：C

【解析】碱性介质中，发生反应：$H_2O_2 + 2OH^- - 2e \Longrightarrow 2H_2O + O_2$

（2）在碱性介质中，$Cr(Ⅵ)$ 以离子存在的形式是（　　）。

A. CrO_4^{2-} 　　　　B. Cr^{6+} 　　　　　C. $Cr_2O_7^{2-}$ 　　　　D. CrO_3

答案：A

【解析】$Cr(Ⅵ)$ 存在下列平衡：

$$CrO_4^{2-}(aq) + 2H^+(aq) \Longrightarrow Cr_2O_7^{2-}(aq) + H_2O(l)$$

在酸性溶液中，主要以 $Cr_2O_7^{2-}$ 形式存在；在碱性溶液中，以 CrO_4^{2-} 形式存在。

（3）MnO_4^- 在碱性介质中的还原产物是（　　）。

A. MnO_2^{2-} 　　　　B. MnO_2 　　　　　C. MnO 　　　　D. Mn^{2+}

答案：A

【解析】$KMnO_4$ 是最重要和常用的氧化剂之一，它的还原产物因介质的酸碱性不同而有所不同。在酸性溶液中，MnO_4^- 是很强的氧化剂，其还原产物为 Mn^{2+}。在微酸性、中性及微碱性溶液中 MnO_4^- 与还原剂反应生成 MnO_2。在强碱性溶液中，MnO_4^- 被还原为 MnO_4^{2-}。

（4）下列物质中，只能做氧化剂的是（　　）。

A. MnO_4^{2-} 　　　　B. Cl^- 　　　　　C. Br_2 　　　　D. $Cr_2O_7^{2-}$

答案：D

【解析】处于最高氧化数的物质只能做氧化剂；处于中间氧化数的物质既能做氧化剂也能做还原剂；处于最低氧化数的物质只能做还原剂。

（5）下列物质中，既能做氧化剂也能做还原剂的是（　　）。

A. Fe^{2+} 　　　　B. S^{2-} 　　　　　C. CO_2 　　　　D. Sn^{4+}

答案：A

【解析】处于中间氧化数的物质既能做氧化剂也能做还原剂。

（6）已知 $E^\ominus(Fe^{3+}/Fe^{2+}) = 0.771V$，$E^\ominus(I_2/I^-) = 0.5355V$，在标准状态下，反应 $I_2 + 2Fe^{2+} \Longrightarrow 2Fe^{3+} + 2I^-$ 进行的方向是（　　）。

A. 正向 　　　　B. 逆向 　　　　　C. 平衡状态 　　　D. 无法判断

答案：B

【解析】在氧化还原反应组成的原电池中，氧化剂电对为正极，还原剂电对为负极。对于反应 $I_2 + 2Fe^{2+} \Longrightarrow 2Fe^{3+} + 2I^-$，$E^\ominus = E^\ominus(I_2/I^-) - E^\ominus(Fe^{3+}/Fe^{2+}) = 0.5355 - 0.771 < 0$，所以在标准状态下，该反应逆向进行。

（7）电池反应为 $Ag^+(aq) + Cl^-(aq) \Longrightarrow AgCl(s)$，其电池符号为（　　）。

A. $(-)\ Ag|AgCl|Cl^- \| Ag^+|Ag\ (+)$ 　　　　B. $(-)\ Pt|AgCl|C|^- \| Ag^+|Pt\ (+)$

C. $(-)\ Pt|AgCl|Cl_2 \| AgCl|Pt\ (+)$ 　　　　D. $(-)\ Ag|Ag^+ \| Cl^-AgCl|Ag\ (+)$

答案：A

【解析】正极反应：$Ag^+(aq) + e \Longrightarrow Ag(s)$

负极反应：$Ag(s) + Cl^-(aq) - e \Longrightarrow AgCl(s)$

明确正负极之后，根据电池符号书写规则即可写出。

(8) 在原电池中，惰性电极的作用是（　　）。

A. 参加电极反应　　　　　　　B. 参加电池反应

C. 导通电子　　　　　　　　　D. 导通离子

答案：C

【解析】当电对中没有电流导体构成电极时，需要外加一个能导电而又不参加电极反应的惰性电极导体，常用的惰性电极导体是铂（Pt）和石墨（C）。

(9) 下列电极电势从大到小顺序正确的是（　　）。

①$E^\ominus(Ag^+/Ag)$；② $E^\ominus(AgBr/Ag)$；③$E^\ominus(AgI/Ag)$；④$E^\ominus(AgCl/Ag)$

A. ①>②>③>④　　　　　　　B. ①>④>③>②

C. ①>③>④>②　　　　　　　D. ①>④>②>③

答案：D

【解析】根据以下公式：

$$E^\ominus(AgX/Ag) = E^\ominus(Ag^+/Ag) + 0.0592 \times lg[K_{sp}^\ominus(AgX)]$$

$K_{sp}^\ominus(AgCl) = 1.77 \times 10^{-10}$，$K_{sp}^\ominus(AgBr) = 5.35 \times 10^{-13}$，$K_{sp}^\ominus(AgI) = 8.52 \times 10^{-17}$

可见 $E^\ominus(AgX/Ag)$ 值均小于 $E^\ominus(Ag^+/Ag)$，且 $K_{sp}^\ominus(AgX)$ 的值越大，$E^\ominus(AgX/Ag)$ 的值越大

(10) 已知 $E^\ominus(MnO_4^-/Mn^{2+}) = 1.507V$，测得电极 $Pt\,|\,MnO_4^-(c^\ominus)$，$Mn^{2+}(c^\ominus)$，$H^+$ 的电势为 0.84V，则介质的 pH =（　　）。

A. 1.00　　　　　B. 3.00　　　　　C. 5.00　　　　　D. 7.00

答案：D

【解析】电极反应为：$MnO_4^-(aq) + 8H^+(aq) + 5e \Longrightarrow Mn^{2+}(aq) + 4H_2O(l)$

$$E = E^\ominus(MnO_4^-/Mn^{2+}) + \frac{0.0592}{5} \times lg\left[\frac{c^8(H^+) \cdot c(MnO_4^-)}{c(Mn^{2+})}\right]$$

代入数据得：

$$0.84 = 1.507 + \frac{0.0592}{5} \times lg\,c^8(H^+)$$

解得 $c(H^+) = 10^{-7} mol/L$

则介质的 pH = 7.00。

(11) 要在金属铁表面电镀一层镍，则阳极和电解液分别是（　　）。

A. Fe，$NiSO_4$　　　　B. Ni，$FeSO_4$　　　　C. Fe，$FeSO_4$　　　　D. Ni，$NiSO_4$

答案：D

【解析】在金属铁表面电镀镍，阳极反应为：$Ni(s) - 2e \Longrightarrow Ni^{2+}(aq)$，阴极反应为：$Ni^{2+}(aq) + 2e \Longrightarrow Ni(s)$，所以阳极和电解液分别是 Ni 和 $NiSO_4$。

（12）下列防止金属腐蚀的方法中，（   ）不属于化学方法。

A. 涂覆油漆   B. 缓蚀剂法   C. 磷化法   D. 牺牲阳极法

答案：A

【解析】涂覆油漆不属于化学方法，没有化学反应。

（13）用石墨作电极电解 400mL 某不活泼金属的硫酸盐溶液，一段时间后溶液的 pH 值从 6 降低到 1，在一电极上析出金属 1.28g，不考虑电解时溶液体积的变化，则该金属是（   ）。

A. Fe   B. Cu   C. Ag   D. Zn

答案：B

【解析】电解时，阳极反应：$2H_2O(l) - 4e \Longrightarrow O_2(g) + 4H^+(aq)$

阴极反应：$Met^{n+}(aq) + ne \Longrightarrow Met(s)$

pH 值从 6 降低到 1，即 $c(H^+) = 0.1 mol/L$

$$n(H^+) = 0.1 \times 400 \times 10^{-3} = 0.04 mol$$

生成金属：$\qquad n(Met) = (0.04/4)n mol = 0.01n mol$

相对分子质量 $M = 1.28/(0.01n) = 128/n$

当 $n = 1$ 时，$M = 128$，没有符合的；

当 $n = 2$ 时，$M = 64$，为铜元素。

（14）锌锰电池是最普通的干电池，其电池反应为：$Zn(s) + 2MnO_2(s) + 2NH_4^+(aq) \Longrightarrow Zn^{2+}(aq) + 2MnO(OH)(s) + 2NH_3(aq)$，其正极反应是（   ）。

A. $Zn(s) \Longrightarrow Zn^{2+}(aq) + 2e$

B. $MnO_2(s) + NH_4^+(aq) + e \Longrightarrow MnO(OH)(s) + NH_3(aq)$

C. $Zn^{2+}(aq) + 2e \Longrightarrow Zn(s)$

D. $MnO(OH)(s) + NH_3(aq) \Longrightarrow MnO_2(s) + NH_4^+(aq) + e$

答案：B

【解析】原电池的正极得到电子，发生还原反应，氧化数降低。

（15）用惰性电极电解下列溶液，电解一段时间后，阴极质量增加，电解质溶液 pH 值下降的是（   ）。

A. $CuCl_2$ B. $AgNO_3$ C. $BaCl_2$ D. H_2SO_4

答案：B

【解析】选项 A：电解 $CuCl_2$ 时，阳极反应：$2Cl^-(aq) - 2e \Longrightarrow Cl_2(g)$，阴极反应：$Cu^{2+}(aq) + ne \Longrightarrow Cu(s)$，电解一段时间后阴极质量增加，电解质溶液 pH 值不变。

选项 B：电解 $AgNO_3$ 时，阳极反应：$2H_2O(l) - 4e \Longrightarrow O_2(g) + 4H^+(aq)$，阴极反应：$Ag^+(aq) + e \Longrightarrow Ag(s)$，电解一段时间后阴极质量增加，电解质溶液 pH 值下降。

选项 C：电解 $BaCl_2$ 时，阳极反应：$2Cl^-(aq) - 2e \Longrightarrow Cl_2(g)$，阴极反应：$Ba^{2+}(aq) + ne \Longrightarrow Ba(s)$，电解一段时间后阴极质量增加，电解质溶液 pH 值不变。

选项 D：电解 H_2SO_4 时，阳极反应：$2H_2O(l) - 4e \Longrightarrow O_2(g) + 4H^+(aq)$，阴极反应：$2H^+(aq) + 2e \Longrightarrow H_2(g)$，电解一段时间后阴极质量不变，电解质溶液 pH 值下降。

(16) 柯尔贝反应：$2RCOOK + 2H_2O \xrightarrow{\text{电解}} R—R + H_2\uparrow + 2CO_2\uparrow + 2KOH$，则下列说法正确的是（　　）。

A. 含碳元素的产物均在阳极区生成　　　B. 含碳元素的产物均在阴极区生成

C. 含氢元素的产物均在阳极区生成　　　D. 含氢元素的产物均在阴极区生成

答案：A

【解析】电解时，阳极失电子，发生氧化反应；阴极得电子，发生还原反应。CO_2 含有碳元素在阳极生成；H_2 和 KOH 含有氢元素，同时在阴极生成；R—R 含有碳元素和氢元素，在阳极生成。

(17) 为防止 $SnCl_2$ 溶液变质，通常向其中加入（　　）。

A. Fe　　　　　　B. Sn　　　　　　C. Zn　　　　　　D. Fe^{2+}

答案：B

【解析】$SnCl_2$ 溶液变质会生成 $SnCl_4$，加入 Sn 可以发生反应：$Sn + Sn^{4+} = 2Sn^{2+}$，从而防止 $SnCl_2$ 溶液变质。

(18) 加碘食盐中加入的是 KIO_3，因而可用（　　）检验食盐中是否含有碘。

A. 淀粉+磷酸　　　　　　　　　　B. 淀粉+Na_2SO_3

C. 磷酸+Na_2SO_3　　　　　　　　D. 淀粉+磷酸+Na_2SO_3

答案：D

【解析】酸性条件下，Na_2SO_3 还原 KIO_3 生成 I_2 单质，I_2 遇淀粉变蓝，不含有碘的食盐不能发生此反应。

(19) 银锌碱性电池常用于微型电子器材，其电池反应为：$Zn + Ag_2O + H_2O =$ $2Ag + Zn(OH)_2$，其负极反应是（　　）。

A. $Zn(s) + 2OH^-(aq) \rightleftharpoons Zn(OH)_2(s) + 2e$

B. $Ag_2O(s) + H_2O(l) + 2e \rightleftharpoons 2Ag(s) + 2OH^-(aq)$

C. $Zn(OH)_2(s) + 2e \rightleftharpoons Zn(s) + 2OH^-(aq)$

D. $2Ag(s) + 2OH^-(aq) \rightleftharpoons Ag_2O(s) + H_2O(l) + 2e$

答案：A

【解析】原电池的负极失去电子，发生氧化反应，氧化数升高。

(20) 铅酸蓄电池的放电反应为：$Pb(s)+PbO_2(s)+2H_2SO_4(aq) \rightleftharpoons 2PbSO_4(s) + 2H_2O(l)$，其负极的放电反应为（　　）。

A. $Pb(s) + SO_4^{2-}(aq) \rightleftharpoons PbSO_4(s) + 2e$

B. $PbO_2(s) + 4H^+(aq) + SO_4^{2-}(aq) + 2e \rightleftharpoons PbSO_4(s) + 2H_2O$

C. $PbSO_4(s) + 2e \rightleftharpoons Pb(s) + SO_4^{2-}(aq)$

D. $PbSO_4(s) + 2H_2O(l) \rightleftharpoons PbO_2(s) + 4H^+(aq) + SO_4^{2-}(aq) + 2e$

答案：A

【解析】原电池的负极失去电子，发生氧化反应，氧化数升高。

6-3 指出下列各化学式中划线元素的氧化数：

Ba$\underline{O}_2$，K$\underline{O}_2$，$\underline{O}F_2$，K$_2\underline{Mn}O_4$，$\underline{Mn}F_3$，H$_2\underline{S}_2O_8$，Na$\underline{Bi}O_3$，Na$\underline{Cl}O_3$，K$\underline{Cl}O_4$

答案：Ba$\underline{O}_2(-1)$；K$\underline{O}_2(-1/2)$；$\underline{O}F_2(+2)$；K$_2\underline{Mn}O_4(+6)$；$\underline{Mn}F_3(+3)$；H$_2\underline{S}_2O_8(+7)$；Na$\underline{Bi}O_3(+5)$；Na$\underline{Cl}O_3(+5)$；K$\underline{Cl}O_4(+7)$

【解析】 氧化数基本概念。

6-4 用离子-电子法配平下列反应方程式：

(1) $PbO_2 + Cl^- \longrightarrow Pb^{2+} + Cl_2$（酸性介质）

(2) $Cl_2 \longrightarrow Cl^- + ClO^-$（碱性介质）

(3) $Cr_2O_7^{2-} + H_2S \longrightarrow Cr^{3+} + S$（酸性介质）

(4) $CuS + CN^- + OH^- \longrightarrow Cu(CN)_4^{3-} + NCO^- + S^{2-}$（碱性介质）

(5) $CrO_4^{2-} + HSnO_2^- \longrightarrow HSnO_3^- + CrO_2^-$（碱性介质）

答案： (1) $PbO_2(s) + 2Cl^-(aq) + 4H^+(aq) == Pb^{2+}(aq) + Cl_2(g) + 2H_2O(l)$

(2) $Cl_2(g) + 2OH^-(aq) == Cl^-(aq) + ClO^-(aq) + H_2O(l)$

(3) $Cr_2O_7^{2-}(aq) + 3H_2S(aq) + 8H^+(aq) == 2Cr^{3+}(aq) + 3S(s) + 7H_2O(l)$

(4) $2CuS(s) + 9CN^-(aq) + 2OH^-(aq) == 2Cu(CN)_4^{3-}(aq) + NCO^-(aq) + 2S^{2-}(aq) + H_2O(l)$

(5) $2CrO_4^{2-}(aq) + 3HSnO_2^-(aq) + H_2O(l) == 2CrO_2^-(aq) + 3HSnO_3^-(aq) + 2OH^-(aq)$

【解析】 (1)　　$1 \times) \quad PbO_2 + 4H^+ + 2e \longrightarrow Pb^{2+} + 2H_2O$

$+ 1 \times) \quad 2Cl^- \longrightarrow Cl_2 + 2e$

$-------------------------$

$\qquad PbO_2 + 2Cl^- + 4H^+ \Longleftrightarrow Pb^{2+} + Cl_2 + 2H_2O$

(2)　　$1 \times) \quad Cl_2 + 2e \longrightarrow 2Cl^-$

$+ 1 \times) \quad Cl_2 + 4OH^- \longrightarrow 2ClO^- + 2e + 2H_2O$

$-------------------------$

$\qquad Cl_2 + 2OH^- \Longleftrightarrow Cl^- + ClO^- + H_2O$

(3)　　$1 \times) \quad 14H^+ + Cr_2O_7^{2-} + 6e \longrightarrow 2Cr^{3+} + 7H_2O$

$+ 3 \times) \quad H_2S \longrightarrow S + 2e + 2H^+$

$-------------------------$

$\qquad Cr_2O_7^{2-} + 3H_2S + 8H^+ \Longleftrightarrow 2Cr^{3+} + 3S + 7H_2O$

(4)　　$2 \times) \quad CuS + 4CN^- + e \longrightarrow Cu(CN)_4^{3-} + S^{2-}$

$+ 1 \times) \quad CN^- + 2OH^- \longrightarrow NCO^- + H_2O + 2e$

$-------------------------$

$\qquad 2CuS + 9CN^- + 2OH^- \Longleftrightarrow 2Cu(CN)_4^{3-} + NCO^- + 2S^{2-} + H_2O$

(5)　　$2 \times) \ CrO_4^{2-} + 2H_2O + 3e \longrightarrow CrO_2^- + 4OH^-$

$+ 3 \times) \ HSnO_2^- + 2OH^- \longrightarrow HSnO_3^- + H_2O + 2e$

————————————————————————————————

$2CrO_4^{2-} + 3HSnO_2^- + H_2O \rightleftharpoons 2CrO_2^- + 3HSnO_3^- + 2OH^-$

6-5　下列物质在一定条件下可作为氧化剂，根据 $E^{\ominus}$ 值，按其氧化能力的大小排成顺序，并写出它们的还原产物（设在酸性溶液中）。

I_2；Br_2；Cl_2；F_2；$KMnO_4$；$CuCl_2$；$FeCl_3$；$K_2Cr_2O_7$

答案：氧化能力的大小顺序：$F_2 > KMnO_4 > K_2Cr_2O_7 > Cl_2 > Br_2 > FeCl_3 > I_2 > CuCl_2$

对应的还原产物：F^-、Mn^{2+}、Cr^{3+}、Cl^-、Br^-、Fe^{2+}、I^-、Cu

【解析】查表可知：$E^{\ominus}(I_2/I^-) = 0.5355V$，$E^{\ominus}(Br/Br^-) = 1.066V$，$E^{\ominus}(Cl_2/Cl^-) = 1.35827V$，$E^{\ominus}(F_2/HF) = 3.053V$，$E^{\ominus}(MnO_4^-/Mn^{2+}) = 1.507V$，$E^{\ominus}(Cu^{2+}/Cu) = 0.3419V$，$E^{\ominus}(Fe^{3+}/Fe^{2+}) = 0.771V$，$E^{\ominus}(Cr_2O_7^{2-}/Cr^{3+}) = 1.36V$。

电极电势代数值越小，电对所对应的还原型物质的还原能力越强，氧化型物质的氧化能力越弱；电极电势代数值越大，电对所对应的氧化型物质的氧化能力越强，还原型物质的还原能力越弱。

6-6　下列物质在一定条件下可作为还原剂，根据 $E^{\ominus}$ 值，按其还原能力的大小排成顺序，并写出它们的氧化产物（设在酸性溶液中）：

Cu；KCl；KI；$FeCl_2$

答案：还原能力的大小顺序：$Cu > KI > FeCl_2 > KCl$

对应的氧化产物：Cu^{2+}、I_2、Fe^{3+}、Cl_2

【解析】查表可知：$E^{\ominus}(Cu^{2+}/Cu) = 0.3419V$，$E^{\ominus}(Cl_2/Cl^-) = 1.35827V$，$E^{\ominus}(I_2/I^-) = 0.5355V$，$E^{\ominus}(Fe^{3+}/Fe^{2+}) = 0.771V$。

电极电势代数值越小，电对所对应的还原型物质的还原能力越强，氧化型物质的氧化能力越弱；电极电势代数值越大，电对所对应的氧化型物质的氧化能力越强，还原型物质的还原能力越弱。

6-7　写出下列氧化剂氧化能力由大到小的次序，有哪几种氧化剂的氧化能力受酸度影响？

（1）Cl_2；（2）$Cr_2O_7^{2-}$；（3）Fe^{3+}；（4）MnO_4^-；（5）Cu^{2+}。

答案：氧化能力的大小顺序：$MnO_4^- > Cr_2O_7^{2-} > Cl_2 > Fe^{3+} > Cu^{2+}$

其中 $Cr_2O_7^{2-}$、MnO_4^- 氧化能力受酸度影响。

【解析】电极电势代数值越小，电对所对应的还原型物质的还原能力越强，氧化型物质的氧化能力越弱；电极电势代数值越大，电对所对应的氧化型物质的氧化能力越强，还原型物质的还原能力越弱。电极反应中有 H^+ 参与的受酸度影响，没有 H^+ 参与的不受酸度影响。

查表可知：

$Cl_2(g) + 2e \rightleftharpoons 2Cl^-(aq)$　　　　　　　　　　　　$E^{\ominus}(Cl_2/Cl^-) = 1.35827V$

$Cr_2O_7^{2-}(aq) + 14H^+(aq) + 6e \rightleftharpoons 2Cr^{3+}(aq) + 7H_2O(l)$　$E^{\ominus}(Cr_2O_7^{2-}/Cr^{3+}) = 1.36V$

$$Fe^{3+}(aq) + e \Longrightarrow Fe^{2+}(aq) \qquad E^{\ominus}(Fe^{3+}/Fe^{2+}) = 0.771V$$
$$MnO_4^-(aq) + 8H^+(aq) + 5e \Longrightarrow Mn^{2+}(aq) + 4H_2O(l) \quad E^{\ominus}(MnO_4^-/Mn^{2+}) = 1.507V$$
$$Cu^{2+}(aq) + 2e \Longrightarrow Cu(s) \qquad E^{\ominus}(Cu^{2+}/Cu) = 0.3419V$$

6-8 判断下列氧化还原反应进行的方向（在标准状态下）：

(1) $H^+(aq) + MnO_2(s) + Cl^-(aq) \longrightarrow Mn^{2+}(aq) + Cl_2(g) + H_2O(l)$

(2) $Cu^+(aq) \longrightarrow Cu^{2+}(aq) + Cu(s)$

(3) $MnO_4^-(aq) + Fe^{2+}(aq) + H^+(aq) \longrightarrow Mn^{2+}(aq) + Fe^{3+}(aq) + H_2O$

答案： (1) 逆向；(2) 正向；(3) 正向

【解析】 (1) 正极反应：$MnO_2(s) + 4H^+(aq) + 2e \Longrightarrow Mn^{2+}(aq) + 2H_2O(l)$

负极反应：$Cl_2(g) + 2e \Longrightarrow 2Cl^-(aq)$

$E^{\ominus} = E_+^{\ominus} - E_-^{\ominus} = E^{\ominus}(MnO_2/Mn^{2+}) - E^{\ominus}(Cl_2/Cl^-) = 1.224 - 1.35827 = -0.866V < 0$，因此，反应逆向进行。

(2) 正极反应：$Cu^+(aq) + e \Longrightarrow Cu(s)$

负极反应：$Cu^{2+}(aq) + e \Longrightarrow Cu^+(aq)$

$E^{\ominus} = E_+^{\ominus} - E_-^{\ominus} = E^{\ominus}(Cu^+/Cu) - E^{\ominus}(Cu^{2+}/Cu^+) = 0.521 - 0.153 = 0.368V > 0$，因此，反应正向进行。

(3) 正极反应：$MnO_4^-(aq) + 8H^+(aq) + 5e \Longrightarrow Mn^{2+}(aq) + 4H_2O(l)$

负极反应：$Fe^{3+}(aq) + e \Longrightarrow Fe^{2+}(aq)$

$E^{\ominus} = E_+^{\ominus} - E_-^{\ominus} = E^{\ominus}(MnO_4^-/Mn^{2+}) - E^{\ominus}(Fe^{3+}/Fe^{2+}) = 1.507 - 0.771 = 0.736V > 0$，因此，反应正向进行。

6-9 在标准状态下，如果把下列氧化还原反应分别设计成原电池，写出电极反应、电池符号并确定其标准电池电动势：

(1) $Cd + I_2 \Longrightarrow Cd^{2+} + 2I^-$

(2) $2AgCl + Fe \Longrightarrow 2Ag + FeCl_2$

(3) $2Ag + Cl_2 \Longrightarrow 2AgCl$

(4) $Cr_2O_7^{2-} + 3H_2SO_3 + 2H^+ \Longrightarrow 2Cr^{3+} + 3SO_4^{2-} + 4H_2O$

答案： (1) 正极反应：$I_2(s) + 2e \Longrightarrow 2I^-(aq)$

负极反应：$Cd(s) \Longrightarrow Cd^{2+}(aq) + 2e$

电池符号：$(-)Cd \mid Cd^{2+}(c^{\ominus}) \parallel I^-(c^{\ominus}) \mid I_2 \mid Pt(+)$

查表：$E^{\ominus}(I_2/I^-) = 0.5355V$，$E^{\ominus}(Cd^{2+}/Cd) = -0.4030V$

$E^{\ominus} = 0.5355 - (-0.4030) = 0.9385V$

(2) 正极反应：$AgCl(s) + e \Longrightarrow Ag(s) + Cl^-(aq)$

负极反应：$Fe(s) \Longrightarrow Fe^{2+}(aq) + 2e$

电池符号：$(-)Fe \mid Fe^{2+}(c^{\ominus}) \parallel Cl^-(c^{\ominus}) \mid AgCl \mid Ag(+)$

查表：$E^{\ominus}(AgCl/Ag) = 0.22233V$，$E^{\ominus}(Fe^{2+}/Fe) = -0.447V$

$E^{\ominus} = 0.22233 - (-0.447) = 0.66933V$

(3) 正极反应：$Cl_2(g) + 2e \Longrightarrow 2Cl^-(aq)$

负极反应：$Ag(s) + Cl^-(aq) \rightleftharpoons AgCl(s) + e$

电池符号：$(-)Ag \mid AgCl \mid Cl^-(c^\ominus) \parallel Cl^-(c^\ominus) \mid Cl_2(p^\ominus) \mid Pt(+)$

查表：$E^\ominus(Cl_2/Cl^-) = 1.35827V$，$E^\ominus(AgCl/Ag) = 0.22233V$

$$E^\ominus = 1.35827 - 0.22233 = 1.13594V$$

（4）正极反应：$Cr_2O_7^{2-}(aq) + 14H^+(aq) + 6e \rightleftharpoons 2Cr^{3+}(aq) + 7H_2O(l)$

负极反应：$H_2SO_3(aq) + H_2O(l) \rightleftharpoons SO_4^{2-}(aq) + 4H^+(aq) + 2e$

电池符号：$(-)Pt \mid SO_4^{2-}(c^\ominus), H_2SO_3(c^\ominus), H^+(c^\ominus) \parallel Cr_2O_7^{2-}(c^\ominus), Cr^{3+}(c^\ominus),$
$H^+(c^\ominus) \mid Pt(+)$

查表：$E^\ominus(SO_4^{2-}/H_2SO_3) = 0.172V$，$E^\ominus(Cr_2O_7^{2-}/Cr^{3+}) = 1.36V$

$$E^\ominus = 1.36 - 0.172 = 1.188V$$

【解析】考察原电池、电池符号等知识点。

6-10 求下列电池的电动势：

（1）$(-)Fe \mid Fe^{2+}(0.1mol/L) \parallel Cd^{2+}(0.1mol/L) \mid Cd(+)$

（2）$(-)Cu \mid Cu^{2+}(0.01mol/L) \parallel Cr^{3+}(1.0mol/L), Cr_2O_7^{2-}(1.0mol/L),$
$H^+(0.01mol/L) \mid Pt(+)$

（3）$(-)Pt \mid Fe^{3+}(0.1mol/L), Fe^{2+}(0.01mol/L) \parallel Cl^-(0.1mol/L) \mid Cl_2(100kPa), Pt(+)$

解：

（1）正极反应：$Cd^{2+}(aq) + 2e \Longrightarrow Cd(s)$

负极反应：$Fe(s) \Longrightarrow Fe^{2+}(aq) + 2e$

$$E_+ = E^\ominus(Cd^{2+}/Cd) + \frac{0.0592}{2} \times \lg[c(Cd^{2+})/c^\ominus] = -0.4030 + \frac{0.0592}{2} \times \lg0.1 = -0.4326V$$

$$E_- = E^\ominus(Fe^{2+}/Fe) + \frac{0.0592}{2} \times \lg[c(Fe^{2+})/c^\ominus] = -0.447 + \frac{0.0592}{2} \times \lg0.1 = -0.4766V$$

$$E = -0.4326 - (-0.4766) = 0.044V$$

（2）正极反应：$Cr_2O_7^{2-}(aq) + 14H^+(aq) + 6e \rightleftharpoons 2Cr^{3+}(aq) + 7H_2O(l)$

负极反应：$Cu^{2+}(aq) + 2e \rightleftharpoons Cu(s)$

$$E_+ = E^\ominus(Cr_2O_7^{2-}/Cr^{3+}) + \frac{0.0592}{6} \times \lg \frac{[c(Cr_2O_7^{2-})/c^\ominus] \cdot [c(H^+)/c^\ominus]^{14}}{[c(Cr^{3+})/c^\ominus]^2}$$

$$= 1.36 + \frac{0.0592}{6} \times \lg0.01^{14} = 1.0837V$$

$$E_- = E^\ominus(Cu^{2+}/Cu) + \frac{0.0592}{2} \times \lg[c(Cu^{2+})/c^\ominus] = 0.3419 + \frac{0.0592}{2} \times \lg0.01 = 0.2827V$$

$$E = 1.0837 - 0.2827 = 0.801V$$

（3）正极反应：$Cl_2(g) + 2e \rightleftharpoons 2Cl^-(aq)$

负极反应：$Fe^{2+}(aq) - e \rightleftharpoons Fe^{3+}(aq)$

$$E_+ = E^\ominus(Cl_2/Cl^-) + \frac{0.0592}{2} \times \lg \frac{p(Cl_2)/p^\ominus}{[c(Cl^-)/c^\ominus]^2}$$

$$= 1.35827 + \frac{0.0592}{2} \times \lg \frac{100/100}{0.1^2} = 1.4175V$$

$$E_- = E^{\ominus}(Fe^{3+}/Fe^{2+}) + \frac{0.0592}{1} \times \lg \frac{[c(Fe^{3+})/c^{\ominus}]}{[c(Fe^{2+})/c^{\ominus}]}$$

$$= 0.771 + 0.0592 \times \lg \frac{0.1}{0.01} = 0.8302V$$

$$E = 1.4175 - 0.8302 = 0.5873V$$

6-11　高锰酸钾在酸性介质中的电极反应为：$MnO_4^-(aq) + 8H^+(aq) + 5e \rightleftharpoons$ $Mn^{2+}(aq) + 4H_2O(l)$，$E^{\ominus}(MnO_4^-/Mn^{2+}) = 1.507V$，若 $c(MnO_4^-) = c(Mn^{2+}) = 1mol/L$，试计算 H^+ 浓度分别为 $1.0mol/L$ 和 $10^{-4}mol/L$ 时的电极电势。

解： $E(MnO_4^-/Mn^{2+}) = E^{\ominus}(MnO_4^-/Mn^{2+}) + \frac{0.0592}{5} \times \lg \frac{[c(MnO_4^-)/c^{\ominus}] \cdot [c(H^+)/c^{\ominus}]^8}{c(Mn^{2+})/c^{\ominus}}$

查表得：$E^{\ominus}(MnO_4^-/Mn^{2+}) = 1.507V$

当 $c(H^+) = 1.0mol/L$，其他离子浓度为 $1.0mol/L$，代入得：$E(MnO_4^-/Mn^{2+}) = 1.507V$

当 $c(H^+) = 10^{-4}mol/L$ 时，其他离子浓度为 $1.0mol/L$，代入得：

$$E(MnO_4^-/Mn^{2+}) = 1.507 + \frac{0.0592}{5} \times \lg(10^{-4})^8 = 1.128V$$

6-12　反应 $2MnO_4^-(aq) + 10Br^-(aq) + 16H^+(aq) \rightleftharpoons 2Mn^{2+}(aq) + 5Br_2(l) +$ $8H_2O(l)$，若 $c(MnO_4^-) = c(Mn^{2+}) = c(Br^-) = 1.0mol/L$，问 pH 值等于多少时，该反应可以从左向右进行？

解： 正极反应：$MnO_4^-(aq) + 8H^+(aq) + 5e \rightleftharpoons Mn^{2+}(aq) + 4H_2O(l)$

$$E^{\ominus}(MnO_4^-/Mn^{2+}) = 1.507V$$

负极反应：$Br_2(l) + 2e \rightleftharpoons 2Br^-(aq)$

$$E^{\ominus}(Br/Br^-) = 1.066V$$

$$E(MnO_4^-/Mn^{2+}) = E^{\ominus}(MnO_4^-/Mn^{2+}) + \frac{0.0592}{5} \times \lg \frac{[c(MnO_4^-)/c^{\ominus}] \cdot [c(H^+)/c^{\ominus}]^8}{c(Mn^{2+})/c^{\ominus}}$$

$$= 1.507 + \frac{0.0592}{5} \times \lg [c(H^+)/c^{\ominus}]^8$$

$$E(Br_2/Br^-) = E^{\ominus}(Br_2/Br^-) + \frac{0.0592}{2} \times \lg \frac{1}{[c(Br^-)/c^{\ominus}]^2} = 1.066V$$

若要该反应可以从左向右进行，则需要：

$$E = E_+ - E_- = E(MnO_4^-/Mn^{2+}) - E(Br/Br^-) > 0$$

代入得：

$$1.507 + \frac{0.0592}{5} \times \lg [c(H^+)/c^{\ominus}]^8 - 1.066 > 0$$

解得：

$$-\lg[c(H^+)/c^{\ominus}] < 4.66$$

$$c(H^+) > 2.19 \times 10^{-5} mol/L$$

即 pH 值小于 4.66 时，该反应可以从左向右进行。

6-13　下列电极中，介质的酸度增加，其电极电势如何变化，物质的氧化还原能力如何变化?

（1）$Cr_2O_7^{2-}(aq) + 14H^+(aq) + 6e \Longleftrightarrow 2Cr^{3+}(aq) + 7H_2O(l)$

（2）$H_2O_2 + 2H^+(aq) + 2e \Longleftrightarrow 2H_2O(l)$

（3）$IO^-(aq) + H_2O(l) + 2e \Longleftrightarrow I^-(aq) + 2OH^-(aq)$

答案：（1）介质的酸度增加，电极电势增大，$Cr_2O_7^{2-}$ 氧化能力增强，Cr^{3+} 的还原能力减弱。（2）介质的酸度增加，电极电势增大，H_2O_2 的氧化能力增强，H_2O 的还原能力减弱。（3）介质的酸度增加，也就是碱度降低，电极电势增大，IO^- 的氧化能力增强，I^- 的还原能力减弱。

【解析】（1）电极反应：$Cr_2O_7^{2-}(aq) + 14H^+(aq) + 6e \Longleftrightarrow 2Cr^{3+}(aq) + 7H_2O(l)$

$$E(Cr_2O_7^{2-}/Cr^{3+}) = E^\ominus(Cr_2O_7^{2-}/Cr^{3+}) + \frac{0.0592}{6} \times \lg \frac{[c(Cr_2O_7^{2-})/c^\ominus] \cdot [c(H^+)/c^\ominus]^{14}}{[c(Cr^{3+})/c^\ominus]^2}$$

从电极电势中可以看出，介质的酸度增加，电极电势增大，$Cr_2O_7^{2-}$ 氧化能力增强，Cr^{3+} 的还原能力减弱。

（2）电极反应：$H_2O_2(aq) + 2H^+(aq) + 2e \Longleftrightarrow 2H_2O(l)$

$$E(H_2O_2/H_2O) = E^\ominus(H_2O_2/H_2O) + \frac{0.0592}{2} \times \lg\{[c(H_2O_2)/c^\ominus] \cdot [c(H^+)/c^\ominus]^2\}$$

从电极电势中看出，介质的酸度增加，电极电势增大，H_2O_2 的氧化能力增强，H_2O 的还原能力减弱。

（3）电极反应：$IO^-(aq) + H_2O(l) + 2e \Longleftrightarrow I^-(aq) + 2OH^-(aq)$

$$E(IO^-/I^-) = E^\ominus(IO^-/I^-) + \frac{0.0592}{2} \times \lg \frac{c(IO^-)/c^\ominus}{[c(I^-)/c^\ominus] \cdot [c(OH^-)/c^\ominus]^2}$$

从电极电势中看出，介质的酸度增加，也就是碱度降低，电极电势增大，IO^- 的氧化能力增强，I^- 的还原能力减弱。

6-14 已知 $NO_3^-(aq) + 4H^+(aq) + 3e \Longleftrightarrow NO(g) + 2H_2O(aq)$，$E^\ominus = 0.957V$；$Ag^+ + e \Longleftrightarrow Ag$，$E^\ominus = 0.7996V$，通过计算说明下列两个反应能否进行?

（1）$3Ag + NO_3^-(1mol/L) + 4H^+(1mol/L) \Longleftrightarrow 3Ag^+(1mol/L) + NO(p^\ominus) + 2H_2O$

（2）$3Ag + NO_3^-(1mol/L) + 4H^+(10^{-7}mol/L) \Longleftrightarrow 3Ag^+(1mol/L) + NO(p^\ominus) + 2H_2O$

解：正极反应：$NO_3^-(aq) + 4H^+(aq) + 3e \Longleftrightarrow NO(g) + 2H_2O(l)$

负极反应：$Ag^+(aq) + e \Longleftrightarrow Ag(s)$

（1）$E_+ = E^\ominus(NO_3^-/NO) + \frac{0.0592}{3} \times \lg \frac{[c(NO_3^-)/c^\ominus] \cdot [c(H^+)/c^\ominus]^4}{p(NO)/p^\ominus} = 0.957V$

$E_- = E^\ominus(Ag^+/Ag) + 0.0592 \times \lg[c(Ag^+)/c^\ominus] = 0.7996V$

$E = E_+ - E_- = 0.957 - 0.7996 = 0.1574V > 0$

因此，反应正向进行。

（2）$E_+ = E^\ominus(NO_3^-/NO) + \frac{0.0592}{3} \times \lg \frac{[c(NO_3^-)/c^\ominus] \cdot [c(H^+)/c^\ominus]^4}{p(NO)/p^\ominus} = 0.957 + \frac{0.0592}{3} \times$

$\lg(10^{-7})^4 = 0.4045V$

$$E_- = E^{\ominus}(Ag^+/Ag) + 0.0592 \times \lg[c(Ag^+)/c^{\ominus}] = 0.7996V$$
$$E = E_+ - E_- = 0.4045 - 0.7996 = -0.3951V < 0$$

因此，反应逆向进行。

6-15 298K 时，在 Zn-Ag 电池中 Zn^{2+} 和 Ag^+ 的浓度均为 0.1mol/L，试计算 Zn-Ag 电池的电动势及反应的平衡常数。

解：正极反应：$Ag(s) + e \rightleftharpoons Ag^+(aq)$ $E^{\ominus}(Ag^+/Ag) = 0.7996V$

负极反应：$Zn(s) \rightleftharpoons Zn^{2+}(aq) + 2e$ $E^{\ominus}(Zn^{2+}/Zn) = -0.7618V$

$$E_+ = E^{\ominus}(Ag^+/Ag) + 0.0592 \times \lg[c(Ag^+)/c^{\ominus}] = 0.7996 + 0.0592 \times \lg0.1 = 0.7404V$$

$$E_- = E^{\ominus}(Zn^{2+}/Zn) + \frac{0.0592}{2} \times \lg[c(Zn^{2+})/c^{\ominus}] = -0.7618 + \frac{0.0592}{2} \times \lg0.1 = -0.7914V$$

$$E = E_+ - E_- = 0.7404 - (-0.7914) = 1.5318V$$

$$E^{\ominus} = E_+^{\ominus} - E_-^{\ominus} = 0.7996 - (-0.7618) = 1.5614V$$

$$\Delta_r G_m^{\ominus} = -nFE^{\ominus} = -RT\ln K^{\ominus}$$

$$-2 \times 96485 \times 1.5614 = -8.314 \times 298 \times \ln K^{\ominus}$$

$$\ln K^{\ominus} = 121.61$$

$$K^{\ominus} = 6.52 \times 10^{52}$$

6-16 已知电对 $Ag^+(aq) + e \rightleftharpoons Ag(s)$，$E^{\ominus} = 0.7996V$，$Ag_2C_2O_4$ 的溶度积为 5.40×10^{-12}，求电对 $Ag_2C_2O_4(s) + 2e \rightleftharpoons 2Ag(s) + C_2O_4^{2-}(aq)$ 的标准电极电势。

解：电对 $Ag_2C_2O_4/Ag$、电对 Ag^+/Ag 的反应本质都是 +1 价的银变为 0 价的银，所以对于 $E^{\ominus}(Ag_2C_2O_4/Ag)$ 来说，相当于电对 Ag^+/Ag 在 $C_2O_4^{2-}$ 的浓度为 1mol/L 时的非标准电极电势，故：$E^{\ominus}(Ag_2C_2O_4/Ag) = E(Ag^+/Ag) = E^{\ominus}(Ag^+/Ag) + 0.0592 \times \lg[c(Ag^+)/c^{\ominus}]$

根据 $Ag_2C_2O_4$ 的沉淀-溶解平衡来求 $c(Ag^+)$，则有：

$$c(Ag^+) = [K_{sp}^{\ominus}/c(C_2O_4^{2-})]^{1/2}$$

$$E^{\ominus}(Ag_2C_2O_4/Ag) = E^{\ominus}(Ag^+/Ag) + 0.0592 \times \lg[c(Ag^+)/c^{\ominus}]$$

$$= E^{\ominus}(Ag^+/Ag) + \frac{0.0592}{2} \times \lg[K_{sp}^{\ominus}(Ag_2C_2O_4)]$$

$$= 0.7996 + \frac{0.0592}{2} \times \lg(5.40 \times 10^{-12})$$

$$= 0.4661V$$

6-17 已知 $E^{\ominus}(MnO_4^-/MnO_4^{2-}) = 0.558V$，$E^{\ominus}(MnO_4^{2-}/MnO_2) = 0.60V$，判断 MnO_4^{2-} 的歧化反应能否发生，写出电池符号。

解：由于 $E^{\ominus}(MnO_4^{2-}/MnO_2) > E^{\ominus}(MnO_4^-/MnO_4^{2-})$

正极反应：$MnO_4^{2-}(aq) + 2H_2O(l) + 2e \rightleftharpoons MnO_2(s) + 4OH^-(aq)$

负极反应：$MnO_4^{2-}(aq) \rightleftharpoons MnO_4^-(aq) + e$

总反应：$3MnO_4^{2-}(aq) + 2H_2O(l) \rightleftharpoons 2MnO_4^-(aq) + MnO_2(s) + 4OH^-(aq)$

因此，MnO_4^{2-} 离子能发生歧化反应。

电池符号：$(-)Pt|MnO_4^{2-}(c^{\ominus}), \quad MnO_4^-(c^{\ominus})\|MnO_4^{2-}(c^{\ominus}), \quad OH^-(c^{\ominus})|MnO_2|Pt(+)$

6-18 在下列四种条件下电解 $CuSO_4$ 溶液，写出阴极和阳极上发生的电极反应，并指出溶液组成如何变化：

(1) 阴极、阳极均为铜电极；

(2) 阴极为铜电极，阳极为铂电极；

(3) 阴极为铂电极，阳极为铜电极；

(4) 阴极、阳极均为铂电极。

答案： (1) 阳极反应：$Cu(s) \Longrightarrow Cu^{2+}(aq) + 2e$

阴极反应：$Cu^{2+}(aq) + 2e \Longrightarrow Cu(s)$

因此，溶液组成无变化。

(2) 阳极反应：$2H_2O(l) \Longrightarrow O_2(g) + 4H^+(aq) + 4e$

阴极反应：$Cu^{2+}(aq) + 2e \Longrightarrow Cu(s)$

因此，溶液中 Cu^{2+} 浓度减少，pH 值降低。

(3) 阳极反应：$Cu(s) \Longrightarrow Cu^{2+}(aq) + 2e$

阴极反应：$Cu^{2+}(aq) + 2e \Longrightarrow Cu(s)$

因此，溶液组成无变化。

(4) 阳极反应：$2H_2O(l) \Longrightarrow O_2(g) + 4H^+(aq) + 4e$

阴极反应：$Cu^{2+}(aq) + 2e \Longrightarrow Cu(s)$

因此，溶液中 Cu^{2+} 浓度减少，pH 值降低。

【解析】 考察阳极、阴极电极反应。

6-19 利用标准电极电势数值，判断下列反应能否发生？

(1) $Hg_2^{2+}(aq) \Longrightarrow Hg(l) + Hg^{2+}(aq)$

(2) $H_2O(l) + I_2 \Longrightarrow HIO(aq) + I^-(aq) + H^+(aq)$

解： (1) 正极反应：$Hg_2^{2+}(aq) + 2e \Longrightarrow 2Hg(l)$

负极反应：$2Hg^{2+}(aq) + 2e \Longrightarrow Hg_2^{2+}(aq)$

$E^\ominus = E_+^\ominus - E_-^\ominus = E^\ominus(Hg_2^{2+}/Hg) - E^\ominus(Hg^{2+}/Hg_2^{2+}) = 0.7973 - 0.920 = -0.1227V < 0$

因此，反应逆向进行。

(2) 正极反应：$I_2(s) + 2e \Longrightarrow 2I^-(aq)$

负极反应：$2HIO(aq) + 2H^+(aq) + 2e \Longrightarrow I_2(s) + 2H_2O(l)$

$E^\ominus = E_+^\ominus - E_-^\ominus = E^\ominus(I_2/I^-) - E^\ominus(HIO/I_2) = 0.5355 - 1.439 = -0.9035V < 0$

因此，反应逆向进行。

6-20 含有 Cu 和 Ni 的酸性水溶液，其浓度分别为 $c(Cu^{2+}) = 0.015mol/L$，$c(Ni^{2+}) = 0.23mol/L$，$c(H^+) = 0.72mol/L$，最先放电的是哪种物质，最难析出的是哪种物质？

解： 查表可知：

$$Cu^{2+}(aq) + 2e \Longrightarrow Cu(s) \qquad E^\ominus(Cu^{2+}/Cu) = 0.3419V$$

$$Ni^{2+}(aq) + 2e \Longrightarrow Ni(s) \qquad E^\ominus(Ni^{2+}/Ni) = -0.257V$$

$$2H^+(aq) + 2e \Longrightarrow H_2(g) \qquad E^\ominus(H^+/H_2) = 0V$$

$$E(Cu^{2+}/Cu) = E^\ominus(Cu^{2+}/Cu) + \frac{0.0592}{2} \times \lg[c(Ni^{2+})/c^\ominus]$$

$$= 0.3419 + \frac{0.0592}{2} \times \lg 0.015 = 0.2879V$$

$$E(Ni^{2+}/Ni) = E^{\ominus}(Ni^{2+}/Ni) + \frac{0.0592}{2} \times \lg[c(Ni^{2+})/c^{\ominus}]$$

$$= -0.257 + \frac{0.0592}{2} \times \lg 0.23 = -0.2759V$$

$$E(H^+/H_2) = E^{\ominus}(H^+/H_2) + \frac{0.0592}{2} \times \lg \frac{[c(H^+)/c^{\ominus}]^2}{p(H_2)/p^{\ominus}}$$

$$= 0 + \frac{0.0592}{2} \times \lg 0.72^2 = -0.0084V$$

$$E(Cu^{2+}/Cu) > E(H^+/H_2) > E(Ni^{2+}/Ni)$$

所以最先放电的是 Cu^{2+}，最难析出的是 Ni。

6-21　工业上为了处理含有 $Cr_2O_7^{2-}$ 的酸性废水，采用如下处理方法：往工业废水中加入适量的食盐（NaCl），然后以铁为电极通直流电进行电解，经过一段时间有 $Cr(OH)_3$ 和 $Fe(OH)_3$ 生成，废水可达排放标准。简要回答下列问题：

（1）阳极和阴极发生的电极反应是什么？

（2）写出 $Cr_2O_7^{2-}$ 变为 Cr^{3+} 的离子方程式，并说明生成 $Cr(OH)_3$ 和 $Fe(OH)_3$ 等难溶化合物的原因。

（3）能否用石墨电极代替铁电极达到电解铬的目的，为什么？

答案：（1）阳极反应：$Fe(s) \rightleftharpoons Fe^{2+}(aq) + 2e$

　　　　　　阴极反应：$2H^+(aq) + 2e \rightleftharpoons H_2(g)$

（2）$Cr_2O_7^{2-}(aq) + 14H^+(aq) + 6Fe^{2+}(aq) \rightleftharpoons 2Cr^{3+}(aq) + 6Fe^{3+}(aq) + 7H_2O(l)$

随着电解的进行，H^+ 浓度降低，溶液 pH 值升高，$Cr(OH)_3$ 和 $Fe(OH)_3$ 的溶度积都不大，可以生成沉淀。

（3）不能。用石墨做电极，阳极反应为：$2H_2O(l) \rightleftharpoons O_2(g) + 4H^+(aq) + 4e$，$H^+$ 浓度增加，无法生成沉淀。

【解析】 考察电解池中阳极和阴极反应。

6-22　填空题

（1）在电解池中，和直流电源的负极相连的一极称为_____，和直流电源的正极相连的一极称为_____。

（2）电对的标准电极电势越负，其还原态的还原能力_____。

（3）原电池中，发生还原反应的电极称为_____，发生氧化反应的电极称为_____。

（4）电解液中的正离子移向_____。

（5）电镀是应用_____在某些金属表面镀上一薄层其他金属或合金的过程。

（6）电化学抛光在工业上用于增加金属表面的_____。

（7）在不锈钢厨房洗物台上长时间放置碟子就会在该处发生_____腐蚀。

答案：（1）阴极；阳极

（2）越强

（3）正极；负极

（4）阴极

（5）电解原理

（6）亮度

（7）电化学

【解析】考察电解池、电解液和电镀等知识点。

6-23 金属腐蚀有哪些类型，其特点分别是什么？

答案：金属腐蚀按其作用特点可分为化学腐蚀和电化学腐蚀。化学腐蚀的特点是在反应过程中没有电流产生，全部作用直接在金属表面上发生。电化学腐蚀是由于形成了原电池而产生的。

【解析】考察金属腐蚀知识点。

6-24 举例说明如何用保护层来防止金属的腐蚀。

答案：金属保护层是用耐蚀性较强的金属或合金把容易腐蚀的金属表面完全遮盖起来，覆盖方法有电镀、浸镀、化学镀、喷镀等。例如，在铁上镀铬、铬锌和镀锡。

【解析】考察防止金属腐蚀知识点。

6-25 缓蚀剂有哪些类，它们的作用原理是什么？

答案：缓蚀剂是指添加到腐蚀性介质中，能阻止金属腐蚀或降低金属腐蚀速率的物质。根据缓蚀剂化学组成，把缓蚀剂分为无机缓蚀剂和有机缓蚀剂两类。无机缓蚀剂的作用主要是在金属表面形成氧化膜或难溶物质。有机缓蚀剂的缓蚀机理较复杂，一般认为缓蚀剂吸附在金属表面，增加了氢的过电位，阻碍了 H^+ 放电，减少了析氢腐蚀。

【解析】考察缓蚀剂及其原理知识点。

6-26 金属的化学腐蚀主要受什么因素影响？

答案：化学腐蚀受温度影响很大。

【解析】考察金属的化学腐蚀知识点。

6-27 简述电极电势的应用。

答案：（1）判断原电池的正、负极，计算原电池的电动势；

（2）判断氧化剂、还原剂的相对强弱；

（3）判断氧化还原反应进行的方向；

（4）判断氧化还原反应进行的程度。

【解析】考察电极电势的应用知识点。

6-28 试说明氯碱工业电解饱和食盐水的原理。

答案：阳极反应：$2Cl^-(aq) - 2e \rightleftharpoons Cl_2(g)$

阴极反应：$2H_2O(l) + 2e \rightleftharpoons H_2(g) + 2OH^-(aq)$

总反应：$2H_2O(l) + 2NaCl(aq) \rightleftharpoons H_2(g) + Cl_2(g) + 2NaOH(aq)$

【解析】考察氯碱工业电解饱和食盐水的原理知识点。

7 原 子 结 构

7.1 知 识 概 要

本章主要内容涉及四个部分:

(1) 原子结构理论发展历史:玻尔理论;

(2) 量子力学原子模型:微观粒子运动的特殊性、薛定谔方程、四个量子数、原子轨道和波函数、概率密度和电子云;

(3) 多电子原子结构:屏蔽效应和钻穿效应、多电子原子轨道的能级图、多电子原子基态核外电子排布规则;

(4) 元素周期表和元素周期律:元素周期表的周期、族和区、原子半径、电离势、电子亲和能、电负性、金属性和非金属性。

7.2 重点、难点

7.2.1 原子结构理论发展历史

玻尔原子结构理论两点假设:

(1) 定态规则。原子有一系列定态,每一定态对应一能量 E,电子在这些定态上绕核做圆周运动,既不放出能量,也不吸收能量。原子可能存在的定态受一定的限制,即电子做圆周运动的角动量 M 必须等于 $h/2\pi$ 的整数倍,此为量子化条件。

(2) 频率规则。当电子由一个定态跃迁到另一个定态时,会放出或吸收能量,放出的能量以光子的形式释放出来,因此产生原子光谱。

玻尔运用牛顿力学定律推导出氢原子的轨道半径 $r(\text{nm})$、能量 $E(\text{J})$ 以及电子从高能态跃迁至低能态时辐射光的频率 $\nu\ (\text{s}^{-1})$,分别表示如下:

$$r = a_0(n^2) \tag{7-1}$$

$$E = -R_{\text{H}}\left(\frac{1}{n^2}\right) \tag{7-2}$$

$$\nu = 3.29 \times 10^{15} \times \left(\frac{1}{n_1^2} - \frac{1}{n_2^2}\right) \tag{7-3}$$

式中,$n = 1$,2,3,$\cdots$;$a_0 = 0.053\text{nm}$,通常称为玻尔半径;R_{H} 为里德伯常数,值为 $2.18 \times 10^{-18}\text{J}$。

玻尔理论的贡献:玻尔冲破了物理量连续变化的传统观念的束缚,第一次将量子论引入原子体系,建立了原子的近代模型,成功地解释了氢原子光谱等现象,并为化学键的电子理论奠定了基础。

玻尔理论的局限性：从理论上看，玻尔假设本身存在矛盾，它一方面把电子运动看作服从牛顿力学，像行星围绕太阳那样运动；另一方面又加进角动量要量子化，能量也要量子化，这两个条件和牛顿力学是相矛盾的。从经典电磁理论看，玻尔模型也是不合理的：电荷做圆周运动，就会辐射能量，发出电磁波，原子不能稳定存在。所以玻尔模型不能解释氢原子的精细结构和多电子原子的光谱。

7.2.2 量子力学原子模型

7.2.2.1 微观粒子运动的特殊性

A 波粒二象性

德布罗依（Louis de Broglie）受到光子波粒二象性理论的启发，将波粒二象性推广到所有微观粒子，提出了德布罗依关系式。

$$\lambda = \frac{h}{mv} \tag{7-4}$$

式中，m 为质量；v 为电子的运动速度；符合式（7-4）的微观粒子的波叫作德布罗意波。

B 不确定性原则

海森堡（Heisenberg）提出微观粒子的位置和动量符合以下关系式（不确定性原则）：

$$\Delta x \cdot \Delta p_x \geq \frac{h}{4\pi} \tag{7-5}$$

此式说明，具有波动性的粒子，不能同时具有确定的坐标和动量。当其某个坐标的精确度越大（Δx 越小）时，其相应的动量的精确度越小（Δp_x 越大）；反之亦然。

C 符合统计规律

核外电子的运动没有固定的轨道，不能用经典物理学理论描述电子的运动状态，其在原子核外的出现服从统计规律。

7.2.2.2 薛定谔方程

1926 年，奥地利科学家薛定谔（Schrödinger）建立了描述微观粒子运动规律的量子力学基本方程——薛定谔方程式，公式如下：

$$\frac{\partial^2\psi}{\partial x^2} + \frac{\partial^2\psi}{\partial y^2} + \frac{\partial^2\psi}{\partial z^2} + \frac{8\pi^2m(E-V)\psi}{h^2} = 0 \tag{7-6}$$

式中，m 为微粒的质量；E 为系统的总能量；V 为系统的势能；波函数 ψ 是描述微观粒子运动状态的数学函数式，它是空间坐标 x，y，z 的函数 $\psi=f(x,y,z)$，一个波函数 ψ 代表了微观粒子在一定能量状态下的一种运动状态。

7.2.2.3 四个量子数

A 主量子数 n

主量子数 n 取值：$n=1,2,3,\cdots,\infty$，取正整数。

主量子数 n 决定着电子运动的能量 E_n（E_n 为负值），也决定了电子运动的离核远近。

n	1	2	3	4	5	6	…
能层（电子层）	1	2	3	4	5	6	…
光谱符号	K	L	M	N	O	P	…

B　角量子数 l

角量子数 l 的取值：$0 \leqslant l \leqslant n-1$，即 l 可取 0，1，2，3，…，$(n-1)$，有 n 个取值。

角量子数 l 决定了电子运动的角动量的大小，角动量也是量子化的。角量子数 l 决定了电子在空间的角度分布与电子云的形状。

在多电子体系中，l 还影响电子的能量，决定着同一能层中能级的大小。对于多电子原子，能量用 $E_{n,l}$ 表示。

l 的取值变化时，分别可用下表中的光谱符号来标记。

l	0	1	2	3	4	…
光谱符号	s	p	d	f	g	…

C　磁量子数 m

角量子数为 l 的电子在外磁场中有不同的取向，它在磁场方向上的分量由磁量子数 m 决定，m 的取值：$m = 0$，± 1，± 2，…，$\pm l$，共 $2l+1$ 个取值。m 的取值决定了原子轨道在空间的伸展方向。

l、m 的取值与轨道符号的对应关系如下：

l	0	1		2		
m	0	0	± 1	0	± 1	± 2
轨道符号	s	p_z	p_x，p_y	d_{z^2}	d_{xy}，d_{yz}	$d_{x^2-y^2}$，d_{xy}

在没有外加磁场情况下，同一亚层的轨道，能量是相等的，叫做等价轨道或简并轨道。

原子轨道在三维空间的可能状态由上述 3 个量子数（n、l、m，又称轨道量子数）所决定，也就是说，在 n、l、m 一定时，电子所处的原子轨道一定。

D　自旋量子数 m_s

为了描述核外电子的自旋状态，引入第四个量子数 m_s。电子的自旋方向有两种：顺时针方向和逆时针方向，m_s 的取值有两个：$+\frac{1}{2}$ 和 $-\frac{1}{2}$。通常用向上和向下的箭头"↑↓"表示电子不同的自旋状态。

综上所述，电子在核外的运动状态可以由以上四个量子数确定。

在同一原子中，不可能有运动状态完全相同的两个电子存在。

每个原子轨道最多只能容纳两个自旋方向相反的电子。

7.2.2.4　波函数图形

波函数 ψ 称为原子轨道，为了方便作图，把波函数 ψ 进行坐标变换并分立为两部分，公式如下：

$$\Psi_{nlm}(r, \theta, \varphi) = R_{nl}(r) \cdot Y_{lm}(\theta, \varphi) \tag{7-7}$$

式中，$R_{nl}(r)$ 称为径向分布函数，它是电子离核距离 r 的函数；另一部分是随 θ、φ 不同而变化的角度分布函数 $Y_{lm}(\theta, \varphi)$。

若将波函数的角度部分 $Y(\theta, \varphi)$ 随 θ、φ 角而变化的规律以球坐标作图，可以获得波函数或原子轨道的角度分布图，如图7-1所示。

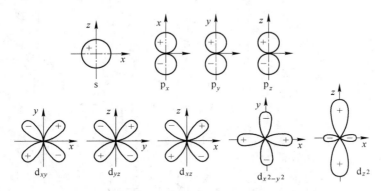

图7-1 原子轨道角度分布图（s，p，d 为剖面图）

角度分布图着重说明了原子轨道的极大值出现在空间哪个方向，利用它便于直观地讨论共价键成键方向。

角度分布图中 "+" "−" 号，不是表示正、负电荷，而是表示 Y 值是正值还是负值，还代表了原子轨道角度分布图形的对称关系。它们的符号相同，对称性相同；符号相反，对称性不同或反对称。

将角度分布函数 Y 视为常量，可得到其径向分布函数 R_{nl}-r 图，如图7-2所示。

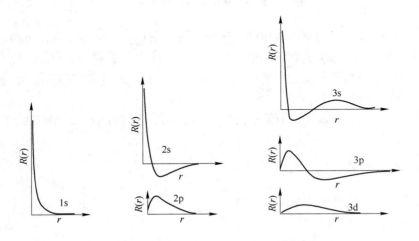

图7-2 氢原子径向函数 R_{nl}-r 图

7.2.2.5 电子云

人们把电子在核外空间出现的概率密度分布形象化地描述称为电子云，用小黑点分布

的疏密来表示。$|\psi_{(r, \theta, \varphi)}|^2$ 可以代表电子在空间某点 (r, θ, φ) 出现的概率密度。因此，有如下公式：

$$|\psi_{n, l, m}(r, \theta, \varphi)|^2 = |R_{n, l}(r)|^2 \cdot |Y_{l, m}(\theta, \varphi)|^2 \tag{7-8}$$

式中，$|R_{n, l}(r)|^2$ 和 $|Y_{l, m}(\theta, \varphi)|^2$ 分别为电子云的径向分布和角度分布函数。

图 7-3 是 s，p，d 电子云的角度分布图。

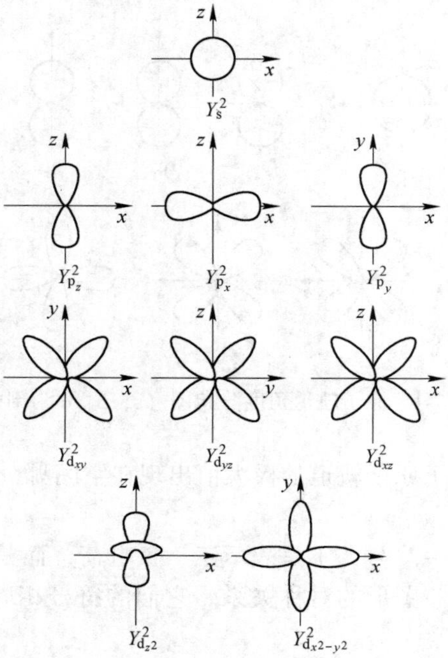

图 7-3　s，p，d 电子云的角度分布图

电子云的角度分布图与原子轨道的角度分布图形状相似，但也存在以下两点区别：

（1）由于 $Y_{l, m}(\theta, \varphi)$ 值有正、负，所以相应的原子轨道角度分布图上分别标注了正负号，该符号可用于判断共价键的方向性。而 $|Y_{l, m}(\theta, \varphi)|^2$ 都是正值，故电子云的角度分布图图形无正负号之分。

（2）由于 $|Y_{l, m}(\theta, \varphi)|^2$ 的值小于 $Y_{l, m}(\theta, \varphi)$，所以电子云的角度分布图比原子轨道的角度分布图"瘦"一些。

7.2.3　多电子原子结构

7.2.3.1　屏蔽效应和钻穿效应

A　屏蔽效应

在多电子原子中，对于指定的某个电子 (j) 而言，由于其他轨道上的电子对核的屏蔽作用，使得核对 j 电子的吸引力减小，就好像核电荷减小了，由原来的 Z 减小为 Z_j^*。

$$Z_j^* = Z - \sum_{i \neq j}^{n-1} \sigma_i$$

j 电子的能量为：

$$E = -2.18 \times 10^{-18} \times \left(\frac{Z^*}{n}\right)^2 J$$

其中，Z_j^* 叫做有效核电荷；σ_i称为 j 电子以外的 i 电子对核的屏蔽常数，可以利用斯莱特(Slater) 法则近似计算。

B　钻穿效应

对于多电子原子来说，会存在 n 相同而 l 不同的电子在原子离核附近出现的概率不同的情况，一般 $ns > np > nd$。这种外层电子渗入靠近原子核的内层空间的现象称为钻穿效应。钻穿效应可在一定程度上躲开其他电子的屏蔽，从而降低了自己的能量。钻穿效应不仅能解释 n 相同而 l 不同时，轨道能量的高低顺序，而且可以解释 n 和 l 不同时轨道之间发生的能级交错现象。

7.2.3.2　多电子原子轨道的能级图

A　鲍林近似能级图

鲍林（L. Pauling）根据光谱实验结果，绘制了多电子原子中原子轨道近似能级图，如图 7-4 所示。在该图中，能级按能量由低到高的顺序排列，把能量相近的轨道划分为一个能级组，共分为 7 个能级组。各能级组内原子轨道能级差较小，能级组间能级差较大。这样，多电子原子轨道能量的一般顺序由低到高依次为：

(1s)；(2s，2p)；(3s，3p)；(4s，3d，4p)；(5s，4d，5p)；(6s，4f，5d，6p)；(7s，5f，6d，7p)；…

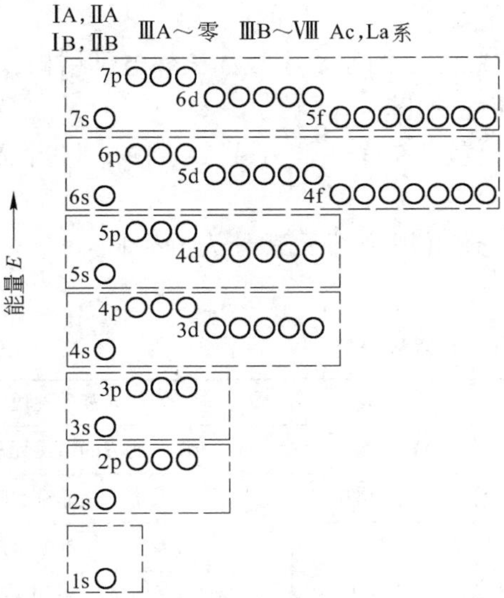

周期能级组	能级组中轨道数目	能级组中容纳电子总数	起止元素
Ⅶ	16	32	Fr～Og
Ⅵ	16	32	Cs～Rn
Ⅴ	9	18	Rb～Xe
Ⅳ	9	18	K～Kr
Ⅲ	4	8	Na～Ar
Ⅱ	4	8	Li～Ne
Ⅰ	1	2	H～He

图 7-4　鲍林近似能级图

我国化学家徐光宪院士提出了描述多电子体系的原子轨道近似能级次序的（n+0.7l）规则，也同样反映了核外电子填充的一般顺序。

B　科顿能级图

科顿（F. A. Cotton）根据理论计算出多电子原子中各轨道的能量后，再以原子轨道能量对原子序数作图得到了科顿能级图。科顿能级图反映了原子轨道的能量和原子序数的关系，也反映了氢原子轨道的简并性和过渡元素原子失电子的先后顺序，但不能解释电子的填充顺序。

7.2.3.3　多电子原子基态核外电子排布规则

原子在基态时，其核外电子排布遵循以下三条重要原则：

（1）泡利（W. Pauli）不相容原理。在一个原子中，不可能存在四个量子数完全相同的两个电子。

（2）能量最低原理。在不违背泡利不相容原理的前提下，电子优先占据能量较低的原子轨道。

（3）洪特（F. Hund）规则。在等价轨道上分布的电子，将尽可能分占 m 不同的轨道，且自旋平行；而且对于同一电子亚层，当电子分布为全充满（p^6 或 d^{10} 或 f^{14}）、半充满（p^3 或 d^5 或 f^7）和全空（p^0 或 d^0 或 f^0）时，原子结构稳定。

需要说明的是，根据光谱实验得到的元素周期表中元素原子的核外电子结构大多数符合鲍林近似能级图和核外电子排布的三条规律，但有少数例外。

对于阳离子的核外电子排布规则来说，离子中外层电子的能级决定于 $(n+0.4l)$ 值的大小，此值越大的电子能级越高越先失去，因此价电子的电离顺序为：

$$\to n\text{p} \to n\text{s} \to (n-1)\text{d} \to (n-2)\text{f}$$

7.2.4　元素周期表和元素周期律

7.2.4.1　元素周期表

元素在元素周期表中的位置取决于它的原子的原子序数和核外电子结构，随着原子序数的增加，原子的外电子层结构呈现周期性变化。

元素周期表中有 7 个周期和 16 个族，包括 7 个主族（ⅠA～ⅦA）、7 个副族（ⅠB～ⅦB）、1 个第Ⅷ族和 1 个零族。

根据元素原子价层电子构型的不同，还可把全部元素分为五个区：s、p、d、ds 和 f 区，见表 7-1。

表 7-1　元素的分区

元素的分区	电子层结构	包含的元素	元素的性质
s	$ns^{1\sim2}$	ⅠA 和 ⅡA	活泼的金属元素
p	$ns^2np^{1\sim6}$	ⅢA～ⅦA 和 0 族	大部分是非金属元素
d	$(n-1)d^{0\sim10}ns^{0\sim2}$	ⅢB～ⅦB 和Ⅷ	过渡元素，都是金属元素
ds	$(n-1)d^{10}ns^{1\sim2}$	ⅠB 和 ⅡB	都是金属元素，不如 s 区元素活泼
f	$(n-2)f^{0\sim14}(n-1)d^{0\sim2}ns^2$	镧系和锕系	都是比较活泼的金属元素

7.2.4.2　元素周期律

A　原子半径

根据原子存在的不同形式，原子半径有共价半径、金属半径和范德华半径。

同一周期主族元素自左往右，原子半径逐渐减小。

同一族元素从上往下，原子半径逐渐增大。

镧系元素，原子半径收缩幅度很小，这种现象叫做镧系收缩。镧系收缩使得镧系元素的原子半径接近，电子构型相似，化学性质相近。镧系收缩也导致其后的第六周期与同族第五周期元素原子半径非常接近。

B 电离能

同一周期中，元素的第一电离能总体上由小变大，到稀有气体时达到最大值。但也出现一些"锯齿"状变化规律，这与电子处于全充满（s^2，p^6，d^{10}，f^{14}，…）和半充满时（s^1，p^3，d^5，f^7，…）构型较为稳定有关。

同一主族中，自上往下，元素的第一电离能递减。副族元素的电离能变化幅度小，且不规则。

C 电子亲和能

同周期元素中，自左向右随着原子序数的增加，元素电子亲和能一般也增加。

同族元素中，自上到下基本上是随着原子半径的增加，电子亲和能减小。

需要注意的是，p区第二周期元素的电子亲和能一般比第三周期同族元素的小。这是因为第二周期非金属元素的原子半径非常小，电子密度很大，电子间排斥作用大，以致当加和一个电子形成阴离子时，由于电子间强烈的排斥作用，使放出的能量减少。

D 电负性

同一周期，从左往右，元素的电负性值逐渐增大。

同一主族，自上往下，电负性值逐渐减小；副族元素的电负性没有明显变化规律。

E 金属性和非金属性

同一周期，自左往右，元素的金属性逐渐减弱，非金属性逐渐增强。

同一主族，从上往下，元素的金属性逐渐增强，非金属性逐渐减弱。

7.3 典 型 例 题

【例 7-1】 量子力学原子模型是如何描述核外电子运动状态的？

答案：用四个量子数描述核外电子的运动状态，它们分别是：

主量子数——描述原子轨道的能级；

角量子数——描述原子轨道的形状；

磁量子数——描述原子轨道的伸展方向；

自旋量子数——描述电子的自旋方向。

【例 7-2】 写出 115 号元素原子的电子排布，并指出它属于哪个周期、哪个族？可能与哪个已知元素的性质最为相似？

答案：115 号元素原子的电子排布为 $[Rn]5f^{14}6d^{10}7s^27p^3$。

价层电子构型为 $7s^27p^3$，所以它属于第七周期，第 VA 族，可能与已知元素 Bi 的性质最相似。

【例 7-3】 写出具有下列外层电子排布的所有元素：ns^1，$(n-1)d^{10}ns^2np^6$，ns^2np^3，$(n-1)d^{10}ns^1$，并指出这些元素位于元素周期表中所在的区。

答案：外层电子排布为 s^1 的元素有 H、Li、Na、K、Rb、Cs、Fr，它们位于元素周期表中的 s 区。

外层电子排布为 $d^{10}s^2p^6$ 的元素有 Kr、Xe、Rn，它们位于元素周期表中的 p 区。

外层电子排布为 s^2p^3 的元素有 N、P、As、Sb、Bi，它们位于元素周期表中的 p 区。

外层电子排布为 $d^{10}s^1$ 的元素有 Cu、Ag、Au，它们位于元素周期表中的 ds 区。

【例 7-4】 为什么 Na 的第一电离能小于 Mg 的第一电离能，而 Na 的第二电离能却大大超过 Mg 的第二电离能？

答案：由于 Na 的价电子层的结构为 $3s^1$，Mg 的价电子层结构为相对稳定的 $3s^2$，同时，Na 的核电荷更少，故 Na 的第一电离能小于 Mg。

Na 的第二电离能是 Na^+ 从第二层且 $2s^22p^6$ 全满的稳定结构失去一个 2p 电子，而 Mg^+ 是失去 $2s^22p^63s^1$ 的一个 3s 电子，所以 Na 的第二电离能大大超过 Mg。

7.4　课后习题及解答

7-1　简述玻尔原子模型的要点，并指出它的贡献和局限性。

答案：玻尔模型的要点：氢原子核外有一系列符合特定量子化条件且具有确定能量的稳定轨道；电子在稳定轨道上运动时，既不吸收能量也不放出能量，其中电子处在能量最低的轨道时称为基态，位于其他能量较高轨道时称为激发态；电子在不同的轨道之间跃迁时，吸收或放出的能量等于两个轨道之间的能量差。

玻尔原子模型的贡献：（1）解释了有核原子的稳定性；（2）解释了氢原子的不连续线性光谱。

玻尔原子模型的局限性是：（1）只限于解释氢原子或类氢离子（单电子体系）的光谱，不能解释多电子原子的光谱；（2）人为地允许某些物理量（电子运动的轨道角动量和电子能量）"量子化"，以修正经典力学。

【解析】 考察玻尔原子模型。

7-2　微观粒子的运动有什么特征？

答案：（1）量子化：电子等微观粒子的运动在能量、角动量及自旋等许多物理量上表现出量子化特征。

（2）波粒二象性：微观粒子既有粒子性又有波动性。

（3）不确定原理：微观粒子的运动没有固定的轨道，其在原子核外的出现服从统计规律，不能用经典物理学理论描述电子的运动状态。

【解析】 考察微观粒子运动的特征。

7-3　一个高速运动的质子，质量为 1.67×10^{-27} kg，运动速度为 1.38×10^5 m/s，其物质波波长应为多少？

答案：根据微观粒子德布罗意波的公式：

$$\lambda = \frac{h}{mv} = \frac{6.62 \times 10^{-34}}{1.67 \times 10^{-27} \times 1.38 \times 10^5}$$

$$= 2.87 \times 10^{-12} \text{ (m)}$$

即该质子的物质波波长为 2.87×10^{-12} m。

【解析】 考察微观粒子德布罗意波的计算。

7-4 下列各组量子数哪些是不合理的，为什么？

（1）$n=3$，$l=2$，$m=0$，$m_s=+1/2$；

（2）$n=2$，$l=2$，$m=-1$，$m_s=-1/2$；

（3）$n=4$，$l=1$，$m=0$，$m_s=-1/2$；

（4）$n=3$，$l=1$，$m=-1$，$m_s=+1/2$。

答案：（1）合理。根据四个量子数的取值规则，取值合理。

（2）不合理。根据四个量子数的取值规则，当主量子数 n 取值为 2 时，角量子数 l 可以取值 0 或 1，不能等于 2，所以不合理。

（3）合理。根据四个量子数的取值规则，取值合理。

（4）合理。根据四个量子数的取值规则，取值合理。

【解析】 考察四个量子数的取值。主量子数 n 的取值为 $n=1$，2，3，…的正整数；角量子数 l 的取值为 $l=0$，1，2，3，…，$n-1$；磁量子数 m 的取值为 $m=0$，± 1，± 2，…，$\pm l$；自旋量子数 m_s 取值 $m_s=\pm 1/2$。

7-5 在下列各组量子数中填入尚缺的量子数：

（1）$n=?$，$l=2$，$m=0$，$m_s=+1/2$；

（2）$n=2$，$l=?$，$m=-1$，$m_s=-1/2$；

（3）$n=4$，$l=2$，$m=0$，$m_s=?$；

（4）$n=2$，$l=0$，$m=?$，$m_s=+1/2$。

答案：（1）$n=3$ 以上的正整数；

（2）$l=1$；

（3）$m_s=\pm 1/2$；

（4）$m=0$。

【解析】 考察四个量子数的取值。主量子数 n 的取值为 $n=1$，2，3，…的正整数；角量子数 l 的取值为 $l=0$，1，2，3，…，$n-1$；磁量子数 m 的取值为 $m=0$，± 1，± 2，…，$\pm l$；自旋量子数 m_s 的取值 $m_s=\pm 1/2$。

7-6 用合理的量子数表示下列各项：

（1）$3d_{z^2}^2$ 轨道；

（2）$2p_x$ 轨道；

（3）$4s^1$ 电子。

答案：（1）$n=3$，$l=2$，$m=0$；

（2）$n=2$，$l=1$，$m=\pm 1$；

（3）$n=4$，$l=0$，$m=0$，$m_s=\pm 1/2$。

【解析】 考察四个量子数与原子轨道、核外电子之间的对应关系。由三个量子数确定一个原子轨道，由四个量子数确定一个核外电子的运动状态。

7-7 下列轨道中哪些是等价轨道？

2s；3s；$3p_x$；$4p_x$；$2p_x$；$2p_y$；$2p_z$；$3d_{xy}$；$3d_{z^2}$；$4d_{xy}$

答案：$2p_x$、$2p_y$、$2p_z$ 是等价轨道。$3d_{xy}$ 和 $3d_{z^2}$ 是等价轨道。

【解析】考察等价轨道的概念理解。在没有外加磁场作用下，同一电子亚层内 n 和 l 相同，m 不同的各原子轨道能级相同，例如：$E_{n_{p_x}} = E_{n_{p_y}} = E_{n_{p_z}}$，这样的轨道成为等价轨道或者简并轨道。

7-8 画出 s、p、d 原子轨道角度分布图，角度分布图中的 "+" "–" 号代表了什么？

答案：s，p，d 的原子轨道角度分布图如下：

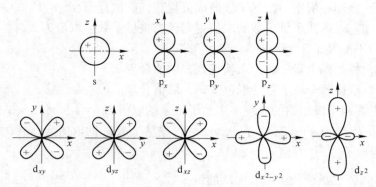

角度分布图中 "+" "–" 号，不是表示正、负电荷，而是表示 Y 值是正值还是负值，还代表了原子轨道角度分布图形的对称关系。它们的符号相同，对称性相同；符号相反，对称性不同或反对称。

【解析】考察原子轨道角度分布图。

7-9 在下列各组电子分布中，哪种属于原子的基态，哪种属于原子的激发态，哪种是不可能存在的？

(1) $1s^2 2s^1 2p^1$；

(2) $1s^2 2s^2 2p^6 3s^1 4s^1$；

(3) $1s^2 2s^2 2p^6 3s^2 3p^6 4s^1$；

(4) $1s^2 2s^2 2d^1$；

(5) $1s^2 2s^2 2p^6 3s^2 3p^3$；

(6) $1s^2 2s^2 2p^6 3s^2 3p^6 3d^5 4s^1$。

答案：(1) 激发态；(2) 激发态；(3) 基态；(4) 不能存在；(5) 基态；(6) 基态。

【解析】考察基态原子和激发态原子的概念。(1) 1s 上的电子激发到 2p 轨道上；(2) 3s 上的电子激发到 4s 轨道上；(3) 基态原子；(4) 不存在 2d 原子轨道；(5) 基态原子；(6) 基态原子，其中 3d 轨道为半充满状态。

7-10 量子数 $n = 4$ 的电子层最多能容纳多少个电子？如果没有能级交错，该层各轨道能级由低到高的顺序是什么？实际上 4f 电子是在第几周期的哪种元素中才开始出现？

答案：最多容纳 32 个电子。由低到高的顺序是 4s < 4p < 4d < 4f。4f 电子是在第 6 周期中镧系元素的铈中才开始出现。

【解析】考察多电子原子的核外电子排布规则以及能级分裂和能级交错的理解。$n = 4$

的电子层包含 4s、4p、4d、4f 共 16 个轨道，最多可以容纳 32 个电子。根据核外电子排布规律，每层最多容纳的电子数为 $2n^2$。如果没有能级交错，则各轨道能级由低到高的顺序是 4s < 4p < 4d < 4f。由于存在能级交错，4f 实际处于第 6 能级组，所以 4f 电子是在第 6 周期中镧系元素的铈中才开始出现。

7-11 写出下列元素原子的核外电子分布式，并指出其在元素周期表中的位置（包括周期、族、区）。

^9F；^{24}Cr；^{29}Cu；^{30}Zn；^{55}Cs；^{82}Pb；^{26}Fe；^{47}Ag

答案：见下表：

^9F	$1s^2 2s^2 2p^5$	第 2 周期，第 ⅦA 族，p 区
^{24}Cr	$[\text{Ar}]3d^5 4s^1$	第 4 周期，第 ⅥB 组，d 区
^{29}Cu	$[\text{Ar}]3d^{10} 4s^1$	第 4 周期，第 ⅠB 组，ds 区
^{30}Zn	$[\text{Ar}]3d^{10} 4s^2$	第 4 周期，第 ⅡB 组，ds 区
^{55}Cs	$[\text{Xe}]6s^1$	第 6 周期，第 ⅠA 组，s 区
^{82}Pb	$[\text{Xe}]4f^{14} 5d^{10} 6s^2 6p^2$	第 6 周期，第 ⅣA 组，p 区
^{26}Fe	$[\text{Ar}]3d^6 4s^2$	第 4 周期，第 Ⅷ 组，d 区
^{47}Ag	$[\text{Kr}]4d^{10} 5s^1$	第 5 周期，第 ⅠB 组，ds 区

【解析】 考察原子的电子结构与元素在元素周期表中位置的对应关系，多电子核外电子排布遵循能量最低原理、Pauli 不相容原理和 Hund 规则。

7-12 （1）写出 s 区、p 区、d 区、ds 区及 f 区元素的价电子层构型。

（2）具有下列价电子层构型的元素位于元素周期表中哪一区、哪一族，是金属还是非金属？

ns^2；$ns^2 np^5$；$(n-1)d^5 ns^2$；$(n-1)d^{10} ns^2$

答案：（1）s 区：$ns^{1\sim2}$　　　　　　p 区：$ns^2 np^{1\sim6}$

d 区：$(n-1)d^{1\sim10} ns^{0\sim2}$　　　　ds 区：$(n-1)d^{10} ns^{1\sim2}$

f 区：$(n-2)f^{0\sim14}(n-1)d^{0\sim2} ns^2$

（2）ns^2：位于元素周期表中的 s 区，是第 ⅡA 族，是碱土金属。

$ns^2 np^5$：位于元素周期表中的 p 区，是第 ⅦA 族，是卤素，是非金属。

$(n-1)d^5 ns^2$：位于元素周期表中的 d 区，是第 ⅦB 族，是金属。

$(n-1)d^{10} ns^2$：位于元素周期表中的 ds 区，是第 ⅡB 族，是金属。

【解析】 考察元素周期表中元素的分区，根据价电子结构判断元素在元素周期表中的位置。根据元素最后一个电子填充的能级不同，可以将元素周期表中的元素分为 5 个区，实际上是把价电子构型相似的元素集中分在同一个区。

7-13 第四周期 A、B、C 三种元素，其价电子数依次为 1、2、7，其原子序数按 A、B、C 顺序增大。已知 A、B 次外层电子数为 8，而 C 的次外层电子数为 18，请判断：

（1）哪些是金属元素？

（2）C 和 A 的简单离子是什么？

《7 原子结构》

(3) 哪一元素的氢氧化物碱性最强？

(4) B 与 C 之间能形成何种化合物？写出化学式。

答案： (1) A 和 B；

(2) C^-：Br^-；A^+：K^+；

(3) A 元素的氢氧化物碱性最强：KOH；

(4) 离子化合物为 BC_2：$CaBr_2$。

【解析】 根据 A、B、C 均为第四周期元素，三种元素的最后的电子填充在第 4 能级组，即 4s、3d、4p 轨道上；由于 A、B 次外层电子数为 8，所以 A、B 的 3d 轨道上未排布电子，再根据 A 的价电子数为 1，所以 A 的核外电子排布式为 $1s^22s^22p^63s^23p^64s^1$；B 的价电子数为 2，所以 B 的核外电子排布式为 $1s^22s^22p^63s^23p^64s^2$；根据 C 的次外层电子数为 18，推出 C 的 3d 轨道已排满 10 个电子，最后电子排在 4p 轨道上，C 的价电子数为 7，所以 C 的核外电子排布式为 $1s^22s^22p^63s^23p^63d^{10}4s^24p^5$。根据 A、B、C 的核外电子排布式可以知道 A、B、C 在元素周期表中的位置，A 位于第四周期第ⅠA 族，是碱金属；B 位于第四周期第ⅡA 族，是碱土金属；C 位于第四周期第ⅦA 族，是卤素元素；所以：(1) 金属元素是 A 和 B；(2) C 和 A 的简单离子是 C^- 和 A^+；(3) 氢氧化物碱性最强的是 A 的氢氧化物；(4) B 与 C 之间能形成离子化合物是 BC_2。

7-14 填写下表的空白处：

原子序数	电子排布式	各层电子数	周期	族	区	是金属还是非金属
11						
21						
53						
60						
80						

答案：见下表：

原子序数	电子排布式	各层电子数	周期	族	区	是金属还是非金属
11	$1s^22s^22p^63s^1$ 或 [Ne]$3s^1$	2, 8, 1	3	ⅠA	s	金属
21	$1s^22s^22p^63s^23p^63d^14s^2$ 或 [Ar]$3d^14s^2$	2, 8, 9, 2	4	ⅢB	d	金属
53	$1s^22s^22p^63s^23p^63d^{10}4s^24p^64d^{10}5s^25p^5$ 或 [Kr]$4d^{10}5s^25p^5$	2, 8, 18, 18, 7	5	ⅦA	p	非金属
60	$1s^22s^22p^63s^23p^63d^{10}4s^24p^64d^{10}4f^45s^25p^66s^2$ 或 [Xe]$4f^46s^2$	2, 8, 18, 22, 8, 2	6	ⅢB（镧系）	f	金属
80	$1s^22s^22p^63s^23p^63d^{10}4s^24p^64d^{10}4f^{14}5s^25p^65d^{10}6s^2$ 或 [Xe]$4f^{14}5d^{10}6s^2$	2, 8, 18, 32, 18, 2	6	ⅡB	ds	金属

【解析】考察原子的电子结构与元素在元素周期表中位置的对应关系。

7-15 试填下表：

元素符号	电子层数	金属或非金属	最高化合价	电子结构
	4	金属	+5	
	4	非金属	+5	
Ag	5			
Se				

答案：见下表：

元素符号	电子层数	金属或非金属	最高化合价	电子结构
V	4	金属	+5	$[Ar]3d^3 4s^2$
As	4	非金属	+5	$[Ar]3d^{10}4s^2 4p^3$
Ag	5	金属	+1	$[Kr]4d^{10}5s^1$
Se	4	非金属	+6	$[Ar]3d^{10}4s^2 4p^4$

【解析】考察原子的电子结构与元素在元素周期表中位置的对应关系，以及元素性质的周期律。

7-16 写出符合下列条件的元素符号：

（1）属零族，但无 p 电子；

（2）在 3p 能级上只有一个电子。

答案：（1）He；（2）Al。

【解析】考察原子的电子结构与元素在元素周期表中位置的对应关系。（1）零族元素的价电子排布为 $ns^2 np^6$，但是 He 元素特殊，$1s^2$，无 p 电子。（2）根据多电子原子核外电子的排布规则，当 3p 能级上只有一个电子时，比 3p 低的能级全充满，则核外电子排列为 $1s^2 2s^2 2p^6 3s^2 3p^1$ 或 $[Ne]3s^2 3p^1$，属于第三周期，第Ⅲ A 族，原子序数 13，元素符号为 Al。

7-17 根据元素周期表的位置，比较下列两组元素的原子半径、电离势、电负性和金属性：

（1）P 与 Ge；

（2）S、As 与 Se。

答案：（1）P 与 Ge：P 在元素周期表中的位置为第三周期，第 V A 族；Ge 位于第四周期，第Ⅳ A 族。原子半径：Ge>P；电离势：Ge < P；电负性：Ge < P；金属性：Ge>P。

（2）S、As 与 Se：S 在元素周期表中的位置为第三周期，第Ⅵ A 族；As 位于第四周期，第 V A 族；Se 位于第四周期，第Ⅵ A 族。原子半径：As > Se > S；电离势：Se < As < S；电负性：As < Se < S；金属性：As > Se > S。

【解析】考察元素周期律。

关于原子半径：（1）主族元素原子半径的递变规律。同一周期主族元素自左往右，随着原子序数递增，原子半径的总体趋势是逐渐减小的。同一主族，自上往下，原子半径增加。（2）副族元素原子半径的递变规律。对于副族元素原子，同一周期自左往右，随着原子序数增加，各元素的最后一个电子填充在 $(n-1)$ 层上，由于次外层电子对外层电子屏蔽较强，所以有效核电荷数增加不明显。因而各元素原子半径随核电荷的增加缓慢减小。当次外层 d 轨道全充满时，由于 $(n-1)d^{10}$ 较大的屏蔽作用，而导致 I B 和 II B 的原子半径突然明显增大。同一族，自上而下，副族元素的原子半径缓慢增大。（3）镧系收缩。

关于第一电离能：（1）同一周期，自左往右，元素的 I_1 总体上由小变大，到稀有气体时达到最大值。但也出现一些特殊情况，这与电子处于全充满（s^2，p^6，d^{10}，f^{14}，…）和半充满（s^1，p^3，d^5，f^7，…）时结构较为稳定有关。如 $I_1(B) < I_1(Be)$，$I_1(O) < I_1(N)$ 等。（2）同一主族，自上往下，元素的 I_1 递减。（3）副族元素的电离能变化幅度小，且不规则。

关于电负性：（1）主族元素原子的电负性值呈现周期性变化。同一周期，从左往右，元素的电负性值逐渐增大；同一主族，自上往下，电负性值逐渐减小。（2）副族元素的电负性没有明显的变化规律。

关于金属性：元素的金属性和非金属性是指元素原子在化学反应中失去和得到电子的能力。通过电离能和电负性的数据，可以得到基本的规律：同一周期，自左往右，元素的金属性逐渐减弱，非金属性逐渐增强；同一主族，从上往下，元素的金属性逐渐增强，非金属性逐渐减弱。

（1）P 与 Ge 比较，以 Si 做参考：

　　　　　Si　　　P

　　　　　Ge

原子半径：Ge>Si，Si>P，所以 Ge>P。

电离势：Ge < Si，Si < P，所以 Ge < P。

电负性：Ge < Si，Si < P，所以 Ge < P。

金属性：Ge>Si，Si>P，所以 Ge>P。

（2）S、As 与 Se 比较：

　　　　　　　S

　　　　　As　　　Se

原子半径：Se>S，As>Se，所以 As>Se>S。

电离势：Se < S，As>Se，所以 Se < As < S。

电负性：Se < S，As < Se，所以 As < Se < S。

金属性：Se>S，As>Se，所以 As>Se>S。

7-18 元素周期表中最活泼的金属与非金属是哪一个，为什么？哪些数据可以支持你的结论？

答案：最活泼的金属是钫元素 Fr，最活泼的非金属是氟元素 F。

因为元素的金属性和非金属性是指元素原子在化学反应中失去和得到电子的能力，元素失去和得到电子的能力与元素的电离能、电子亲和能以及电负性有关。同一周期，自左往右，元素原子的电子亲和能的代数值越小或电负性越大，元素的金属性逐渐减弱，非金属性逐渐增强；同一主族，从上往下，元素原子的电离能越小或电负性越小，元素的金属性逐渐增强，非金属性逐渐减弱。所以，元素周期表中左下角与右上角元素分别是最活泼的金属与非金属元素。

【解析】 考察元素的金属性和非金属性规律。元素的金属性和非金属性是指元素原子在化学反应中失去和得到电子的能力。在化学反应中，某元素原子若容易失去电子而转变为阳离子，则其金属性就强；反之，若容易得到电子而转变为阴离子，则其非金属性强。元素失去和得到电子的能力与元素的电离能、电子亲和能以及电负性有关。元素原子的电离能越小或电负性越小，元素的金属性越强；元素原子的电子亲和能的代数值越小或电负性越大，元素的非金属性越强。同一周期，自左往右，元素的金属性逐渐减弱，非金属性逐渐增强；同一主族，从上往下，元素的金属性逐渐增强，非金属性逐渐减弱。所以，元素周期表中左下角与右上角元素分别是最活泼的金属与非金属元素。

7-19 已知某副族元素的 A 原子，电子最后填入 3d 轨道，元素的最高氧化数为+4；元素 B 的原子，电子最后填入 4p 轨道，元素的最高氧化数为+5，回答下列问题：

（1）写出 A、B 元素原子的电子排布式；

（2）指出 A、B 元素在元素周期表中的位置（周期、区、族）。

答案：（1）A：$[Ar]\,3d^24s^2$，B：$[Ar]\,3d^{10}4s^24p^3$；

（2）A 元素在元素周期表中的位置为第四周期，d 区，ⅣB 族；B 元素在元素周期表中的位置为第四周期，p 区，ⅤA 族。

【解析】 考察原子的电子结构与元素在元素周期表中位置的对应关系。A 原子的电子最后填入 3d 轨道，则能级低于 3d 轨道的原子轨道均填满，元素的最高氧化数为+4，所以 A 元素原子的电子排布式为 $1s^22s^22p^63s^23p^63d^24s^2$ 或 $[Ar]\,3d^24s^2$，在元素周期表中的位置为第四周期，d 区，ⅣB 族；B 原子的电子最后填入 4p 轨道，则低于 4p 能级的轨道均填满，且元素的最高氧化数为+5，所以 B 元素原子的电子排布式为 $1s^22s^22p^63s^23p^63d^{10}4s^24p^3$ 或 $[Ar]\,3d^{10}4s^24p^3$，在元素周期表中的位置为第四周期，p 区，ⅤA 族。

7-20 不参看元素周期表，试推测下列每对原子中哪一个原子具有较高的第一电离能和较大的电负性值：

（1）19 号和 29 号元素原子；

（2）37 号和 55 号元素原子；

（3）37 号和 38 号元素原子。

答案：（1）29 号元素具有较高的第一电离能 I_1 和较大的电负性值；

（2）37 号元素具有较高的第一电离能 I_1 和较大的电负性值；

（3）38 号元素具有较高的第一电离能 I_1 和较大的电负性值。

【解析】 考察原子核外电子排布以及元素周期律。

关于第一电离能：（1）同一周期，自左往右，元素的 I_1 总体上由小变大，到稀有气体时达到最大值。但也出现一些特殊情况，这与电子处于全充满（s^2，p^6，d^{10}，f^{14}，…）和半充满（s^1，p^3，d^5，f^7，…）时结构较为稳定有关。例如，$I_1(B) < I_1(Be)$，$I_1(O) < I_1(N)$ 等。（2）同一主族，自上往下，元素的 I_1 递减。（3）副族元素的电离能变化幅度小，且不规则。

　　关于电负性：（1）主族元素原子的电负性值呈现周期性变化。同一周期，从左往右，元素的电负性值逐渐增大；同一主族，自上往下，电负性值逐渐减小。（2）副族元素的电负性没有明显的变化规律。

　　（1）19 号元素原子的核外电子排布为 $[Ar]4s^1$，位于元素周期表的第四周期，第 I A 族；29 号元素原子的核外电子排布为 $[Ar]3d^{10}4s^1$，位于元素周期表的第四周期，第 I B 族。19 号和 29 号元素属于同一个周期元素，所以第一电离能 I_1 的大小为 I_1（19 号）小于 I_1（29 号），电负性 19 号元素小于 29 号元素。

　　（2）37 号元素原子的核外电子排布为 $[Kr]5s^1$，位于元素周期表的第五周期，第 I A 族；55 号元素原子的核外电子排布为 $[Xe]6s^1$，位于元素周期表的第六周期，第 I A 族。37 号和 55 号元素属于同一个主族元素，所以第一电离能 I_1 的大小为 I_1（37 号）大于 I_1（55 号），电负性 37 号元素大于 55 号元素。

　　（3）37 号元素原子的核外电子排布为 $[Kr]5s^1$，位于元素周期表的第五周期，第 I A 族；38 号元素原子的核外电子排布为 $[Kr]5s^2$，位于元素周期表的第五周期，第 II A 族。37 号和 38 号元素属于同一个周期元素，所以第一电离能 I_1 的大小为 I_1（37 号）小于 I_1（38 号），电负性 37 号元素小于 38 号元素。

8 分 子 结 构

8.1 知 识 概 要

本章主要内容涉及六个部分：

(1) 化学键参数：键离解能与键能、键长、键角、键矩和键的极性；

(2) 离子键：正、负离子之间的静电引力，离子键的特点；

(3) 共价键理论Ⅰ——现代价键理论：共价键的形成、现代价键理论的要点、共价键的类型、杂化轨道与分子几何构型、价层电子对互斥理论；

(4) 共价键理论Ⅱ——分子轨道理论：分子轨道的基本概念、分子轨道理论的要点、分子轨道能级、分子轨道理论的应用；

(5) 金属键理论：自由电子理论、能带理论；

(6) 分子间作用力：分子的极性和变形性、分子间力、氢键。

8.2 重点、难点

8.2.1 化学键参数

8.2.1.1 键离解能与键能

对于双原子分子来说，一定温度、标准态下，将 1mol 的气体分子 AB 断裂成 1mol 的气态原子 A 和 1mol 气态原子 B 所需要的能量，叫做 AB 键离解能，用符号 D 表示。

对于多原子分子，断裂气态分子中的某一化学键，形成两个气态"碎片"时所需的能量叫做分子中这个键的离解能。

键能是指一定温度标准态下，1mol 气态分子断裂成气态原子，每个键所需能量的平均值。键能用 E 表示，单位为 kJ/mol。

由此可见，对于多原子分子若某键不止一个，则该键键能为同种键键离解能的平均值。对于双原子分子来说，键能在数值上就等于键离解能。

键能越大，断裂该化学键所需的能量越多，键越牢固。

8.2.1.2 键长

分子内成键的两个原子核间的平衡距离，称为键长，用 L_b 表示，单位为 pm。

通常，两个原子之间形成的化学键越多、键长越短、键能越大、键越牢固。

8.2.1.3 键角

在多原子分子中，中心原子若同时与两个以上的原子成键，从中心原子的核到与它键合的原子的核连线称为键轴；每相邻两个键轴的夹角，称为键角。

8.2.1.4 键矩和键的极性

当分子中成键的两个原子的电负性不同时，共用电子对将偏向电负性较大的一方，键具有了极性。通常认为，电负性相差 $\Delta X = 1.7$ 的两种元素间形成的单键的离子性超过50%。当 $\Delta X > 1.7$ 时，以离子键为主，属于离子型化合物；当 $\Delta X < 1.7$ 时，以共价键为主，是共价型化合物。

键的极性大小可以用键矩来衡量，用 $\boldsymbol{\mu}$ 表示。定义：$\boldsymbol{\mu} = q \cdot l$，式中 q 为电量，l 为两个原子的核间距，即键长。$\boldsymbol{\mu}$ 的单位为库仑·米（C·m）。键矩是矢量，方向是从正电荷指向负电荷。

8.2.2 离子键

对于电负性相差较大的两种元素，它们的原子通过电子转移形成正、负离子，正、负离子依靠相互吸引而产生的化学作用力称为离子键，所形成的化合物称为离子化合物。

离子键的本质是静电引力，根据库仑定律：

$$f = k \frac{q_+ q_-}{(r_+ + r_-)^2}$$

可知，正负离子所带的电荷 q_+ 与 q_- 越高，正负离子的核间距（$r_+ + r_-$）越小，引力 f 越大，离子键的强度将越大。

离子键的特征是没有方向性和饱和性。

8.2.3 共价键理论 I ——现代价键理论（VB 法）

8.2.3.1 现代价键理论

A 共价键的形成

两原子自旋相反的单电子配对，原子轨道重叠，电子在两核之间出现的概率密度增大，能量降低，形成共价键。

共价键的特征是具有方向性和饱和性。

形成现代价键理论，基本要点如下：

（1）电子配对成键；

（2）原子轨道最大重叠原理；

（3）原子轨道对称性匹配。

B 共价键的类型

（1）σ 键。原子轨道沿着核间连线的方向以"头碰头"的方式进行重叠，形成的键称为 σ 键。σ 键相对于键轴（核间连线）具有圆柱形对称性，重叠程度大，键强且较稳定。

（2）π 键。原子轨道在核间连线的两侧以"肩并肩"的方式同号进行重叠，形成的键称为 π 键。在 π 键中，原子轨道重叠部分相对于键轴所在的某一特定平面具有反对称性（形状相同，符号相反）。

（3）δ 键。两个对称性相匹配的原子轨道以"面对面"的方式重叠形成的键称为 δ 键，δ 键沿两个通过键轴的节面对称分布。

（4）配位键。共用电子对是由一个原子单方面提供，另一个原子提供空轨道，这一类共价键叫做配位共价键，简称配位键。常用"→"表示配位键，箭头的方向是由提供电子对的原子指向接受电子对的原子。

8.2.3.2　杂化轨道理论

A　杂化轨道与分子几何构型

原子轨道的杂化遵循下列原则：

（1）能量相近原则：参与形成杂化轨道的原子轨道在能量上必须相近。

（2）轨道数目守恒原则：杂化轨道的数目和参与杂化的原子轨道的数目相等。

（3）能量重新分配原则：杂化后的杂化轨道的能量相等。

（4）杂化轨道对称性分布原则：杂化后的原子轨道在球形空间内尽量呈对称分布。

（5）最大重叠原则：为了形成最为稳定的化学键，杂化轨道都是用大头部分和成键原子轨道进行重叠。

B　常见杂化类型与杂化轨道空间取向的关系

不同的杂化轨道类型，分子的空间构型也不同，见表8-1。

表 8-1　常见杂化类型与杂化轨道空间取向的关系

杂化类型	杂化轨道几何构型	杂化轨道中孤电子对数	分子几何构型	实例	键角
sp	直线形	0	直线形	$HgCl_2$	180°
sp^2	正三角形	0	正三角形	BF_3	120°
sp^3	四面体	0	正四面体	CH_4	109°28′
不等性 sp^3	四面体	1	三角锥体	NH_3	107°18′
不等性 sp^3	四面体	2	V 形	H_2O	104°45′
sp^3d	三角双锥体	0	三角双锥体	PCl_5	90°，120°，180°
sp^3d^2	八面体	0	八面体	SF_6	90°，180°

8.2.3.3　价层电子对互斥理论（VSEPR 法）

（1）多原子共价型分子或原子团的几何构型，决定于中心原子的价层电子对数。

（2）价层电子对尽可能彼此远离以减小排斥力，满足排斥力最小原则。

电子对间的夹角越小，排斥力越大，不同夹角斥力的大小顺序为：30° > 60° > 90°>120°。

价层电子对的排斥力大小还与价层电子对的类型有关，斥力大小的一般规律如下：孤对电子-孤对电子>孤对电子-成键电子对>成键电子对-成键电子对。

（3）应用 VSEPR 法判断分子构型的一般原则如下：

1）确定中心原子的价层电子对数。根据 VSEPR 理论，中心原子的价层电子对数等于中心原子的价电子数与配位原子提供的价电子数之和的一半。若计算中出现小数，则作整数 1 计，如 9/2＝4.5，取 5。

值得注意的是，氧族原子作配位原子时，不提供电子，但氧族原子作中心原子时，价电子数为 6。正、负离子的价电子数等于中心原子的价电子数相应地减去或加上所带的电荷数。

2）根据成键电子对和孤对电子的数目，确定中心原子价电子构型和分子的空间构型，见表8-2。

表 8-2　中心原子价层电子对的排列方式与分子的几何构型

A 的电子对数	成键电子对数	孤电子对数	价层电子对的理想几何构型	中心原子 A 价层电子对的排列方式	分子的几何构型实例
2	2	0	直线形		BeH_2 $HgCl_2$（直线形） CO_2
3	3	0	平面正三角形		BF_3 （平面三角形） BCl_3
	2	1	三角形		$SnBr_2$ （V 形） $PbCl_2$
4	4	0	四面体		CH_4 （四面体） CCl_4
	3	1	四面体		NH_3（三角锥体）
	2	2	四面体		H_2O（V 形）
5	5	0	三角双锥体		PCl_5（三角双锥体）
	3	2	三角双锥体		ClF_3（T 形）

A 的电子对数	成键电子对数	孤电子对数	价层电子对的理想几何构型	中心原子 A 价层电子对的排列方式	分子的几何构型实例
6	6	0	八面体		SF_6（八面体）
	5	1	八面体		IF_5（四角锥）
	4	2	八面体		ICl_4^-（平面正方形）XeF_4

用价层电子对互斥理论推断出分子几何构型后，可用杂化轨道理论解释其成键情况。

8.2.4 共价键理论 II——分子轨道理论（MO 法）

（1）分子中电子运动状态的波函数 ψ 称为分子轨道。分子轨道由能量相近的原子轨道线性组合而成，分子轨道的数目等于组成分子的各原子的原子轨道数目之和。原子轨道用光谱符号 s，p，d，f，…表示，分子轨道用对称符号 σ，π，δ，…表示，并编以序号 1，2，3 加以区分。

在组成的分子轨道中，两个原子轨道相加重叠而构成的分子轨道 Ψ_I，称为成键分子轨道；两个原子轨道相减重叠而构成的分子轨道 Ψ_{II}，称为反键分子轨道；有时还存在未参与成键的分子轨道，称为非键轨道。

（2）由原子轨道组合成分子轨道时，必须满足能量相近、轨道最大重叠和对称性匹配三项原则。

1）能量相近原则：只有能量相近的两个原子轨道才能有效组合成两个分子轨道。两个原子轨道能量越相近，则所构成的成键分子轨道的能量越低于其中能量较低的原子轨道，而反键分子轨道的能量越高于能量较高的原子轨道。

2）原子轨道最大重叠原则：参与成键的原子轨道的波函数 ψ 符号相同的部分重叠越多，成键的分子轨道能量越低越稳定。

3）对称性匹配原则：只有对称性匹配的原子轨道相互重叠才能满足原子轨道的最大重叠。

（3）电子在分子轨道上的排布遵循能量最低原理、泡利不相容原理和洪特规则。

（4）键级。键级是衡量化学键强弱的参数，在价键理论中用键的数目表示，在分子轨道理论中用成键轨道电子数与反键轨道电子数之差的一半表示。键级为零，意味着原子间不能形成稳定分子；键级越大，键越强，键长越短。

（5）同核双原子分子轨道能级，第一、二周期同核双原子分子的轨道能级顺序如图8-1所示。

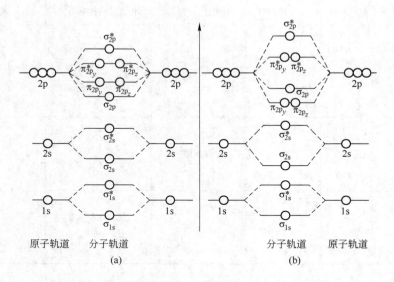

图 8-1　同核双原子分子轨道相对能级示意图

（a）2s 和 2p 能级相差较大；（b）2s 和 2p 能级相差较小

其中，图 8-1（a）适用于 O_2、F_2、Ne_2，图 8-1（b）适用于第一、二周期的其他同核双原子分子。

（6）异核双原子分子轨道能级。以 HF 为例，其分子轨道示意图如图 8-2 所示。

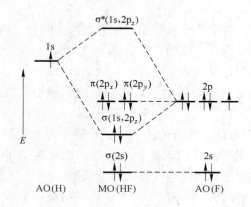

图 8-2　HF 的分子轨道示意图

8.2.5　金属键理论

8.2.5.1　自由电子理论

自由电子理论认为，在固体金属中，金属原子容易释放出价电子而成为正离子，释放出的价电子可脱离原子，在整个晶格中自由运动，正是这些自由流动的价电子把许多金属原子和离子"黏合"在一起，形成金属键。金属键属于离域键，金属键既无方向性，也无饱和性。

8.2.5.2　能带理论

能带理论的基本要点是：

（1）在金属晶格中原子十分靠近，多个原子的价层轨道可以组成许多分子轨道，n 个原子轨道可组成 n 个分子轨道，其中包括成键轨道、非键轨道和反键轨道。

（2）随着金属中原子数目的增多，许多轨道的能级间隔缩小，形成一个几乎连成一片且有一定上、下的能级，这就是能带。

（3）按照组成能带的原子轨道以及电子在能带中的分布，可分为满带、导带和禁带等多种能带。

满带：充满电子的低能量能带叫做满带。由于能带内所含分子轨道数和参和组合的原子轨道数相同，且每个分子轨道最多容纳 2 个电子。所以，若参与组合的原子轨道完全为电子所充满，则组合成的分子轨道群也必然为电子所充满，成为满带。例如，金属 Li 的 1s 能带是满带。

导带：在金属 Li 中，由 n 个 2s 轨道构成的能带，电子仅为半充满，其中 $n/2$ 个 σ_{2s} 轨道均占满电子，另外 $n/2$ 个 σ_{2s}^* 轨道全空，电子很容易从 σ_{2s} 轨道跃迁到 σ_{2s}^* 轨道，使 Li 具有良好的导电性能，这种由未充满电子的原子轨道所形成的较高能量的能带叫做导带。

禁带：在满带和导带之间是电子的禁止区，称为禁带，禁带是从满带顶到导带底之间的能量差。如果禁带不太宽，电子获得能量后，可以从满带越过禁带而跃迁到导带；如果禁带太宽，电子跃迁很困难，甚至无法实现。

（4）金属中相邻的能带有时可以重叠。例如，金属 Mg（$1s^2 2s^2 2p^6 3s^2$）晶体内 3p 能带中理应没有电子为空带，3s 能带为满带，这样 Mg 几乎不具有导电性，这显然与事实相违背。实验表明，金属 Mg 晶体中，由于 3s 与 3p 原子轨道能量差较小，3s 能带和 3p 能带间可发生重叠，即 3s 与 3p 能带间没有带隙，3s 能带上的电子很容易激发到 3p 能带，使得 Mg 同样具有金属的一般物理性质。

金属晶体内原子的外层轨道所形成的能带重叠现象十分普遍。除 Mg 外，Be、Na、Al 等金属的 3s 和 3p 能带都有重叠现象，过渡金属如 Cu 的 3d 与 4s、4s 与 4p 能带也都是重叠的。

（5）根据能带结构中禁带宽度和能带中电子填充情况，可把物质分为导体、绝缘体和半导体。固体材料中全空的导带称为空带。一般金属导体的导带是未充满的。绝缘体的满带与空带之间的禁带很宽，其能量间隔 ΔE 超过 3eV（0.48×10^{-18} J），电子难以借热运动跃过禁带进入空带，例如金刚石为绝缘体，其禁带宽达 5.3eV。当禁带宽度在 1eV 左右时，便属于半导体，例如 Si 和 Ge 均为半导体，它们的禁带宽度分别为 1.12eV 和 0.67eV。

8.2.6　分子间作用力

8.2.6.1　分子间力

分子间作用力有三种类型：取向力、诱导力、色散力。

　　极性分子相互靠近时，由于分子固有偶极之间同极相斥、异极相吸，使得分子在空间取向排列。固有偶极与固有偶极之间的作用力叫做取向力。

　　极性分子与非极性分子相遇时，极性分子的固有偶极产生的电场作用力使非极性分子的电子云发生变形，产生诱导偶极。固有偶极与诱导偶极进一步相互作用，这种作用力叫做诱导力。

　　由于分子中的电子和原子核都在不断运动，使得电子云与原子核之间发生瞬时的相对位移，产生瞬时偶极。瞬时偶极与瞬时偶极之间的作用力，叫做色散力。

　　色散力与分子的变形性有关，分子的变形性越大，色散力越大。

　　在非极性分子之间存在着色散力；在非极性分子和极性分子之间存在色散力和诱导力；在极性分子之间存在色散力、诱导力和取向力。

　　分子间力的本质是一种电性引力，所以它既无方向性又无饱和性。

　　分子间力对物质物理性质的影响是多方面的。液态物质，分子间力越大，汽化热越大，沸点越高；固态物质，分子间力越大，熔化热越大，熔点越高。一般说来，结构相似的同系列物质，相对分子质量越大，分子变形性越大，分子间力越强，熔、沸点越高。

8.2.6.2　氢键

　　氢键是指分子中与电负性很大的原子（X）以共价键相连的 H 原子，由于 X 原子强烈吸引价电子，致使 H 原子带上部分正电荷，与另一分子中电负性很大的原子 Y 之间形成一种弱键作用力，表示为：X–H⋯Y。氢键的键长通常指 X、Y 原子之间的距离。

　　氢键远比化学键弱，比分子间力稍强，氢键具有方向性和饱和性。

　　氢键有分子间氢键和分子内氢键。

8.3　典　型　例　题

　　【例 8-1】　CH_4、H_2O、NH_3 分子中键角最大的是哪种分子，键角最小的是哪种分子，为什么？

　　答案：键角最大的是 CH_4（$109°28'$），键角最小的是 H_2O（$104°45'$）。CH_4 中 C 采取等性的 sp^3 杂化，分子呈正四面体构型，键角为 $109°28'$。H_2O 和 NH_3 分子中的 O、N 采用不等性 sp^3 杂化。对于 NH_3 分子中的 N 原子上有 1 对孤对电子对占据一个杂化轨道，H_2O 分子中的 O 原子上有 2 对孤电子对占据两个杂化轨道，H_2O 分子中的孤电子对的数量多，孤电子对对成键电子云的排斥力大于 NH_3 分子中的孤电子对对成键电子云的排斥力，使键角发生较大的改变，所以 H_2O 分子中的键角（$104°45'$）小于 NH_3 分子中的键角（$107°18'$）。

　　【例 8-2】　乙烯（$H_2C=CH_2$）分子中，两个 C 原子之间成双键。试以 C 作为中心，用价层电子对互斥理论判断其空间构型，并用杂化轨道理论解释其成键情况。

　　答案：乙烯分子以左 C 为中心，将其归为 AB_n 型分子，中心 C 原子的 s 电子和 p 电子之和为 4，两个 H 配体提供的电子数为 2，配体 CH_2 与中心 C 原子成双键提供的电子数为 2，故价层电子总数为 8，则电子对数为 4。因有非ⅥA 族配体 CH_2 与中心 C 原子之间成双键而使价层电子对数减 1，故为 3 对，共有 3 个配体，所以乙烯分子以左 C 为中心呈平面三角形。

价层电子对数为 3，中心 C 原子的轨道应为 sp^2 杂化，如下图：

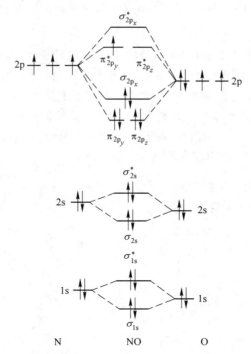

乙烯分子中 C 的 sp^2 杂化和双键的形成

3 条能量相同的 sp^2 杂化轨道中，各有一个单电子，与 H 之间的 C—H 键形成 σ 键，与右侧的 C 之间 C—C 键是 sp^2-sp^2 轨道重叠，形成一个 σ 键，两个 C 原子中未参加杂化的 p_z 轨道，垂直于乙烯分子平面，相互平行，两个 p_z 之间成 π 键，故乙烯中有 C ═C 双键存在。

【例 8-3】 试画出 NO 的分子轨道图，写出电子排布式，指出它的键级和磁性。

答案：NO 分子的电子排布式为：$KK(\sigma_{2s})^2(\sigma_{2s}^*)^2(\pi_{2p_y})^2(\pi_{2p_z})^2(\sigma_{2p_x})^2(\pi_{2p_y}^*)^1$。

NO 的分子轨道图如下：

NO 分子的键级为 2.5，具有顺磁性。

【例 8-4】 用分子间力说明以下事实：

(1) 常温下是 F_2、Cl_2 气体，Br_2 是液体，I_2 是固体。

(2) HBr 的沸点比 HCl 高，但又比 HF 的低。

(3) 为什么室温下 CCl_4 是液体，CH_4 和 CF_4 是气体，而 CI_4 是固体？

答案：(1) F_2、Cl_2、Br_2、I_2 均为非极性分子，分子间力是色散力。随着相对分子质量的增加，分子变形性增大，色散力增强。

(2) HBr 的分子间力比 HCl 大，所以 HBr 的沸点比 HCl 高；而 HF 的分子间还能成氢键，所以 HBr 的沸点又比 HF 的低。

（3）CCl_4、CH_4、CF_4、CI_4 均为非极性分子，分子间力是色散力。随着相对分子质量的增加，分子变形性增大，色散力增强。

8.4 课后习题及解答

8-1 C—C、N—N 和 N—Cl 键的键长分别为 154pm、145pm 和 175pm。试粗略估计 C—Cl 键的键长。

答案：C 的原子半径约为：$154 \div 2 = 77pm$；

N 的原子半径约为：$145 \div 2 = 72.5pm$；

Cl 的原子半径约为：$175 - 72.5 = 102.5pm$；

则 C—Cl 键的键长约为：$77 + 102.5 = 179.5pm$。

【解析】 考察键长的基本概念。分子内成键的两个原子核间的平衡距离，称为键长，用 L_b 表示，单位为 pm。两个原子之间所形成的共价单键的键长等于两个原子的共价半径之和。

8-2 已知 H—F、H—Cl、H—Bi 及 H—I 键的键能分别为 569kJ/mol、431kJ/mol、366kJ/mol 及 299kJ/mol，试比较 HF、HCl、HBr 及 HI 气体分子的热稳定性。

答案：这些分子的热稳定性顺序为 HF>HCl>HBr>HI。

【解析】 考察键能的基本概念。键能是指一定温度标准态下，1mol 气态分子断裂成气态原子，每个键所需能量的平均值。键能用 E 表示，单位为 kJ/mol。键能越大，断裂该化学键所需的能量越多，键越牢固，物质越稳定。

8-3 写出下列分子的分子结构式并指明 σ 键和 π 键：

HClO；BBr_3；C_2H_2；C_2H_4；CS_2

答案：

【解析】考察 σ 键和 π 键的基本概念。原子轨道沿着核间联线的方向以"头碰头"的方式进行重叠，形成的键叫做 σ 键。原子轨道在核间联线的两侧以"肩并肩"的方式同号进行重叠，称为 π 重叠，形成的键叫做 π 键。

8-4 指出下列分子或离子中的共价键哪些是由成键原子的未成对电子直接配对成键，哪些是由电子激发后配对成键，哪些是配位共价键？

PH_3；NH_4^+；$[Cu(NH_3)_4]^{2+}$；AsF_5；PCl_5

答案： 由成键原子的未成对电子直接配对成键的是：PH_3；

由电子激发后配对成键：AsF_5、PCl_5；

配位共价键：NH_4^+、$[Cu(NH_3)_4]^{2+}$。

【解析】考察分子中化学键的成键过程，以及化学键类型。

8-5 根据电负性数据，在下列各对化合物中，判断哪一种化合物内键的极性相对较强？

（1）ZnO 与 ZnS；（2）NH_3 与 NF_3；（3）AsH_3 与 NH_3；（4）H_2O 与 OF_2；（5）IBr 与 ICl。

答案：（1）ZnO>ZnS；（2）$NH_3 < NF_3$；（3）$AsH_3 < NH_3$；（4）$H_2O>OF_2$；（5）IBr<ICl

【解析】考察键的极性与成键原子电负性之间的关系，键的极性与成键的两种元素的电负性有关。成键的两种元素的电负性差值越大，元素原子间越容易发生电子转移，键的极性越大。可以根据查表得到的电负性值，计算成键的两种元素的电负性差值；也可根据电负性的元素周期律，判断不同元素的电负性大小。例如，ZnO 与 ZnS，O 的电负性大于 S，故与 Zn 成键后键的极性 ZnO>ZnS。

8-6 预测 CO、CO_2 和 CO_3^{2-} 中 C—O 键的长度顺序。

答案： $CO<CO_2<CO_3^{2-}$。

【解析】一般情况下，三键的键长 < 双键的键长 < 单键的键长。CO 中为 C≡O，其中一个键为配位键；CO_2 为 O═C═O；CO_3^{2-} 为 $\left[\begin{array}{c} O \\ O≡C \\ O \end{array} \right]^{2-}$，其中存在四中心六电子的离域大 Π 键。

8-7 实验测定 BF_3 分子中，B—F 键的键长为 130pm，比理论 B—F 单键键长 152pm 短，试加以解释。

答案： 在 BF_3 分子中，B 的三个价电子分别与 F 形成三个 σ 键，B 的空 p 轨道与三个 F 的三个 p 轨道形成大 Π 键，其中共有 6 个电子，即 Π_4^6。因此，BF_3 中 B—F 键的键级大于 1，即 $1\sigma + \frac{1}{3}\Pi_4^6$，故 BF_3 分子中，B—F 键的键长为 130pm。

【解析】考察键级的概念理解，键级越大，键越强，键长越短。

8-8 按照键的极性由强到弱的顺序排列下列物质：

O_2；H_2S；H_2O；H_2Se；Na_2S

答案：键的极性由强到弱的顺序：$Na_2S>H_2O>H_2S>H_2Se>O_2$。

【解析】 考察共价键的形成原因以及键的极性判断。键的极性与成键原子电负性之间的关系，键的极性与成键的两种元素的电负性有关。成键的两种元素的电负性差值越大，元素原子间越容易发生电子转移，键的极性越大。

8-9 用杂化轨道理论解释为什么 BF_3 是平面三角形分子，而 NF_3 是三角锥形分子?

答案：在 BF_3 分子中，B 的价电子结构式为 $2s^2 2p^1$，形成分子时进行 sp^2 杂化，三个 sp^2 杂化轨道分别与 3 个 F 原子的 p 轨道电子成键，故 BF_3 是平面三角形。在 NF_3 分子中，N 的价电子结构式为 $2s^2 2p^3$，形成分子时进行不等性 sp^3 杂化，其中一个 sp^3 杂化轨道为孤对电子占有，另外三个轨道分别与 3 个 F 原子的 p 轨道电子成键，故 NF_3 是三角锥形分子。

【解析】 考察利用杂化轨道理论解释已知分子的构型，见表 8-3。

表 8-3 常见 s 轨道和 p 轨道的杂化方式

杂化类型	sp	sp^2	sp^3	不等性 sp^3	
杂化轨道几何构型	直线形	正三角形	四面体		
杂化轨道中孤电子对数	0	0	0	1	2
分子几何构型	直线形	正三角形	正四面体	三角锥形	V 形
实例	$HgCl_2$	BF_3	CH_4	NH_3	H_2O
键角	180°	120°	109°28′	107°18′	104°45′

8-10 试用杂化轨道理论，说明下列分子的中心原子可能采取的杂化类型，并预测其分子或离子的几何构型：

BBr_3；PH_3；H_2S；$SiCl_4$；CO_2

答案：见下表：

BBr_3	B 的杂化类型为 sp^2 杂化	分子的几何构型为平面三角形
PH_3	P 的杂化类型为 sp^3 不等性杂化	分子的几何构型为三角锥形
H_2S	S 的杂化类型为 sp^3 不等性杂化	分子的几何构型为 V 字形
$SiCl_4$	Si 的杂化类型为 sp^3 等性杂化	分子的几何构型为正四面体
CO_2	C 的杂化类型为 sp 杂化	分子的几何构型为直线形

【解析】 考察利用杂化轨道理论解释分子的构型。

8-11 用价层电子对互斥理论，判断下列分子或离子的空间构型：

BCl_3；NH_4^+；PCl_5；H_2O；I_3^-；ICl_4^-；ClO_2^-；PO_4^{3-}；$NOCl$；$POCl_3$；CO_2；SO_2

答案：见下表：

分子或离子	价电子对数	成键电子对	孤对电子对数	分子构型
BCl_3	3	3	0	平面正三角形
NH_4^+	4	4	0	正四面体
PCl_5	5	5	0	三角双锥形

续表

分子或离子	价电子对数	成键电子对	孤对电子对数	分子构型
H_2O	4	2	2	V 形
I_3^-	5	2	3	直线型
ICl_4^-	6	4	2	正方形
ClO_2^-	4	2	2	V 形
PO_4^{3-}	4	4	0	正四面体
$NOCl$	4	2	1	V 形
$POCl_3$	4	4	0	四面体
CO_2	2	2	0	直线形
SO_2	3	2	1	V 形

【解析】考察价层电子对互斥理论预测分子的空间构型，见表 8-2。

8-12 SiF_4、SF_4、XeF_4 都是 AF_4 的分子组成，但它们的分子几何构型都不同，试用杂化轨道理论和价层电子对互斥理论说明每种分子的构型并解释其原因。

答案：根据价层电子对互斥理论可以推测各分子的构型如下：

分子	价电子对数	孤对电子对数	分子构型
SiF_4	4	0	正四面体
SF_4	5	1	变形四面体
XeF_4	6	2	平面正方形

根据杂化轨道理论，可以按照分子的空间构型，判断杂化轨道类型如下：

分子	杂化类型
SiF_4	等性的 sp^3 杂化
SF_4	sp^3d 杂化
XeF_4	sp^3d^2 杂化

【解析】考察价层电子对互斥理论，预测分子的空间构型以及利用杂化轨道理论解释分子的空间构型。

8-13 画出下列同核双原子分子的分子轨道图，并计算键级，判断分子的稳定性次序及分子的磁性：

H_2；He_2；Li_2；Be_2；B_2；C_2；N_2；O_2；F_2

答案：H_2：键级 1，稳定，反磁性

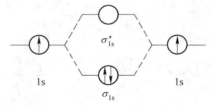

He$_2$：键级 0，不存在

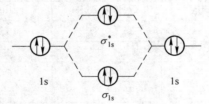

Li$_2$：键级 1，稳定，反磁性

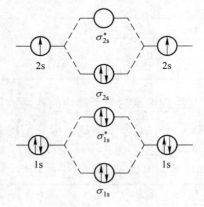

Be$_2$：键级 0，不存在

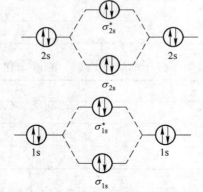

B$_2$：键级 1，稳定，顺磁性

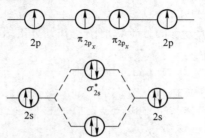

C$_2$：键级 2，稳定，反磁性

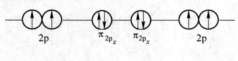

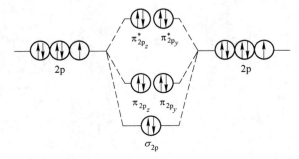

N_2：键级 3，稳定，反磁性

O_2：键级 2，稳定，顺磁性

F_2：键级 1，稳定，反磁性

【解析】对于 O_2 和 F_2 来说，其轨道能级示意如图 8-1（a）所示（同核双原子分子轨道相对能级示意图），分子中分子轨道的 σ_{2p} 能量比 π_{2p} 的能量稍微低些。对于第一、二周期元素组成的多数同核双原子分子（O_2 和 F_2）来说，其分子轨道的能级次序如图 8-1（b）所示。

键级是衡量化学键强弱的参数，在价键理论中，用键的数目来表示；在分子轨道理论中用成键轨道的电子数与反键轨道的电子数之差的一半来表示。

8-14 根据分子轨道理论说明：

（1）He_2 分子不存在；

（2）N_2 分子很稳定且具有反磁性；

（3）O_2^- 具有顺磁性。

答案：（1）He_2 的分子轨道表示为 $(\sigma_{1s})^2(\sigma_{1s}^*)^2$，净成键电子数为 0，所以 He_2 分子不存在。

（2）N_2 分子轨道表示式为 $(\sigma_{1s})^2(\sigma_{1s}^*)^2(\sigma_{2s})^2(\sigma_{2s}^*)^2(\pi_{2p_y})^2(\pi_{2p_z})^2(\sigma_{2p_x})^2$，形成一个 σ 键，两个 π 键，所以 N_2 分子很稳定，并且电子均已配对，因而具有反磁性。

（3）O_2^- 的分子轨道表示式为 $(\sigma_{1s})^2(\sigma_{1s}^*)^2(\sigma_{2s})^2(\sigma_{2s}^*)^2(\sigma_{2p_x})^2(\pi_{2p_y})^2(\pi_{2p_z})^2(\pi_{2p_y}^*)^2(\pi_{2p_z}^*)^1$，形成一个三电子 π 键，所以 O_2 具有顺磁性。

【解析】含有未成对电子的分子，在外磁场中会顺着磁场方向排列，分子的这一性质叫做顺磁性，具有这种性质的分子叫做顺磁性分子。反之，电子完全配对的分子具有反磁性。

8-15 画出 NO 的分子轨道图，计算键级，并比较 NO^+、NO 和 NO^- 的稳定性。

答案：见下图：

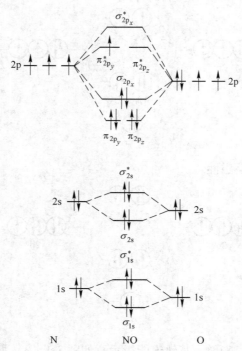

项 目	NO^+	NO	NO^-
键级	3	2.5	2
稳定性		$NO^+ > NO > NO^-$	

【解析】考察异核双原子分子的轨道能级以及能级的计算，判断分子结构的稳定性。

8-16 写出 O_2^{2-}、O_2^-、O_2、O_2^+ 分子或离子的分子轨道式，并判断它们的稳定性次序。

答案：O_2^{2-}（18e）：$(\sigma_{1s})^2(\sigma_{1s}^*)^2(\sigma_{2s})^2(\sigma_{2s}^*)^2(\sigma_{2p_x})^2(\pi_{2p_y})^2(\pi_{2p_z})^2(\pi_{2p_y}^*)^2$

$(\pi^*_{2p_z})^2$，键级 1；

O_2^-（17e）：$(\sigma_{1s})^2(\sigma^*_{1s})^2(\sigma_{2s})^2(\sigma^*_{2s})^2(\sigma_{2p_x})^2(\pi_{2p_y})^2(\pi_{2p_z})^2(\pi^*_{2p_y})^2$ $(\pi^*_{2p_z})^1$，键级 1.5；

O_2（16e）：$(\sigma_{1s})^2(\sigma^*_{1s})^2(\sigma_{2s})^2(\sigma^*_{2s})^2(\sigma_{2p_x})^2(\pi_{2p_y})^2(\pi_{2p_z})^2(\pi^*_{2p_y})^1(\pi^*_{2p_z})^1$，键级 2；

O_2^+（15e）：$(\sigma_{1s})^2(\sigma^*_{1s})^2(\sigma_{2s})^2(\sigma^*_{2s})^2(\sigma_{2p_x})^2(\pi_{2p_y})^2(\pi_{2p_z})^2(\pi^*_{2p_y})^1$，键级 2.5。

所以稳定性顺序：$O_2^{2-}<O_2^-<O_2<O_2^+$。

【解析】 考察分子结构的稳定性。

8-17 根据键的极性和分子的几何构型，判断下列分子哪些是极性分子，哪些是非极性分子？

Ne；Br_2；HF；NO；H_2S（V 形）；CS_2（直线形）；$CHCl_3$（四面体）；CCl_4（正四面体）；BF_3（正三角形）；NF_3（三角锥形）

答案：极性分子：HF、NO、H_2S、$CHCl_3$、NF_3；

非极性分子：Ne、Br_2、CS_2、CCl_4、BF_3。

【解析】 考察分子的极性判断。

8-18 判断下列各组分子之间存在何种形式的分子间作用力：

（1）苯和CCl_4；（2）氨和水；（3）CO_2气体；（4）HBr 气体；（5）甲醇和水。

答案：（1）苯和CCl_4：色散力；

（2）氨和水：色散力、诱导力、取向力、氢键；

（3）CO_2气体：色散力；

（4）HBr 气体：色散力、诱导力、取向力；

（5）甲醇和水：色散力、诱导力、取向力、氢键。

【解析】 考察分子间力的概念理解。

8-19 解释稀有气体的熔、沸点变化规律：

稀有气体	He	Ne	Ar	Kr	Xe	Rn
熔点/K	1	24	84	116	161	202
沸点/K	4	27	87	120	165	211

答案：稀有气体是单原子分子，分子间的作用力主要为色散力，色散力的大小取决于分子的变形性。一般相对分子质量越大，色散力越大，分子间结合力越大，所以熔、沸点升高。

【解析】 考察分子间力对物质熔、沸点的影响。

8-20 下列化合物中哪些存在氢键？如果存在氢键，是分子内氢键还是分子间氢键？

C_6H_6；NH_3；C_2H_6；邻羟基苯甲醛；间硝基苯甲醛；对硝基苯甲醛；固体硼酸

答案：见下表：

C$_6$H$_6$	不存在氢键	NH$_3$	分子间氢键
C$_2$H$_6$	不存在氢键	邻羟基苯甲醛	分子内氢键
间硝基苯甲醛	不存在氢键	对硝基苯甲醛	不存在氢键
固体硼酸	分子间氢键		

【解析】考察氢键的形成条件以及氢键的类型。氢键的类型包括分子内氢键和分子间氢键。

$\boldsymbol{9}$ 晶 体 结 构

9.1 知 识 概 要

本章主要内容涉及五个部分：

（1）晶体与非晶体：晶格、晶胞、晶体的类型与性质；

（2）离子晶体：离子晶体的三种典型构型、离子晶体的特征、离子的配位数和半径比规则、离子晶体的稳定性、离子极化；

（3）金属晶体：金属原子的密堆积有三种基本类型；

（4）原子晶体和分子晶体：原子晶体和分子晶体的特点；

（5）混合型晶体。

9.2 重点、难点

9.2.1 晶体和非晶体

9.2.1.1 晶体和非晶体的特点

（1）晶体和非晶体。固体可分为晶体和非晶体两种，晶体是由粒子（原子、分子或粒子）在空间按照一定规律排列而成，非晶体是由粒子无规则排列构成。晶体具有规则的几何外形、固定的熔点、各向异性等宏观特征。

（2）晶格。晶体内部的粒子在空间成周期性排列，如果把晶体中规则排列的粒子抽象为几何点，称为结点；将结点沿着一定方向按某种规则联结起来，可以得到描述各种晶体内部结构的几何图像，叫做晶格。

（3）晶胞。在晶格中能够表现其结构一切特征的最小结构单元称为晶胞。晶胞在三维空间的无限重复构成晶格。通过研究晶胞可获知整个晶体的结构特征。晶胞是平行六面体，可以用 3 条互不平行的棱 a、b、c 和各棱之间的夹角 α、β、γ 表示，a、b、c 和 α、β、γ 称作晶胞常数。根据 a、b、c 和 α、β、γ 之间的关系可以分为 7 种晶系。每种晶系可能又有简单、体心、面心和底心之分，这样共有 14 种晶格。

9.2.1.2 晶体类型与性质

根据晶格结点上微粒及微粒间作用力的不同，可把晶体分为四类：离子晶体、原子晶体、分子晶体和金属晶体。晶体类型不同，其物理性质就不同。这四种晶体的内部结构及性质特征总结见表 9-1。

除了四种基本晶体类型，晶体内部可能同时存在两种及以上不同的相互作用力，从而具有不同种晶体的混合的结构和性质，这类晶体称为混合型晶体。

表 9-1　四种典型晶体的内部结构和性质特征

晶体类型	离子晶体	原子晶体	分 子 晶 体		金属晶体
晶格结点上的微粒	阴、阳离子	原子	极性分子	非极性分子	金属原子、金属阳离子
微粒间作用力	离子键	共价键	分子间力、氢键	分子间力	金属键
晶体性质特征	熔点较高、略硬、脆、固态不导电，熔融态或溶于水导电，易溶于极性溶剂	熔点高、硬度大、非导体	熔点低、硬度小、易挥发、水溶液导电、易溶于极性溶剂	熔点低、硬度小、易挥发、非导体、易溶于非极性溶剂	导电性、导热性、延展性
实例	活泼金属氧化物及盐	金刚石、单质 Si、SiC、BN、SiO$_2$	HCl、NH$_3$	CO$_2$、H$_2$、稀有气体	金属或合金

9.2.2　离子晶体

9.2.2.1　离子晶体的三种典型构型

对于 AB 型离子晶体（只含有一种阳离子和阴离子，且电荷数相同）来说，包含三种典型的结构类型：CsCl 型、NaCl 型和立方 ZnS 型。

（1）CsCl 型。负离子占据立方体的八个顶点，正离子处于立方体的体心。正、负离子的配位数比为 8：8，TlCl、CsBr、CsI 都属于此类型。

（2）NaCl 型。负离子以面心立方方式排列，正离子填充在负离子形成的全部八面体空隙中，正、负离子的配位数比为 6：6。碱金属（Cs 除外）卤化物，Ag 的卤化物（AgI 除外）及碱土金属（Be 除外）氧化物和硫化物等均属于 NaCl 型。

（3）立方 ZnS 型。负离子以面心立方方式排列，正离子占据一半四面体空隙中。正、负离子的配位数比为 4：4，属于立方 ZnS 型的晶体有 AgI、BeO 以及 Zn、Cd、Hg 与 S、Se、Te 间形成的晶体等。

9.2.2.2　离子的配位数和半径比规则

对于 AB 型（CsCl 型、NaCl 型和立方 ZnS 型）的离子晶体，其正负离子半径比与配位数、晶体构型的关系可概括为离子半径比规则，见表9-2。

表 9-2　离子半径比、配位数及晶体构型的关系

r_+/r_-	配位数	晶体构型	举　　例
0.225～0.414	4	ZnS 型	BeS, ZnS, CuF, CuCl, AgI, BeSe, BeTe, BN, AlP
0.414～0.732	6	NaCl 型	NaH, KH, RbH, CsH, NaCl, KCl, LiF, AgF, NaBr, MgO, CaS, CaO, SrO, BaO, MgS, BaS
0.732～1.000	8	CsCl 型	CsCl, CsBr, CsI, TlCl, TlBr, NH$_4$Cl, NH$_4$Br, NH$_4$I

9.2.2.3　离子晶体的稳定性

离子晶体的稳定性与离子键的强度有关，可用晶格能的大小来衡量。离子晶体的晶格

能（U）可依据玻恩-朗德公式计算。由玻恩-朗德公式可以看出，$U \propto \dfrac{Z_+ Z_-}{R_0}$，其中 Z_+、Z_- 为晶体中正负离子电荷的绝对值；R_0 为正、负离子的半径之和，离子所带电荷数越高，离子半径越小，晶格能越大，晶体越稳定，熔点较高，硬度较大。

需要注意的是，除了晶格能，还有其他因素会影响晶体的性质，例如：离子极化。

9.2.2.4 离子极化

A 离子的极化力和变形性

正、负离子在外电场或异性离子的作用下，离子内的正、负电荷重心不再重合的现象称为离子的极化。

离子在相互极化时具有双重性质，作为电场，能使周围异性离子极化而变形，表现出极化力；同时作为被极化对象，在邻近异性离子作用下本身被极化而变形，表现出变形性。

离子极化作用的强弱和离子的电荷、半径及价层电子构型有关。

正离子因失去电子而使价层电子云发生收缩，半径小，电荷密度高，极化能力强，变形性相对较小。在电子构型相同的情况下，正离子电荷数越高，半径越小，极化能力越强。如果电荷数相等、半径相近，离子的极化力则取决于价电子层的结构。对于不同电子构型的正离子，离子极化能力依次为：

18 电子构型和（18+2）电子构型>（9~17）电子构型>8 电子构型

负离子因得到电子而使价层电子云发生膨胀，半径大，电荷密度低，极化能力弱，常表现为强的变形性。在电子构型相同的情况下，半径越大，负离子电荷数越高，变形性越大。在离子的半径相近和电荷相同时，非稀有气体构型离子（即外层电子构型为 18、（18+2）、（9~17）电子构型）的变形性大于稀有气体构型离子（即 8 电子构型）。

当阳离子为非稀有气体构型离子时，其变形性也很大，这时阴离子被极化所产生的诱导偶极又使阳离子变形，阳离子变形产生的诱导偶极反过来又会加强阳离子对阴离子的极化力，使阴离子进一步变形，这种效应叫做附加极化作用。

B 离子极化对化学键键型的影响

正、负离子相互极化的结果，致使正、负离子外层的电子云变形并相互重叠，从而使离子键逐渐向共价键过渡。离子相互极化的程度越大，共价键成分就越多。

C 离子极化对化合物性质的影响

（1）离子极化使化学键由离子键向共价键过渡，从而使物质在固态时的晶体类型向分子晶体或原子晶体过渡，使晶体的熔、沸点降低。极化作用越强，晶体的熔点越低。

（2）离子间的极化作用越强，化学键的共价成分越多，物质在水中的溶解度越小。

（3）由于离子极化，离子电子云相互重叠，实测键长较正、负离子半径之和小，晶体向配位数较小的构型转变。

（4）对于极化作用及变形性都大的金属离子，随负离子变形性的增大，相应化合物的颜色往往变深。

9.2.3 金属晶体

金属晶体中，金属原子的密堆积有三种基本类型：

（1）体心立方密堆积。金属原子占据立方体的顶点和体心位置，金属原子的配位数为 8，空间利用率为 68.02%。

（2）六方密堆积。每个圆球 A 与同层内的六个圆球相切，同时每三个圆球 A 间的空隙上堆积第二层圆球 B，第三层正对着第一层圆球 A，第四层圆球正对第二层圆球 B，形成所谓的 ABAB…结构。晶格的配位数为 12，空间利用率为 74.02%。

（3）面心立方密堆积。第一、二层的堆积方式与面心立方密堆积相同；第三层圆球 C 落在第二层圆球 B 的空隙上，且不与第一层圆球 A 重合；第四层圆球位置与第一层圆球 A 位置对应，第五层圆球与第二层圆球 B 相对应，俗称 ABCABC…结构。这种晶格的配位数为 12，空间利用率为 74.02%。

9.2.4　原子晶体和分子晶体

9.2.4.1　原子晶体
原子晶体晶格结点上占据的是原子，原子之间通过共价键结合。

原子晶体的特点是：原子间通过共价键结合，晶体中不存在独立的小分子，整个晶体看成一个大分子，所以没有确定的相对分子质量。由于共价键比较牢固，键强度较高，所以化学稳定性好，熔、沸点高，硬度大，热胀系数小。

9.2.4.2　分子晶体
分子晶体中，极性分子或非极性分子占据晶格结点位置，结点粒子间的作用力为分子间力。

不同的分子晶体，分子的排列方式可能不同，但分子之间都是以分子间力结合。由于分子间力比离子键、共价键要弱得多，所以分子晶体一般熔点低、硬度小、易挥发、不导电。

分子间作用力主要包含氢键、色散力、诱导力、取向力。

9.2.5　混合型晶体

有些晶体，晶体内同时存在多种不同的作用力，这类晶体称为混合型晶体，主要有链状结构晶体和层状结构晶体。

9.3　典　型　例　题

【例 9-1】　下列物质熔化时，需要克服何种作用力？

AlN；Al；HF(s)；K_2S

答案：AlN 为共价键；Al 为金属键；HF(s) 为氢键和分子间力；K_2S 为离子键。

【例 9-2】　已知某些离子型化合物的熔点如下表所示，试从晶格能的变化来讨论化合物熔点随离子半径、电荷变化的规律。

化合物	NaF	NaCl	NaBr	NaI	KCl	RbCl	CaO	BaO
熔点/℃	993	807	747	661	768	717	2570	1920

答案：对于 NaF、NaCl、NaBr、NaI 来说，其阳离子均为 Na^+。阴离子 F^-、Cl^-、Br^-、

I⁻半径逐渐增大，晶格能逐渐减小，所以，NaF、NaCl、NaBr、NaI 的熔点逐渐降低。

对于 NaCl、KCl、RbCl 来说，其阴离子均为 Cl⁻。阳离子 Na^+、K^+、Rb^+ 的半径逐渐增大，晶格能逐渐减小，所以，NaCl、KCl、RbCl 熔点逐渐降低。

同理，CaO 的熔点高于 BaO。

对于 NaF 和 CaO 来说，由于它们的阴阳离子间距离差不多（即 $d_{NaF} = 2.30Å$，$d_{CaO} = 2.39Å$，$1Å = 0.1nm$），故晶格能的大小取决于离子的电荷数，CaO 的正负离子电荷均为 2，而 NaF 均为 1，故 CaO 的晶格能大于 NaF，所以 CaO 的熔点应高于 NaF。

同理，BaO 的熔点高于 NaCl 的。

可见，离子晶体随着阴阳离子电荷的增加和半径的减小，熔点逐渐升高。

【例 9-3】 试解释下列各组化合物熔点的高低关系：

（1）NaCl>NaBr；（2）CaO>KCl。

答案：离子晶体熔点主要由离子键的键能决定，键能越大，熔点越高。键能与离子电荷和半径有关，电荷高离子键强，半径大导致离子间距大，所以键能小；相反，半径小，则键能大。

（1）NaCl 和 NaBr 的阳离子均为 Na^+，阴离子电荷相同而半径为 $r_{Cl^-} < r_{Br^-}$，故键能 $E_{NaCl} > E_{NaBr}$，所以熔点 NaCl>NaBr。

（2）CaO 和 KCl，其键能的大小主要取决于离子电荷数。CaO 的阴、阳离子的电荷数值为 2，而 KCl 的均为 1，故 CaO 的键能比 KCl 的大，所以熔点 CaO > KCl。

9.4 课后习题及解答

9-1 写出下列离子的电子分布式，并指出各属于何种离子电子构型：

Fe^{3+}；Ag^+；Ca^{2+}；Li^+；Br^-；S^{2-}；Pb^{2+}；Pb^{4+}；Bi^{3+}

答案：Fe^{3+}：$1s^2 2s^2 2p^6 3s^2 3p^6 3d^5$，属于 9~17 电子构型；

Ag^+：$1s^2 2s^2 2p^6 3s^2 3p^6 3d^{10} 4s^2 4p^6 4d^{10}$，属于 18 电子构型；

Ca^{2+}：$1s^2 2s^2 2p^6 3s^2 3p^6$，属于 8 电子构型；

Li^+：$1s^2$，属于 2 电子构型；

Br^-：$1s^2 2s^2 2p^6 3s^2 3p^6 3d^{10} 4s^2 4p^6$，属于 8 电子构型；

S^{2-}：$1s^2 2s^2 2p^6 3s^2 3p^6$，属于 8 电子构型；

Pb^{2+}：$[Xe]4f^{14}5d^{10}6s^2$，属于（18+2）电子构型；

Pb^{4+}：$[Xe]4f^{14}5d^{10}$，属于 18 电子构型；

Bi^{3+}：$[Xe]4f^{14}5d^{10}6s^2$，属于（18+2）电子构型。

【解析】 考察离子的电子构型。

（1）对于简单的阴离子来说，通常具有稳定的 8 电子构型，例如 F⁻、Cl⁻、O²⁻等最外层都是稳定的稀有电子构型，即 8 电子构型。

（2）对于阳离子来说，情况比较复杂，通常有以下几种电子构型：

1）0 电子：最外层没有电子的离子，如 H^+。

2）2 电子构型（ns^2）：最外层有 2 个电子的离子，如 Li^+、Be^{2+} 等。

3）8 电子构型（$ns^2 np^6$）：最外层有 8 个电子的离子，如 Na^+、K^+、Ca^{2+} 等。

4）9~17 电子构型（$ns^2np^6nd^{1\sim9}$）：最外层有 9~17 个电子的离子，具有不饱和电子结构，也称为不饱和电子构型，如 Fe^{2+}、Cr^{3+} 等。

5）18 电子构型（$ns^2np^6nd^{10}$）：最外层有 18 个电子的离子，如 Ag^+、Cd^{2+} 等。

6）(18+2) 电子构型 $[(n-1)s^2(n-1)p^6(n-1)d^{10}ns^2]$：次外层有 18 个电子、最外层有 2 个电子的离子，如 Pb^{2+}、Sn^{2+}、Bi^{3+} 等。

9-2　指出下列物质哪些是金属晶体，哪些是离子晶体，哪些是原子晶体，哪些是分子晶体？

$Au(s)$；$AlF_3(s)$；$Ag(s)$；$B_2O_3(s)$；$CaCl_2$；$AlCl_3$；$BN(s)$；$H_2O(s)$；C（石墨）；$SiC(s)$；$KNO_3(s)$；$Si(s)$；$H_2C_2O_4(s)$；$Al(s)$；$BCl_3(s)$

答案：$Au(s)$：金属晶体；　　　$AlF_3(s)$：离子晶体；　　　$Ag(s)$：金属晶体；

　　　　$B_2O_3(s)$：分子晶体；　　$CaCl_2$：离子晶体；　　　　$AlCl_3$：分子晶体；

　　　　$BN(s)$：原子晶体；　　　$H_2O(s)$：分子晶体；　　　C（石墨）：混合晶体；

　　　　$SiC(s)$：原子晶体；　　　$KNO_3(s)$：离子晶体；　　　$Si(s)$：原子晶体；

　　　　$H_2C_2O_4(s)$：分子晶体；$Al(s)$：金属晶体；　　　　　$BCl_3(s)$：分子晶体。

【解析】考察 4 种基本类型晶体结构及其性质特征，并根据构成晶体的粒子和粒子间的作用力判断物质的晶体类型，见表 9-1。

$Au(s)$：典型的金属，是金属晶体；

$AlF_3(s)$：结点处为 Al^{3+} 和 F^-，结合力为离子键，是离子晶体；

$Ag(s)$：典型的金属，是金属晶体；

$B_2O_3(s)$：结点处是 B_2O_3 分子，结合力是分子间作用力，是分子晶体；

$CaCl_2$：结点处为 Ca^{3+} 和 Cl^-，结合力为离子键，是离子晶体；

$AlCl_3$：Al^{3+} 的半径小，极化作用强，导致与 Cl^- 的键向共价键过渡，形成的 $AlCl_3$ 的熔、沸点低，熔融状态下不导电，是分子晶体；

$BN(s)$：结点处是 B 原子和 N 原子，结合力是共价键，是典型的原子晶体；

$H_2O(s)$：结点处是 H_2O 分子，结合力是分子间作用力，是分子晶体；

C（石墨）：石墨具有层状结构，在层内每个碳原子采用 sp^2 杂化，每一层中结点处是 C 原子，结合力是共价键，是典型的原子晶体；在层与层之间是较弱的分子间作用力，具有分子晶体的特点，所以 C（石墨）是混合晶体；

$SiC(s)$：SiC 具有类似于金刚石的结构，结点处是 Si 和 C 原子，结合力是共价键，是典型的原子晶体；

$KNO_3(s)$：由 K^+ 和 NO_3^- 阴阳离子组成，形成离子键，是离子晶体；

$Si(s)$：结点处是 Si 原子，结合力是共价键，是典型的原子晶体；

$H_2C_2O_4(s)$：结点处为 $H_2C_2O_4$ 分子，结合力是分子间作用力，是分子晶体；

$Al(s)$：典型的金属，是金属晶体；

$BCl_3(s)$：结点处是 BCl_3 分子，结合力是分子间作用力，是分子晶体。

9-3　判断下列说法是否正确：

（1）稀有气体是由原子组成的，属原子晶体。（　　　）

（2）熔化或压碎离子晶体所需要的能量，数值上等于晶格能。（　　　）

（3）溶于水能导电的晶体必为离子晶体。（　　　）

（4）共价化合物呈固态时，均为分子晶体，因此，熔、沸点都低。（　　　）

（5）离子晶体具有脆性，是由于阴、阳离子交替排列，不能错位的缘故。（　　　）

答案：（1）稀有气体是由原子组成的，属原子晶体。（×）

（2）熔化或压碎离子晶体所需要的能量，数值上等于晶格能。（×）

（3）溶于水能导电的晶体必为离子晶体。（×）

（4）共价化合物呈固态时，均为分子晶体，因此，熔、沸点都低。（×）

（5）离子晶体具有脆性，是由于阴、阳离子交替排列，不能错位的缘故。（√）

【解析】考察 4 种基本类型晶体结构及其性质特征，参看表 9-1。

（1）稀有气体在形成晶体时，构成晶体的粒子是稀有气体原子，粒子间的作用力是分子间力，所以稀有气体的晶体属于分子晶体，不属于原子晶体。

（2）考察晶格能的定义：在标准状态下将 1mol 离子型晶体（如 NaCl）拆散为 1mol 气态阳离子（Na^+）和 1mol 气态阴离子（Cl^-）所需要的能量，符号为 U，单位为 kJ/mol。

（3）离子晶体的水溶液通常具有导电性，同时对于极性分子构成的分子晶体在溶于水时也常具有导电性，例如 HCl，所以说溶于水能导电的晶体必为离子晶体是错误的。

（4）共价化合物不一定是分子晶体，原子晶体也属于共价化合物，原子晶体的熔、沸点通常都较高，所以本题说共价化合物呈固态时，均为分子晶体且熔点沸点都低是错误的。

（5）离子晶体由阴、阳离子交替排列，阴、阳离子之间以离子键相连，作用力较强，不能错位，具有脆性。

9-4 解释下列事实：

（1）MgO 可以作为耐火材料；

（2）金属 Al 和 Fe 都能压成片、抽成丝，而石灰石不能；

（3）在卤化银中，AgF 可溶于水，其余卤化银则难溶于水，且从 AgCl 到 AgI 溶解度逐渐减小；

（4）NaCl 易溶于水，而 CuCl 难溶于水。

答案：（1）MgO 是离子晶体，熔点高。

（2）金属 Al 和 Fe 是金属晶体，具有可延展性，而石灰石是离子晶体，具有脆性。

（3）AgF、AgCl、AgBr 到 AgI 随着阴离子半径的增大，阴离子的变形性增大，离子间的极化不断增强，由离子键逐渐过渡到共价键，在水中的溶解度逐渐减小。所以，AgF 可溶于水，其余卤化银则难溶于水，且从 AgCl 到 AgI 溶解度逐渐减小。

（4）NaCl 是典型的离子晶体，Na^+ 是 8 电子构型，Na^+ 的极化能力和变形性都较弱，在 NaCl 晶体中以离子键为主；而 CuCl 中 Cu^+ 是 18 电子构型，Cu^+ 的极化力和变形性都大于 Na^+，所以在 CuCl 中的键型由离子键向共价键过渡。由于水是极性分子，根据相似相溶原理，NaCl 易溶于水，而 CuCl 难溶于水。

【解析】离子晶体的性质，离子极化作用判断以及对晶体性质的影响。关于 4 种晶体结构和基本性质参见表 9-1。

9-5 计算下列 AB 型二元化合物中正、负离子的半径比，推断其晶体结构类型。

（1）NaF，RbF，CsF，KCl，RbCl；

（2）CsBr，CsI，KF；

（3）CuBr，BeS，MgTe，BeSe，AgI。

答案： 根据查表得到正、负离子的半径值进行计算：

（1）NaF：$r_+/r_- = 97/133 = 0.7293$，NaF 晶体属于 NaCl 型；

RbF：$r_+/r_- = 147/133 = 1.1053$，虽然大于 0.732，但是 RbF 晶体属于 NaCl 型；

CsF：$r_+/r_- = 167/133 = 1.2556$，虽然大于 0.732，但是 CsF 晶体属于 NaCl 型；

KCl：$r_+/r_- = 133/181 = 0.7348$，虽然大于 0.732，但是 KCl 晶体属于 NaCl 型；

RbCl：$r_+/r_- = 147/181 = 0.8122$，实际配位数是 6，RbCl 晶体属于 NaCl 型。

（2）CsBr：$r_+/r_- = 167/196 = 0.8520$，CsBr 晶体属于 CsCl 型；

CsI：$r_+/r_- = 167/220 = 0.7591$，CsI 晶体属于 CsCl 型；

KF：$r_+/r_- = 133/133 = 1.000$，虽然大于 0.732，但 KF 晶体仍属于 NaCl 型。

（3）CuBr：$r_+/r_- = 72/196 = 0.3673$，CuBr 晶体属于 ZnS 型；

BeS：$r_+/r_- = 35/184 = 0.1902$，BeS 晶体属于 ZnS 型；

MgTe：$r_+/r_- = 66/211 = 0.3128$，MgTe 晶体属于 ZnS 型；

BeSe：$r_+/r_- = 35/191 = 0.1832$，BeSe 晶体属于 ZnS 型；

AgI：$r_+/r_- = 126/220 = 0.5727$，虽然大于 0.414，但是实际上 AgI 晶体中 Ag^+ 的配位数是 4，其原因是离子的极化作用引起了键型的变异，故 AgI 晶体属于 ZnS 型。

【解析】大多数 AB 型离子晶体的结构类型符合正、负离子半径比与配位数的定量关系，见表 9-2。只有少数 $r_+/r_- > 0.732$ 或 $r_+/r_- < 0.414$ 时仍属于 NaCl 型，如 KF、LiF、LiBr、SrO、BaO 等。

9-6 比较下列各组化合物离子极化作用的强弱：

（1）$MgCl_2$，$SiCl_4$，$AlCl_3$，NaCl；

（2）ZnS，CdS，HgS；

（3）CaS，FeS，ZnS；

（4）PbF_2，$PbCl_2$，PbI_2。

答案：（1）$SiCl_4 > AlCl_3 > MgCl_2 > NaCl$；

（2）$HgS > CdS > ZnS$；

（3）$ZnS > FeS > CaS$；

（4）$PbI_2 > PbCl_2 > PbF_2$。

【解析】考察离子极化作用。在离子晶体中，相互接近的正、负离子必将以各自的电场对彼此电子云和原子核产生作用，结果使正、负离子的电子云变形而与原子核发生相对位移产生偶极，从而在正、负离子之间附加一种作用力，这种现象称为离子极化。离子极化作用的强弱取决于两个因素：（1）作为电场，能使周围异性离子极化而变形，表现为离子的极化力；（2）作为被极化对象，在邻近异性离子作用下，本身被极化而变形，表现为离子的变形性。

（1）阴离子相同，阳离子半径越小、电荷越多，产生的极化力就越强，故极化作用顺序为 $SiCl_4 > AlCl_3 > MgCl_2 > NaCl$；

（2）阴离子相同，阳离子均为 18 电子构型，极化力、变形性均较大，但 Zn^{2+}、Cd^{2+}、Hg^{2+} 的半径依次增大，变形性增加，故 ZnS、CdS、HgS 的附加离子极化作用增大，即 $HgS > CdS > ZnS$；

（3）阴离子相同，但是 Ca^{2+}、Fe^{2+}、Zn^{2+} 的电子构型依次为 8 型、9~17 型、18 型，变形性依次增大，故 CaS、FeS、ZnS 的离子极化作用依次增强，即 $ZnS > FeS > CaS$；

（4）阳离子相同，但 F^-、Cl^-、I^- 半径依次增大，变形性增大，故 PbF_2、$PbCl_2$、PbI_2 的离子极化作用依次增强，即 $PbI_2 > PbCl_2 > PbF_2$。

9-7 已知 AlF_3 为离子型，$AlCl_3$、$AlBr_3$ 为过渡型，AlI_3 为共价型，试说明它们键型差别的原因。

答案：AlF_3、$AlCl_3$、$AlBr_3$、AlI_3 随着阴离子半径的逐步增大，离子的变形性增大，离子间的极化不断增强，由离子键逐步过渡到共价键。所以 AlF_3 为离子型，$AlCl_3$、$AlBr_3$ 为过渡型，AlI_3 为共价型。

【解析】 考察离子极化作用对化学键键型的影响。正、负离子相互极化的结果，致使正、负离子外层的电子云变形并相互重叠，从而使离子键逐渐向共价键过渡。离子相互极化的程度越大，共价键成分就越多，共价键也可看成离子键极化的极限。

9-8 已知下列各晶体：NaF、ScN、TiC、MgO 的核间距相差不大，推测这些晶体的熔点高低、硬度大小的次序。

答案：NaF、ScN、TiC、MgO 的熔点高低、硬度大小的次序：$TiC > ScN > MgO > NaF$。

【解析】 考察离子晶体和分子晶体的熔点变化规律。对于典型的离子晶体来说，根据玻恩–朗德公式，$U \propto \dfrac{Z_+ Z_-}{R_0}$，对于晶体构型相同的离子化合物，离子所带电荷数越多、核间距越小，晶格能越大，熔点较高，硬度越大。

9-9 已知下列两类晶体的熔点：

（1）

物质	NaF	NaCl	NaBr	NaI
熔点/℃	993	807	747	661

（2）

物质	SiF_4	$SiCl_4$	$SiBr_4$	SiI_4
熔点/℃	−90.2	−70	5.4	120.5

为什么钠的卤化物的熔点比相应硅的卤化物的熔点高？为什么钠的卤化物的熔点递变规律和硅的卤化物的熔点递变规律不同？

答案：因为钠的卤化物为离子晶体，硅的卤化物为分子晶体，所以钠的卤化物的熔点比相应硅的卤化物的熔点高。离子晶体的熔点主要取决于晶格能，NaF、NaCl、NaBr、

NaI 随着阴离子半径的逐渐增大，晶格能减小，所以钠的卤化物的熔点逐渐降低。分子晶体的熔点主要取决于分子间力，随着 SiF_4、$SiCl_4$、$SiBr_4$、SiI_4 相对分子质量的增大，分子间力逐渐增大，所以硅的卤化物的熔点逐渐升高。

【解析】考察离子晶体和分子晶体的熔点变化规律。对于典型的离子晶体来说，根据玻恩–朗德公式，$U \propto \dfrac{Z_+ Z_-}{R_0}$，对于晶体构型相同的离子化合物，离子所带电荷数越多、核间距越小，晶格能越大，熔点较高。对于分子晶体来说，分子晶体的熔点主要取决于分子间作用力，即氢键、色散力、诱导力和取向力等。随着 SiF_4、$SiCl_4$、$SiBr_4$、SiI_4 相对分子质量的增大，分子的变形性逐渐增大，色散力逐渐增大，分子间力逐渐增大，所以硅的卤化物的熔点逐渐升高。

9-10 当气态离子 Ca^{2+}、Sr^{2+} 与 F^- 分别形成 CaF_2、SrF_2 晶体时，哪个放出的能量多，为什么？

答案：二者形成的晶体为离子晶体，考虑离子晶体的晶格能，形成 CaF_2 晶体时放出的能量多；因为离子半径 $r(Ca^{2+}) < r(Sr^{2+})$，形成的晶体 CaF_2 的核间距离较小，相对较稳定。

【解析】根据玻恩–朗德公式，$U \propto \dfrac{Z_+ Z_-}{R_0}$，对于晶体构型相同的离子化合物，离子所带电荷数越多、核间距越小，晶格能越大。

9-11 根据石墨的结构，试解释石墨做电极和做润滑剂与其晶体的哪部分结构有关？

答案：石墨为层状晶体，在同一层中碳原子以 sp^2 杂化轨道成键，每个碳原子还有一个 p 轨道，它们垂直与 sp^2 杂化轨道平面，每个 p 轨道上有一个电子，形成 Π_n^n 离域 π 键，离域 π 键中的电子是非定域的，可以在同层上运动，所以石墨具有导电性，可以用作电极。石墨层与层之间的距离较远，是以分子间力结合起来的，这种力较弱，从而使层与层间可以滑移，用石墨作润滑剂就是利用这一特性。

【解析】考察石墨的结构以及不同晶体结构和特性的理解。

9-12 解释下列问题：
（1）NaF 的熔点高于 NaCl；
（2）BeO 的熔点高于 LiF；
（3）SiO_2 的熔点高于 CO_2；
（4）冰的熔点高于干冰；
（5）石墨软而导电，金刚石坚硬而不导电。

答案：（1）NaF 的熔点高于 NaCl。二者都属于离子晶体，由于离子半径 $r(F^-) < r(Cl^-)$，且电荷数相同，NaF 的晶格能大于 NaCl 的晶格能，所以 NaF 的熔点高于 NaCl。

（2）BeO 的熔点高于 LiF。二者都属于离子晶体，由于 BeO 中离子的电荷数是 LiF 中离子电荷数的 2 倍，半径相差不大，BeO 的晶格能大于 LiF 的晶格能，所以 BeO 的熔点高于 LiF。

（3）SiO_2 的熔点高于 CO_2。SiO_2 是原子晶体，而 CO_2 是分子晶体，所以 SiO_2 的熔点高于 CO_2。

（4）冰的熔点高于干冰。它们都属于分子晶体，但是冰的分子间具有氢键，干冰分子间无氢键，所以冰的熔点高于干冰。

（5）石墨软而导电，金刚石坚硬而不导电。石墨是混合型晶体，具有层状结构，在层内每个碳原子采用 sp^2 杂化，在层与层之间是较弱的分子间作用力，而且同层碳原子之间存在大 Π 键，大 Π 键中的电子可以沿着层面运动，所以石墨软而导电。金刚石中的碳原子采用 sp^3 杂化，属于采用 σ 键连接的原子晶体，所以金刚石坚硬而不导电。

【解析】考察 4 种基本类型晶体结构及其性质特征，参见表 9-1。

9-13 下列分子的键型有何不同？

Cl_2；HCl；AgI；LiF

答案：Cl_2：非极性共价键；

HCl：极性共价键；

AgI：由离子键过渡到极性共价键；

LiF：离子键。

【解析】考察分子的键型，包括离子键和共价键，共价键包括极性共价键和非极性共价键。其中，对于离子晶体来说，非典型离子晶体中，由于离子极化作用，存在键型由离子键向共价键过渡。

9-14 离子半径 $r(Cu^+) < r(Ag^+)$，所以 Cu^+ 的极化力大于 Ag^+，但 Cu_2S 的溶解度却大于 Ag_2S，如何解释？

答案：Cu^+ 和 Ag^+ 均属于 18 电子构型，尽管 Cu^+ 的极化力大于 Ag^+ 的极化力，但是 Ag^+ 的变形性大于 Cu^+ 的变形性，导致 Ag_2S 的附加极化作用加大，键的共价成分增大，溶解度减小。

【解析】考察离子极化作用的基本规律。当阳离子为非稀有气体构型离子时，其变形性也很大，这时阴离子被极化所产生的诱导偶极又使阳离子变形，阳离子变形产生的诱导偶极反过来又会加强阳离子对阴离子的极化力，使阴离子进一步变形，这种效应叫做附加极化作用。所以，在考虑 Cu^+ 和 Ag^+ 均属于 18 电子构型的离子极化作用时，要考虑附加极化作用。

9-15 根据离子极化理论，解释下列两组化合物的溶解度变化顺序：

（1）CuCl > CuBr > CuI；

（2）AgF > AgCl > AgBr > AgI。

答案：（1）考虑离子极化作用对物质的溶解度产生影响。对于 CuCl、CuBr、CuI 来说，阳离子相同，主要考察阴离子的变形性，由于阴离子半径越大，变形性越大，极化作用越强，所以极化作用由弱到强的顺序为 CuCl、CuBr、CuI。离子间的极化作用越强，化学键的共价成分越多，物质在水中的溶解度越小，所以溶解度顺序为 CuCl > CuBr > CuI。

（2）考虑离子极化作用对物质的溶解度产生影响。对于 AgF、AgCl、AgBr、AgI 来说，阳离子相同，主要考察阴离子的变形性，由于阴离子半径越大，变形性越大，极化作用越强，所以极化作用由弱到强的顺序为 AgF、AgCl、AgBr、AgI。离子间的极化作用越强，化学键的共价成分越多，物质在水中的溶解度越小，所以溶解度顺序为 AgF > AgCl > AgBr > AgI。

【解析】考察离子极化作用对物质的溶解度产生影响。离子间的极化作用越强，化学键的共价成分越多，物质在水中的溶解度越小。

9-16　试计算金属晶体体心立方密堆积和面心立方最密堆积的空间利用率。

答案：（1）在面心立方晶胞的正六面体中，设边长为 a，金属原子的半径为 r，立方体六个面中，每一面金属原子的分布如图 9-1 所示。

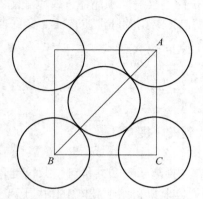

图 9-1　面心立方晶胞截面

由图 9-1 的直角三角形 $\triangle ABC$ 知，$(AC)^2 + (BC)^2 = (AB)^2$。

因为 $AC = BC = a$，$AB = 4r$，所以 $2a^2 = (4r)^2$，故 $a = 2\sqrt{2}r$。

晶胞体积为：

$$V = a^3 = (2\sqrt{2}r)^3 = 16\sqrt{2}r^3$$

根据金属原子在晶胞中不同位置，晶胞中金属原子的数目 N 为：

$$N = 8 \times \frac{1}{8} + 6 \times \frac{1}{2} = 4$$

每个晶胞中含有 4 个金属原子，故金属的总体积为：

$$V_{金属} = 4 \times \frac{4}{3}\pi r^3 = \frac{16}{3}\pi r^3$$

所以，金属面心立方最密堆积的空间利用率为：

$$\frac{V_{金属}}{V} \times 100\% = \frac{\frac{16}{3}\pi r^3}{16\sqrt{2}r^3} \times 100\% = \frac{\pi}{3\sqrt{2}} \times 100\% = 74.05\%$$

（2）在体心立方晶胞的正六面体中，设边长为 a，金属原子的半径为 r，如图 9-2（a）所示。正六面体中有直角三角形 $\triangle ABC$，如图 9-2（b）所示。

因为 $AB = \sqrt{3}AC$，且 $AB = 4r$，$AC = a$，所以有 $4r = \sqrt{3}a$，即 $a = \frac{4\sqrt{3}}{3}r$。

晶胞体积为：

$$V = a^3 = \left(\frac{4\sqrt{3}}{3}r\right)^3 = \frac{64\sqrt{3}}{9}r^3$$

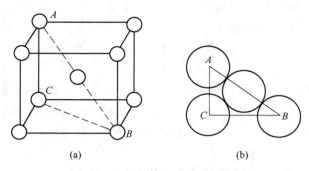

图 9-2　金属的体心立方堆积结构

晶胞内金属原子的数目 N 为：

$$N = 8 \times \frac{1}{8} + 1 = 2$$

每个晶胞中含有 2 个金属原子，故金属的总体积为：

$$V_{金属} = 2 \times \frac{4}{3}\pi r^3 = \frac{8}{3}\pi r^3$$

所以，金属体心立方密堆积的空间利用率为：

$$\frac{V_{金属}}{V} \times 100\% = \frac{\frac{8}{3}\pi r^3}{\frac{64}{9}\frac{\sqrt{3}}{}r^3} \times 100\% = \frac{\sqrt{32}}{8}\pi \times 100\% = 68.02\%$$

【解析】考察金属晶体中，金属原子的密堆积基本类型。

9-17 将下列两组离子分别按离子极化力及变形性由小到大的顺序排列：

（1）Al^{3+}，Na^+，Si^{4+}；

（2）Sn^{2+}，Ge^{2+}，I^-。

答案：（1）极化力：Na^+，Al^{3+}，Si^{4+}；变形性：Si^{4+}，Al^{3+}，Na^+。

（2）极化力：I^-，Sn^{2+}，Ge^{2+}；变形性：Ge^{2+}，Sn^{2+}，I^-。

【解析】考察极化力和变形性的概念和规律。

（1）对于 Na^+、Al^{3+}、Si^{4+} 来说，核外电子构型相同，均为 8 电子构型，所以电荷越多，极化力越强，即极化力从小到大顺序为：Na^+，Al^{3+}，Si^{4+}；电荷越多，离子半径越小，变形性越小，所以变形性由小到大顺序为：Si^{4+}，Al^{3+}，Na^+。

（2）对于 I^-、Sn^{2+}、Ge^{2+} 来说，I^- 为 8 电子构型，Sn^{2+}、Ge^{2+} 为（9~17）电子构型，I^- 与 Sn^{2+}、Ge^{2+} 相比较，电荷少，且（9~17）电子构型的极化力大于 8 电子构型，所以 I^- 极化力最小；对于 Sn^{2+}、Ge^{2+} 来说，构型相同，半径越小极化力越大，则 Ge^{2+} 大于 Sn^{2+}；所以极化力由小到大顺序为：I^-，Sn^{2+}，Ge^{2+}；阴离子得电子，电子云膨胀，所以变形性一般较大，故变形性最大的为 I^-；对于阳离子 Sn^{2+}、Ge^{2+} 来说，构型相同，半径越大，变形性越大，Sn^{2+} 大于 Ge^{2+}；所以变形性由小到大顺序为：Ge^{2+}，Sn^{2+}，I^-。

9-18 用下列给出的数据计算 $AlF_3(s)$ 的晶格能：

$$Al(s) \longrightarrow Al(g) \qquad \Delta H^{\ominus}_{升华} = 326.4kJ/mol$$

$$Al(g) - 3e \longrightarrow Al^{3+}(g) \qquad I = I_1 + I_2 + I_3 = 5139.1kJ/mol$$

$$Al(s) + \frac{3}{2}F_2(g) \longrightarrow AlF_3(s) \qquad \Delta_f H^{\ominus}_m = -1510kJ/mol$$

$$F_2(g) \longrightarrow 2F(g) \qquad D(F-F) = 156.9kJ/mol$$

$$F(g) + e \longrightarrow F^-(g) \qquad D(A_1) = -328kJ/mol$$

答案： 根据晶格能的定义，$AlF_3(s)$ 的晶格能对应反应方程式为：

$$AlF_3(s) \longrightarrow Al^{3+}(g) + 3F^-(g) \tag{1}$$

根据盖斯定律：将题干中反应方程式分别编号为：

$$Al(s) \longrightarrow Al(g) \tag{2}$$

$$Al(g) - 3e \longrightarrow Al^{3+}(g) \tag{3}$$

$$Al(s) + \frac{3}{2}F_2(g) \longrightarrow AlF_3(s) \tag{4}$$

$$F_2(g) \longrightarrow 2F(g) \tag{5}$$

$$F(g) + e \longrightarrow F^-(g) \tag{6}$$

则（1）=（2）+（3）-（4）+ $\frac{3}{2}$×（5）+3×（6），所以：

$$U = \Delta H^{\ominus}_{升华} + I - \Delta_f H^{\ominus}_m + \frac{3}{2} \times D(F-F) + 3 \times D(A_1)$$

$$= 326.4 + 5139.1 - (-1510) + \frac{3}{2} \times 156.9 + 3 \times (-328)$$

$$= 6226.85kJ/mol$$

【解析】 考察晶格能定义和盖斯定律。晶格能的定义：在标准状态下将 1mol 离子型晶体（如 NaCl）拆散为 1mol 气态阳离子（Na^+）和 1mol 气态阴离子（Cl^-）所需要的能量，符号为 U，单位为 kJ/mol。

9-19 根据所学晶体结构知识，填写下表：

物质	晶格结点上的粒子	晶格结点上粒子间的作用力	晶体类型	预测熔点（高或低）
N_2				
SiC				
Cu				
冰				
$BaCl_2$				

答案： 见下表：

物质	晶格结点上的粒子	晶格结点上粒子间的作用力	晶体类型	预测熔点（高或低）
N_2	N_2 分子	分子间力	分子晶体	很低
SiC	Si、C 原子	共价键	原子晶体	很高
Cu	Cu 原子和离子	金属键	金属晶体	高

续表

物质	晶格结点上的粒子	晶格结点上粒子间的作用力	晶体类型	预测熔点（高或低）
冰	H_2O 分子	氢键、分子间力	分子晶体	低
$BaCl_2$	Ba^{2+}、Cl^-	离子键	离子晶体	较高

【解析】考察 4 种基本类型晶体结构及其性质特征，参考表 9-1。

9-20 （1）今有元素 X、Y、Z，其原子序数分别为 6、38、80，试写出它们的电子分布式，并说明它们在元素周期表中的位置；

（2）X、Y 两元素分别与氯形成的化合物的熔点哪一个高，为什么？

（3）Y、Z 两元素分别与硫形成的化合物的溶解度哪一个小，为什么？

（4）X 元素与氯形成化合物的分子偶极矩等于零，试用杂化轨道理论解释。

答案：（1）见下表：

元素代号	原子序数	电子排布式	周期	族	区
X	6	$1s^2 2s^2 2p^2$	第 2 周期	ⅣA 族	p 区
Y	38	$[Kr]5s^2$	第 5 周期	ⅡA 族	s 区
Z	80	$[Xe]4f^{14}5d^{10}6s^2$	第 6 周期	ⅡB 族	ds 区

（2）X 位于第 2 周期第 ⅣA 族，是非金属元素，X 与 Cl 形成的是 XCl_4，形成的晶体是分子晶体；Y 位于第 5 周期第 ⅡA 族，是碱土金属，与 Cl 形成的是 YCl_2，是离子晶体，所以是 Y 与 Cl 形成的化合物熔点高。

（3）Y 和 Z 分别位于 ⅡA 族和 ⅡB 族，与 S 形成的是 YS 和 ZS，其中 Y^{2+} 是 8 电子构型，而 Z^{2+} 是 18 电子构型，Z^{2+} 的极化力和变形性均大于 Y^{2+} 的，ZS 的共价键程度大于 YS，因此，ZS 的溶解度小于 YS 的。

（4）X 与 Cl 形成 XCl_4 共价化合物，其中 X 发生等性的 sp^3 杂化，XCl_4 呈正四面体构型，所以其偶极矩等于零。

【解析】（1）考察原子序数、原子核外电子排布以及在元素周期表中的位置判断。

（2）考察晶体结构及其熔点性质特征，参考表 9-1。

（3）考察离子晶体中离子极化作用大小的判断。

（4）考察利用杂化轨道理论解释分子的空间构型。

10 配位化学基础

10.1 知 识 概 要

本章主要内容涉及六个部分：

（1）配合物的基础知识：配合物的组成、配合物的命名；

（2）配合物的空间异构现象：空间异构、结构异构、旋光异构；

（3）配离子的解离平衡：配离子解离平衡的表示方法、平衡的移动；

（4）配离子的稳定性：中心离子的影响、配体性质的影响、中心离子与配体的相互作用的影响；

（5）配合物的化学键理论：配合物的价键理论、晶体场理论；

（6）非经典配合物简介。

10.2 重点、难点

10.2.1 配合物的基础知识

10.2.1.1 配合物的组成

配合物的基本组成如图 10-1 所示。

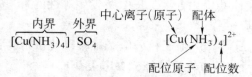

图 10-1　配位化合物组成示意图

综上所述，配合物的组成可以表示如下：

（1）内界：方括号内由中心离子（原子）与一定数目的配位体（分子或离子），通过配位键结合而形成的复杂质点（单元）。

（2）外界：方括号外的离子，内界和外界之间的化学键为离子键。

（3）中心离子（原子）：在配合物的内界，有一个带正电荷的离子或中心原子，位于配合物的中心位置，称为配合物的中心离子（原子），也称为配合物的形成体。

（4）配位体和配位原子：在配合物中，与中心离子（原子）结合的离子或分子称为配位体，简称配体。在配体中提供孤对电子的原子叫做配位原子。配位体中只有一个配位原子的为单齿配体，如果有两个或两个以上配位原子的，称为多齿配体。由多齿配体与同一中心离子（原子）形成的环状配合物又称为螯合物。

（5）配位数：在配合物中，直接与中心离子（原子）成键的配位原子的数目称为中心离子（原子）的配位数。

（6）配离子的电荷：中心离子（原子）和配体电荷的代数和即为配离子的电荷，常根据配合物的外界离子电荷数来确定。

10.2.1.2 配合物的命名

（1）配位化合物的内外界命名顺序遵循无机化合物的命名原则。若为阳离子配合物，则叫做"某化某"或"某酸某"；若为阴离子配合物，外界和内界之间用"酸"字连接。

（2）配合物的内界命名。配合物内界的命名次序是：配位体数→配位体名称→合→中心离子（中心离子氧化数，以罗马数字表示）。不同配体名称之间以圆点分开，相同的配体个数用倍数词头二、三等数字表示。

配体的命名次序：

1）先无机，后有机。如先 NH_3，后乙二胺（en）。

2）先阴离子，后中性分子。如先 Cl^-，后 NH_3 分子。

3）同类配体按照配位原子元素符号的英文字母顺序。如先 NH_3，后 H_2O。

4）同类配体、配位原子相同的含较少原子的配体在前，含较多原子的配体在后。如先 NH_3，后 NH_2OH。

5）同类配体、配位原子相同，且原子数目也相同的比较与配位原子相连的原子的元素符号的英文字母顺序，如 NH_2^- 前、NO_2^- 后。

6）配位化学式相同但配位原子不同（键合异构），按配位原子元素符号的字母顺序排放。如 NCS^- 前（异硫氰酸根）、SCN^- 后（硫氰酸根）、NO_2^- 前（硝基）、ONO^- 后（亚硝酸根）。

综上所述，配合物命名的总原则是：配位体名称列在形成体名称之前，顺序同书写顺序，相互之间用"·"连接，配位体与形成体之间以"合"字连接；同类配体按配位原子的元素符号的英文字母顺序排列；配位个数用一、二、三字表示；形成体的氧化数用带括号的罗马数字（Ⅰ、Ⅱ、Ⅲ、Ⅳ、Ⅴ、Ⅵ、Ⅶ）表示。

10.2.2 配合物的异构现象

化学式相同但结构和性质不同的几种化合物，互为异构体。配合物的异构体可分为：空间异构、结构异构以及旋光异构三大类。

（1）空间异构。空间异构是指配体在中心离子周围空间的排列不同的异构现象，常见的空间异构包括顺式、反式异构和面式、经式异构两大类。

1）顺式、反式异构。通式为 MA_2B_2 的平面正方形的配合物，有顺式和反式两种异构体。同种配体的配原子处于相邻位置的配合物称为顺式异构体，同种配体的配位原子处于对角线位置的配合物称为反式异构体。

2）面式、经式异构。通式为 MA_3B_3 的正八面体配离子，存在面式和经式两种异构体，可以根据三个相同配体的配原子所构成的三角形平面进行判断：如果所构成的两个三角形互不相交，称为面式异构体；如果所构成的两个三角形相交，称为经式异构体。

（2）结构异构。结构异构是指由于配合物的内部结构不同而引起的异构现象，包括由于配体所处的位置变化而引起的结构异构和由于配体结构变化而引起的异构现象。

（3）旋光异构。若一个分子空间结构与其镜像不能重合，则该分子与其镜像互为旋光异构。旋光异构体分为左旋异构体和右旋异构体，左旋用符号（+）或 D 表示，右旋用符号（−）或 L 表示。

10.2.3　配离子的解离平衡

10.2.3.1　配离子解离平衡的表示方法

（1）配离子在水溶液中像弱电解质一样只能部分解离，存在着生成和解离平衡，对应的平衡常数分别用 $K_d^{\ominus}$ 和 $K_f^{\ominus}$ 表示。

$K_d^{\ominus}$ 是配离子的解离平衡常数，$K_d^{\ominus}$ 越大，配离子越不稳定，所以 $K_d^{\ominus}$ 常称为不稳定常数。

$K_f^{\ominus}$ 是配离子的生成反应平衡常数，$K_f^{\ominus}$ 常称为稳定常数。$K_f^{\ominus}$ 越大，配离子越稳定，反之则越不稳定。

对同一类型的配离子来说，$K_f^{\ominus}$ 与 $K_d^{\ominus}$ 互为倒数关系。

（2）配合物稳定常数的应用。应用 $K_f^{\ominus}$ 可以判断配合反应进行程度、配合物稳定性、计算溶液中相关离子浓度等重要参数。$K_f^{\ominus}$ 可以实验测定，也可以通过相关热力学数据进行计算。

10.2.3.2　配离子解离平衡的移动

与所有平衡体系一样，改变配离子解离平衡时的条件，平衡将发生移动。

A　改变溶液的 pH 值对配位平衡的影响

当 NH_3 或弱酸根离子（如 F^-、Ac^-、$C_2O_4^{2-}$、CN^- 等）作配体时，因它们均能与 H^+ 结合成弱电解质，因此改变溶液的 pH 值，配合物的稳定性将会受到不同程度的影响。

配合物的中心离子大多是过渡金属离子，在水溶液中大多能与 OH^- 作用，生成金属氢氧化物沉淀，导致中心离子浓度降低，促使配合物的解离，溶液的碱性越强这种趋势越大。

B　配位平衡与沉淀平衡的相互影响

金属难溶盐的溶液中加入配合剂，由于金属离子与配体生成配合物而使金属难溶盐溶解度增加。

在配位平衡体系中，加入能与中心离子形成难溶盐的沉淀剂时，随着金属难溶盐沉淀的产生，导致中心离子浓度的降低，从而引起配位平衡向着配离子解离的方向移动。当配离子的稳定性较差（$K_f^{\ominus}$ 较小）时，而难溶盐的溶解度较小（$K_{sp}^{\ominus}$ 较小），将利于配合物向着沉淀的方向转化。

C　配位平衡与氧化还原平衡的相互影响

由于配合物的生成会大大降低溶液中金属离子的浓度，因而改变电对的电极电势，甚至有可能改变氧化还原反应的方向。

D　不同配离子之间的转化反应

一种配离子溶液中，由于另外一种形成体或配位体的加入，若能形成更稳定的配离子，则会使原配位平衡破坏，发生配离子间的转化。

10.2.4　配离子的稳定性

（1）中心离子的影响。中心原子（离子）的电荷越高，半径越小，形成的配离子越稳定。

（2）配体性质的影响。配体中配位原子的给电子能力越强，配合物越稳定；配位原子相同，结构类似的配体与同种金属离子形成配合物时，配体碱性越强，配合物越稳定；当多齿配体与金属离子形成螯合环时，螯合物的稳定性与组成和结构相似的非螯合配合物相比大大提高；在螯合物结构中，以五元及六元环稳定性较好，且螯合环数目越多，螯合物越稳定。

（3）中心离子与配体的相互作用的影响。中心原子与配体结合的稳定性遵从硬软酸碱规则：硬亲硬，软亲软，软硬交界都不管。

10.2.5 配合物的化学键理论

10.2.5.1 配合物的价键理论

A 价键理论的主要内容

配位原子与中心离子之间的化学键是配位键，即由配体提供一对（或多对）电子、中心离子提供空轨道而形成的共价键。配合物价键理论的主要假设有两点：

（1）中心离子（原子）必须具有空的价电子轨道，以接受配体的孤电子对，形成 σ 配键。

（2）为了增强成键能力，中心离子（原子）在成键过程中其能量相近的空的价电子轨道进行杂化，组成具有一定空间构型的杂化轨道。以杂化轨道来接受配位体的孤电子对形成配合物，杂化轨道的类型决定了配离子的空间构型。表 10-1 列出了杂化轨道类型与配位单元空间结构的关系。

表 10-1 杂化轨道类型与配位单元空间结构的关系

配位数	轨道杂化类型	空间构型	结构示意图	实　例
2	sp	直线形	B——A——B	$[Ag(NH_3)_2]^+$, $[Cu(NH_3)_2]^+$, $[Cu(CN)_2]^-$
3	sp^2	平面三角形	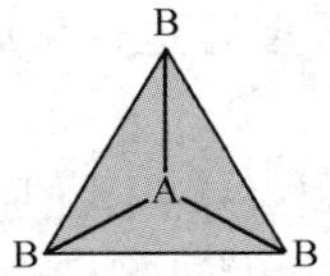	$[CO_3]^{2-}$, $[NO_3]^-$, $[Pd(pph)_3]$, $[CuCl_3]^{2-}$, $[HgI_3]^-$
4	sp^3	四面体	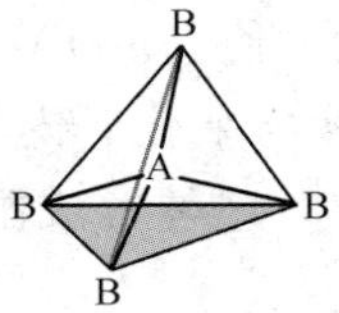	$[ZnCl_4]^{2-}$, $[FeCl_4]^-$, $[CrO_4]^{2-}$, $[BF_4]^-$, $Ni(CO)_4$, $[Zn(CN)_4]^{2-}$
4	dsp^2 (sp^2d)	平面正方形	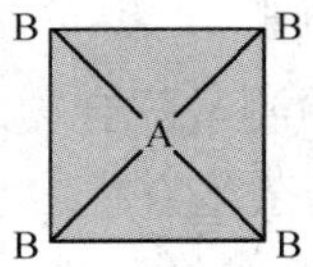	$[Pt(NH_3)_2Cl_2]$, $[Cu(NH_3)_4]^{2+}$, $[PtCl_4]^{2-}$, $[Ni(CN)_4]^{2-}$, $[PdCl_4]^{2-}$（为 sp^2d 型）

配位数	轨道杂化类型	空间构型	结构示意图	实　　例
5	dsp^3 (d^3sp)	三角双锥体		$Fe(CO)_5$, PF_5, $[CuCl_5]^{2-}$, $[Cu(bipy)_2I]^+$
5	d^2sp^2 (d^4s)	正方锥形		$VO(acac)_2$, $[TiF_5]^{2-}(d^4s)$, $[SbF_5]^{2-}$, $[InCl_5]^{2-}$
6	d^2sp^3 (sp^3d^2)	正八面体		$[Fe(CN)_6]^{4-}$, $W(CO)_6$, $[PtCl_6]^{2-}$, $[Co(NH_3)_6]^{3+}$, $[CeCl_6]^{2-}$, $[Ti(H_2O)_6]^{3+}$

B　外轨型配合物和内轨型配合物

（1）外轨型和高自旋配合物。中心离子（原子）凡采用外层的 ns，np，nd 轨道杂化形成的配合物称为外轨型配合物。外轨型配合物的配位原子倾向于占据中心体的最外层轨道，而对其内层 d 电子排布几乎没有影响，故内层 d 电子尽可能分占每个 $(n-1)d$ 轨道且自旋平行，因而未成对的电子数较多。这种形成配合物以后仍有较多单电子的配合物称为高自旋配合物。

（2）内轨型和低自旋配合物。中心离子（原子）使用内层 $(n-1)d$ 轨道参加杂化，所形成的配合物称为内轨型配合物。内轨型配合物的配位原子在靠近中心离子（原子）时对其内层 $(n-1)d$ 电子影响较大，使 $(n-1)d$ 电子发生重排，电子挤入少数 $(n-1)d$ 轨道，而空出部分 $(n-1)d$ 轨道参与杂化。内轨型配合物中未成对的电子数目很少，磁性很低，有些甚至为反磁性物质。这种形成配合物以后没有或很少成单电子的配合物称为低自旋配合物。

C　外轨型和内轨型配合物的判断方法

（1）测量配合物的磁矩。由实验测量配合物的磁矩 μ，算出未成对电子数，推测出中心原子的价电子的分布情况和采取的杂化方式。

μ 与未成对电子数 (n) 之间的近似关系是：

$$\mu = \sqrt{n(n+2)}\mu_B$$

式中，μ_B 为玻尔磁子，是磁矩单位，可用上式来估算 n 值。

（2）根据几种典型配体的性质直接判断。与中心原子作用很强的配体，如 CN^-、NO_2^-、CO 倾向于形成内轨型配合物；配体 F^-、H_2O 与中心原子作用很弱，它们倾向于形成外轨型配合物。

D　价键理论的局限

（1）价键理论在目前的阶段还是一个定性的理论，不能定量或半定量地说明配合物的性质。

（2）不能解释配合物的紫外光谱和可见吸收光谱。不能说明每种配合物为何都具有自己的特征光谱，也无法解释过渡金属配离子为何有不同的颜色。

（3）很难满意地解释夹心型配合物，如二茂铁、二苯铬等的结构。

10.2.5.2　晶体场理论

A　晶体场理论的基本要点

（1）在配合物中，金属离子与配位体之间的作用类似于离子晶体中正负离子间的静电作用，这种作用是纯粹的静电排斥和吸引，即不形成共价键。

（2）金属离子在周围配位体的电场作用下，原来能量相同的五个简并 d 轨道发生了分裂，分裂成能级不同的几组轨道。不同的配体排列方式，d 轨道的分裂方式不同，分裂情况主要取决于配体的空间分布。八面体场中中心原子 d 轨道的分裂方式如图10-2 所示。

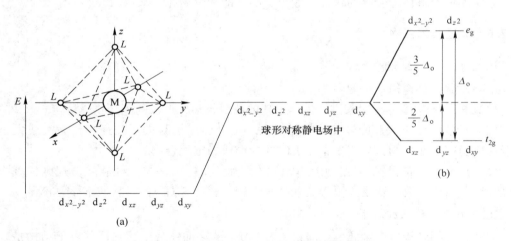

图 10-2　$[ML_6]$ 型配合物配体的空间取向及正八面体场中 d 轨道的分裂

（a）自由离子轨道能量简并；（b）八面体场中 5 个 d 轨道能级分裂

（3）由于 d 轨道的分裂，d 轨道上的电子将重新排布，优先占据能量较低的轨道，使体系的总能量有所降低。

B　分裂能（Δ）

d 轨道在不同构型的配合物中，分裂的方式和大小都不相同。分裂后最高能量 d 轨道和最低能量 d 轨道的能量之差叫做分裂能（Δ）。

在正八面体中，通常规定它的 d 轨道分裂成 d_γ 和 d_ε 轨道的能量差 $\Delta = 10Dq$。又因 d 轨道在分裂前后的总能量应保持不变，所以 d_γ 和 d_ε 的能量总和应为 0Dq。$E(d_\gamma) = +6Dq$，$E(d_\varepsilon) = -4Dq$。

影响分裂能 Δ 值的主要因素有配位场类型、中心原子和配体的性质等。

配位场几何构型类型不同，分裂能 Δ 的大小不同，如 $\Delta_t = \frac{4}{9}\Delta_o$。中心原子电荷越高，所处的周期数越大，则 Δ 值就越大。

对于同一金属离子，Δ 值随配位体不同而变化，大致按下列顺序增加：

$I^- < Br^- < S^{2-} < SCN^- < Cl^- < NO_3^- < F^- < OH^- < C_2O_4^{2-} < H_2O < NCS^- < NH_3 < 乙二胺 < 联吡啶 < NO_2^- < CN^-$

如果以配位原子进行分类，Δ 值大致按下列顺序递增：

卤素<氧<氮<碳

C　晶体场稳定化能

由于晶体场的作用，d 轨道发生分裂，引起配合物整体能量下降。d 轨道分裂导致配合物下降的能量称为晶体场稳定化能（CFSE）。在其他条件相同时，CFSE 越大，配合物越稳定。

应当注意，稳定化能在数值上远远小于配位键的键能，因此运用晶体场稳定化能解释的问题是很有限的。配位键的键能才是配位化合物中占据主导地位的能量。

D　晶体场理论的应用

晶体场理论解释配合物的磁性、颜色、晶格能和解离能、水合焓等热力学性质。

10.2.6　非经典配合物

10.2.6.1　冠醚配合物

影响冠醚配合物稳定性的因素：

（1）配体的构型。一般来讲，配体中环的数目越多，形成的配合物越稳定。

（2）金属离子和大环配体腔径的相对大小。金属离子与大环腔径相比太大或太小都不能形成稳定的配合物，只有二者相近时才能形成稳定配合物。

（3）配位原子的种类。冠醚中的配位原子为 O、S、N，根据硬软酸碱规则，氧原子对碱金属、碱土金属、稀土离子等硬酸亲和力较强，而 S 对 Ag^+ 等软酸亲核力较强。

10.2.6.2　簇状配合物

簇状配合物是指含有金属—金属键（M—M）的多面体分子，它们的电子结构是以离域的多中心键为特征的。

M—M 键的形成条件：能形成 M—M 键化合物的金属元素可分为两类，一类是某些主族金属元素，它们生成无配体结合的"裸露"金属原子簇离子；另一类是某些金属元素在形成 M—M 键的同时，还与卤素、CO、RNC、膦等发生配位，即为簇状配合物。

（1）金属对 M—M 键形成的影响。高熔点、高沸点金属趋向于生成 M—M 键（第二、第三过渡系）；金属氧化态越低，越易形成 M—M 键。这是由于高氧化态的价轨道收缩，电子密度减小，不利于形成 M—M 键。

（2）配体对 M—M 键形成的影响。经典饱和配体（X^-、O、S）与元素周期表左下过渡金属易形成簇合物。π 电子接受配体（CO、CN^-、PR_3）与很多过渡金属可以生成簇合物，CO 最为重要，除 Hf 外，其他过渡金属元素羰基簇合物均有报道。

（3）轨道对称性的影响。金属价轨道的对称性对 M—M 键的形成也有影响，如 $[Re_2Cl_8]^{2-}$ 中，尽管 Re 价态较高（+3），仍存在极强的 Re≡Re 四重键，这是由于它的电子构型对形成四重键最为适宜。

M—M 键形成的判据：M—M 多重键的概念由美国学者 F. A. Cotton 首先提出，研究的最充分的是：$[Re_2Cl_8]^{2-}$ 和 $[Mo_2Cl_8]^{4-}$。它们的结构特点：M—M 键极短，Re—Re 为 0.224nm，Mo—Mo 为 0.214nm（相应金属晶体：Re—Re 为 0.2741nm 和 Mo—Mo 为 0.2725nm）。同时，由于 M—M 键形成时电子会自旋配对，因此簇状配合物与同种孤立状态的离子相比，磁矩较低。

簇状配合物的结构特点：

（1）簇状配合物的结构是以成簇的原子所构成的金属骨架为特征的，骨架中的金属原子以一种多角形或多面体排列。

（2）簇的结构中心多数是"空"的，无中心金属原子存在，只有少数例外。

（3）簇的金属骨架结构中的边并不代表经典价键理论中的双中心电子对键，骨架中的成键作用以离域的多中心键为主要特征。

（4）占据骨架结构中顶点的不仅可以是同种或异种过渡金属原子，也可以是主族金属原子，甚至是非金属原子 C、B、P 等。

（5）簇状配合物的结构绝大多数是三角形或以三角形为基本结构单元的三角形多面体。

10.3 典 型 例 题

【例 10-1】 已知下列配位化合物的磁矩，根据配位化合物价键理论给出中心的轨道杂化方式、中心的价层电子排布、配位单元的几何构型。

（1）$[Co(NH_3)_6]^{2+}$ $\mu = 3.9\mu_B$；

（2）$[Pt(CN)_4]^{2-}$ $\mu = 0\mu_B$；

（3）$[Mn(SCN)_6]^{4-}$ $\mu = 6.1\mu_B$；

（4）$[Co(NO_2)_6]^{4-}$ $\mu = 1.8\mu_B$。

答案：由配位化合物的磁矩可以求出其中心 d 轨道中的单电子数，以判断中心 d 轨道电子排布方式，进而得到中心杂化类型和配合单元的几何构型。以 $[Co(NO_2)_6]^{4-}$ 为例讨论问题：根据磁矩 μ 和中心单电子数 n 的关系式：

$$\mu = \sqrt{n(n+2)}\mu_B$$

由 $[Co(NO_2)_6]^{4-}$ 的磁矩 $\mu = 1.8\mu_B$ 求得 $n=1$。这说明强配体 NO_2^- 使 Co^{2+} 的 3d 轨道的 7 个电子发生了重排，3d 轨道只排布 3 对电子，同时有 1 个 3d 轨道电子跃迁到 4d 轨道，如下图所示。中心采取 d^2sp^3 杂化，正八面体构型。

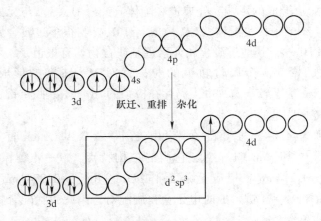

利用类似的方法对题目中的各配位化合物进行讨论，结果见下表：

配合单元	磁矩 μ/μ_s	单电子数	中心d轨道的电子排布	中心的杂化类型	几何构型
$[Co(NH_3)_6]^{2+}$	3.9	3	⊛⊛⊛⊙↑ 3d	sp^3d^2	八面体
$[Pt(CN)_4]^{2-}$	0	0	⊛⊛⊛⊛⊙ 5d	dsp^3	正方形
$[Mn(SCN)_6]^{4-}$	6.1	5	↑↑↑↑↑ 3d	sp^3d^2	八面体
$[Co(NO_2)_6]^{4-}$	1.8	1	⊛⊛⊛⊙⊙　　↑ 3d　　　　4d	d^2sp^3	八面体

【例 10-2】　将 0.20mol/L $AgNO_3$ 溶液 0.50L 和 6.0mol/L NH_3 溶液 0.50L 混合后，加入 1.19g KBr 固体。通过计算说明是否有沉淀生成。（已知 $[Ag(NH_3)_2]^+$ 的 $K_稳 = 1.1 \times 10^7$，AgBr 的 $K_{sp} = 5.4 \times 10^{-13}$）

解：混合溶液的体积为 1.0L。

反应前混合溶液中 $c(Ag^+) = 0.10$mol/L，$c(NH_3) = 3.0$mol/L。

由于 $[Ag(NH_3)_2]^+$ 的 $K_稳$ 较大且 NH_3 过量，则溶液中 Ag^+ 与 NH_3 充分反应后几乎全部转化为 $[Ag(NH_3)_2]^+$，同时消耗掉 $c(NH_3) = 0.20$mol/L，所以，反应后溶液中 $c([Ag(NH_3)_2]^+) = 0.10$mol/L，$c(NH_3) = 2.8$mol/L。

由反应

$$Ag^+ + 2NH_3 \Longrightarrow [Ag(NH_3)_2]^+$$

$$K_稳 = \frac{c([Ag(NH_3)_2]^+)}{c(Ag^+) \cdot [c(NH_3)]^2}$$

即 $$1.1 \times 10^7 = \frac{0.10}{c(Ag^+) \times 2.8^2}$$

所以 $$c(Ag^+) = 1.2 \times 10^{-9} mol/L$$

若 1.19g KBr 全部溶于溶液中，则 $c(Br^-) = 0.010mol/L$

$$Q_i = c(Ag^+) \cdot c(Br^-)$$
$$= 1.2 \times 10^{-9} \times 0.010$$
$$= 1.2 \times 10^{-11}$$

因为 $Q_i > K_{sp}$，故有 AgBr 沉淀生成。

【例 10-3】 溶液中 Cu^{2+} 与 $NH_3 \cdot H_2O$ 的初始浓度分别为 0.20mol/L 和 1.0mol/L，已知 $[Cu(NH_3)_4]^{2+}$ 的 $K_稳 = 2.1 \times 10^{13}$，试计算平衡时溶液中残留的 Cu^{2+} 的浓度。

解： 设平衡时溶液中残留的 Cu^{2+} 的浓度为 x mol/L，则有：

$$Cu^{2+} + 4NH_3 \Longrightarrow [Cu(NH_3)_4]^{2+}$$

初始浓度（mol/L）：0.2   1.0   0

平衡浓度（mol/L）：x $1-4(0.2-x)$ $0.2-x$

平衡常数表达式为： $$K_稳 = \frac{c([Cu(NH_3)_4]^{2+})}{c(Cu^{2+}) \cdot [c(NH_3)]^4}$$

将平衡浓度代入该表达式，得：

$$\frac{0.2-x}{x(0.2+4x)^4} = 2.1 \times 10^{13}$$

由于 $[Cu(NH_3)_4]^{2+}$ 的 $K_稳$ 较大，则 x 值很小，$0.2-x \approx 0.2$，$0.2+4x \approx 0.2$。

解得： $$x = 6.0 \times 10^{-12}$$

即平衡时溶液中残留的 Cu^{2+} 浓度为 6.0×10^{-12} mol/L。

【例 10-4】 已知 $E^\ominus(Ni^{2+}/Ni) = -0.257V$，$E^\ominus(Hg^{2+}/Hg) = 0.8535V$，计算下列电极反应的 E 值。

（1）$[Ni(CN)_4]^{2-} + 2e \Longrightarrow Ni + 4CN^-$；

（2）$[HgI_4]^{2-} + 2e \Longrightarrow Hg + 4I^-$。

解：（1）$[Ni(CN)_4]^{2-} + 2e \Longrightarrow Ni + 4CN^-$

已知 $E^\ominus(Ni^{2+}/Ni) = -0.257V$

$$K_f^\ominus([Ni(CN)_4]^{2-}) = 1.99 \times 10^{31}$$

对于电极反应： $$Ni^{2+} + 2e \Longrightarrow Ni$$

$$E(Ni^{2+}/Ni) = E^\ominus(Ni^{2+}/Ni) + \frac{0.0592}{2} \times \lg[c(Ni^{2+})/c^\ominus]$$

$$Ni^{2+} + 4CN^- \Longrightarrow [Ni(CN)_4]^{2-}$$

$$K_f^\ominus = \frac{c([Ni(CN)_4]^{2-})/c^\ominus}{\left[\frac{c(Ni^{2+})}{c^\ominus}\right] \cdot \left[\frac{c(CN^-)}{c^\ominus}\right]^4} = 1.99 \times 10^{31}$$

据题意，配离子和配体的浓度均为 1.0mol/L，则：

$$c(\text{Ni}^{2+}) = \frac{c^{\ominus}}{K_f^{\ominus}([\text{Ni}(\text{CN})_4]^{2-})} = 5.03 \times 10^{-32} \text{mol/L}$$

因此

$$E^{\ominus}([\text{Ni}(\text{CN})_4]^{2-}/\text{Ni}) = E(\text{Ni}^{2+}/\text{Ni})$$

$$= E^{\ominus}(\text{Ni}^{2+}/\text{Ni}) + \frac{0.0592}{2} \times \lg[c(\text{Ni}^{2+})/c^{\ominus}]$$

$$= -0.257 + \frac{0.0592}{2} \times \lg(5.03 \times 10^{-32})$$

$$= -1.183\text{V}$$

(2) $[\text{HgI}_4]^{2-} + 2e \Longleftrightarrow \text{Hg} + 4\text{I}^-$

已知 $E^{\ominus}(\text{Hg}^{2+}/\text{Hg}) = 0.8535\text{V}$, $K_f^{\ominus}([\text{HgI}_4]^{2-}) = 6.76 \times 10^{29}$

同 (1) 解法:

$$E^{\ominus}([\text{HgI}_4]^{2-}/\text{Hg}) = E(\text{Hg}^{2+}/\text{Hg})$$

$$= E^{\ominus}(\text{Hg}^{2+}/\text{Hg}) + \frac{0.0592}{2} \times \lg \frac{1}{K_f^{\ominus}([\text{HgI}_4]^{2-})}$$

$$= 0.8535 + \frac{0.0592}{2} \times \lg \frac{1}{6.76 \times 10^{29}}$$

$$= -0.0295\text{V}$$

【例 10-5】 已知 $E^{\ominus}(\text{Cu}^{2+}/\text{Cu}) = 0.340\text{V}$, 计算电对 $[\text{Cu}(\text{NH}_3)_4]^{2+}/\text{Cu}$ 的 $E^{\ominus}$ 值, 并根据有关数据说明: 在空气存在下, 能否用铜制容器储存 1.0mol/L 的氨水。(假设 $p(\text{O}_2) = 100\text{kPa}$ 且 $E^{\ominus}(\text{O}_2/\text{OH}^-) = 0.401\text{V}$)

解: 已知 $E(\text{Cu}^{2+}/\text{Cu}) = 0.340\text{V}$, $K_f^{\ominus}([\text{Cu}(\text{NH}_3)_4]^{2+}) = 2.09 \times 10^{13}$

对于电极反应 $\text{Cu}^{2+} + 2e \Longleftrightarrow \text{Cu}$

$$E(\text{Cu}^{2+}/\text{Cu}) = E^{\ominus}(\text{Cu}^{2+}/\text{Cu}) + \frac{0.0592}{2} \times \lg[c(\text{Cu}^{2+})/c^{\ominus}]$$

其中, Cu^{2+} 浓度可由下列平衡求得:

$$\text{Cu}^{2+} + 4\text{NH}_3 \cdot \text{H}_2\text{O} \Longleftrightarrow [\text{Cu}(\text{NH}_3)_4]^{2+} + 4\text{H}_2\text{O}$$

据题意, 配离子和配体的浓度均为 1.0mol/L, 则有:

$$c(\text{Cu}^{2+}) = \frac{c^{\ominus}}{K_f^{\ominus}([\text{Cu}(\text{NH}_3)_4]^{2+})} = 4.8 \times 10^{-14}$$

对于电极反应 $[\text{Cu}(\text{NH}_3)_4]^{2+} + 2e \Longleftrightarrow \text{Cu} + 4\text{NH}_3$

$$E^{\ominus}([\text{Cu}(\text{NH}_3)_4]^{2+}/\text{Cu}) = E(\text{Cu}^{2+}/\text{Cu})$$

$$= E^{\ominus}(\text{Cu}^{2+}/\text{Cu}) + \frac{0.0592}{2} \times \lg[c(\text{Cu}^{2+})/c^{\ominus}]$$

$$= 0.340 + \frac{0.0592}{2} \times \lg(4.8 \times 10^{-14})$$

$$= -0.054\text{V}$$

在 $c(\text{NH}_3 \cdot \text{H}_2\text{O}) = 1.0\text{mol/L}$ 的溶液中有:

$$\text{NH}_3 \cdot \text{H}_2\text{O} \Longleftrightarrow \text{NH}_4^+ + \text{OH}^-$$

平衡浓度 (mol/L):   1.0-x x x

$$K^{\ominus}(\mathrm{NH_3 \cdot H_2O}) = \frac{x^2}{1.0 - x} = 1.8 \times 10^{-5}$$

$$x = 4.2 \times 10^{-3}$$

即

$$c(\mathrm{OH^-}) = 4.2 \times 10^{-3}\mathrm{mol/L}$$

对于电极反应：

$$\mathrm{O_2 + 2H_2O + 4e \Longleftrightarrow 4OH^-}$$

$$E^{\ominus}(\mathrm{O_2/OH^-}) = 0.401\mathrm{V}$$

$$E(\mathrm{O_2/OH^-}) = E^{\ominus}(\mathrm{O_2/OH^-}) + \frac{0.0592}{4} \times \lg \frac{p(\mathrm{O_2})/p^{\ominus}}{[c(\mathrm{OH^-})/c^{\ominus}]^4}$$

$$= 0.401 + \frac{0.0592}{4} \times \lg \frac{1}{(4.2 \times 10^{-3})^4}$$

$$= 0.542\mathrm{V}$$

$$E(\mathrm{O_2/OH^-}) \gg E^{\ominus}([\mathrm{Cu(NH_3)_4}]^{2+}/\mathrm{Cu})$$

故不能用铜器储存 1.0mol/L 的 $\mathrm{NH_3 \cdot H_2O}$。

【例 10-6】 在 50mL 0.20mol/L $\mathrm{AgNO_3}$ 溶液中加入等体积 1.0mol/L 的 $\mathrm{NH_3 \cdot H_2O}$，计算达平衡时溶液中 $\mathrm{Ag^+}$、$[\mathrm{Ag(NH_3)_2}]^+$ 和 $\mathrm{NH_3 \cdot H_2O}$ 的浓度。

解： 混合后尚未反应前，$c(\mathrm{Ag^+}) = 0.10\mathrm{mol/L}$，$c(\mathrm{NH_3 \cdot H_2O}) = 0.50\mathrm{mol/L}$。

因 $K_f^{\ominus}[\mathrm{Ag(NH_3)_2}]^+$ 较大，可以认为 $\mathrm{Ag^+}$ 基本上转化为 $[\mathrm{Ag(NH_3)_2}]^+$，达平衡时溶液中 $c(\mathrm{Ag^+})$、$c(\mathrm{NH_3 \cdot H_2O})$、$c([\mathrm{Ag(NH_3)_2}]^+)$ 由下列平衡计算：

$$\mathrm{Ag^+ + 2NH_3 \cdot H_2O \Longleftrightarrow [Ag(NH_3)_2]^+ + 2H_2O}$$

起始浓度(mol/L)： $0.5-2\times0.10$ 0.10

平衡浓度(mol/L)： x $0.30+2x$ $0.10-x$

$$K_f^{\ominus} = \frac{\{c([\mathrm{Ag(NH_3)_2}]^+)/c^{\ominus}\}}{[c(\mathrm{Ag^+})/c^{\ominus}] \cdot [c(\mathrm{NH_3 \cdot H_2O})/c^{\ominus}]^2} = 1.12 \times 10^7$$

$$\frac{0.10 - x}{x(0.30 + 2x)^2} = 1.12 \times 10^7$$

由于 $K_f^{\ominus}$ 较大，故 x 很小，$0.10 - x \approx 0.10$，$0.30 + 2x \approx 0.30$。则有：

$$\frac{0.01}{(0.30)^2 x} = 1.12 \times 10^7$$

$$x = 9.9 \times 10^{-8}$$

即

$$c(\mathrm{Ag^+}) = 9.9 \times 10^{-8}\mathrm{mol/L}$$

$$c([\mathrm{Ag(NH_3)_2}]^+) = (0.10 - x)\mathrm{mol/L} \approx 0.10\mathrm{mol/L}$$

$$c(\mathrm{NH_3 \cdot H_2O}) = (0.30 + 2x)\mathrm{mol/L} \approx 0.30\mathrm{mol/L}$$

【例 10-7】　填写下表的空白处：

配离子	形成体	配体	配位原子	配位数
$[Cr(NH_3)_6]^{3+}$				
$[Co(H_2O)_6]^{2+}$				
$[Al(OH)_4]^-$				
$[Fe(OH)_2(H_2O)_4]^+$				
$[PtCl_5(NH_3)]^-$				

答案：见下表：

配离子	形成体	配体	配位原子	配位数
$[Cr(NH_3)_6]^{3+}$	Cr^{3+}	NH_3	N	6
$[Co(H_2O)_6]^{2+}$	Co^{2+}	H_2O	O	6
$[Al(OH)_4]^-$	Al^{3+}	OH^-	O	4
$[Fe(OH)_2(H_2O)_4]^+$	Fe^{3+}	OH^-、H_2O	O	6
$[PtCl_5(NH_3)]^-$	Pt^{4+}	Cl^-、NH_3	Cl、N	6

10.4　课后习题及解答

10-1　根据化学式命名下列配合物：

$[Co(NH_3)_6]Br_3$；$[Co(NH_3)_2(en)_2](NO_3)_3$；cis-$[PtCl_2(Ph_3P)_2]$；$K[PtCl_3NH_3]$；$[Co(NH_3)_5H_2O]Cl_3$；$[Pt(NH_2)(NO_2)(NH_3)_2]$；$[Pt(NO_2)(NH_3)(NH_2OH)(Py)]Cl$；$K_2[SiF_6]$。

答案：（1）$[Co(NH_3)_6]Br_3$　　　　　　　溴化六氨合钴（Ⅱ）

（2）$[Co(NH_3)_2(en)_2](NO_3)_3$　　　硝酸二氨·二乙二胺合钴（Ⅲ）

（3）cis-$[PtCl_2(Ph_3P)_2]$　　　　　顺式-二氯·二（三苯基膦）合铂（Ⅱ）

（4）$K[PtCl_3NH_3]$　　　　　　　三氯·一氨合铂（Ⅱ）酸钾

（5）$[Co(NH_3)_5H_2O]Cl_3$　　　　三氯化五氨·一水合钴（Ⅲ）

（6）$[Pt(NH_2)(NO_2)(NH_3)_2]$　　胺基·硝基·二氨合铂（Ⅱ）

（7）$[Pt(NO_2)(NH_3)(NH_2OH)(Py)]Cl$　氯化硝基·氨·羟胺·吡啶合铂（Ⅱ）

（8）$K_2[SiF_6]$　　　　　　　　　六氟合硅（Ⅳ）酸钾

【解析】　本题主要考察配合物命名规则。配合物内界的命名次序是：配位体数→配位体名称→合→中心离子（中心离子氧化数，以罗马数字表示）。不同配体名称之间以中圆点分开，相同的配体个数用倍数词头二、三等数字表示。

配体的命名次序：先无机后有机，先阴离子后中性分子，先少后多。

（1）先无机，后有机。

（2）先阴离子，后中性分子。

（3）同类配体按照配位原子元素符号的英文字母顺序。

（4）同类配体、配位原子相同的含较少原子的配体在前，含较多原子的配体在后。

（5）同类配体、配位原子相同，且原子数目也相同的比较与配位原子相连的原子的元素符号的英文字母顺序。

综上所述，配合物命名的总原则是：配位体名称列在形成体名称之前，顺序同书写顺序，相互之间用"·"连接，配位体与形成体之间以"合"字连接；同类配体按配位原子的元素符号的英文字母顺序排列；配位个数用一、二、三数字表示；形成体的氧化数用带括号的罗马数字（Ⅰ、Ⅱ、Ⅲ、Ⅳ、Ⅴ、Ⅵ、Ⅶ）表示。

10-2 已知某配合物的组成为 $CoCl_3 \cdot 5NH_3 \cdot H_2O$，其水溶液显弱酸性，加入强碱并加热至沸腾有 NH_3 放出，同时产生 $CoCl_3$ 沉淀；加 $AgNO_3$ 于该化合物溶液中，有 $AgCl$ 沉淀生成，过滤后再加 $AgNO_3$ 溶液于滤液中无变化，但加热至沸腾有 $AgCl$ 沉淀生成，且其质量为第一次沉淀量的 $1/2$，则该配合物的化学式最可能为（   ）。

A. $[CoCl_2(NH_3)_4]Cl \cdot NH_3 \cdot H_2O$ 　　　　B. $[Co(NH_3)_5(H_2O)]Cl_3$

C. $[CoCl_2(NH_3)_3(H_2O)]Cl \cdot 2NH_3$ 　　D. $[CoCl(NH_3)_5]Cl_2 \cdot H_2O$

答案：D

【解析】考察对配合物内界和外界性质差异的理解。水溶液加入强碱并加热至沸腾，破坏配离子的内界，放出 NH_3 并产生 $CoCl_3$ 沉淀，说明内界中中心原子是 Co，并含有 NH_3；加入 $AgNO_3$ 于该化合物溶液中，有 $AgCl$ 沉淀生成，说明外界有 Cl；过滤后再加 $AgNO_3$ 溶液于滤液中无变化，说明外界 Cl 离子沉淀完全，在加热至沸腾有 $AgCl$ 沉淀生成，说明内界中有 Cl，其质量为第一次沉淀量的 $1/2$，说明内外界 Cl 的比例为 $1:2$，所以判断该配合物的化学式最可能为 $[CoCl(NH_3)_5]Cl_2 \cdot H_2O$。

10-3 已知 $K_f^{\ominus}([HgBr_4]^{2-}) = 1.0 \times 10^{21}$，$K_f^{\ominus}([PtBr_4]^{2-}) = 3.1 \times 10^{20}$。在 $[HgBr_4]^{2-}$ 溶液和 $[PtBr_4]^{2-}$ 溶液中，$c(Hg^{2+})$ 和 $c(Pt^{2+})$ 的大小关系是（   ）。

A. 只能 $c(Hg^{2+}) > c(Pt^{2+})$ 　　　　B. 只能 $c(Hg^{2+}) < c(Pt^{2+})$

C. 只能 $c(Hg^{2+}) = c(Pt^{2+})$ 　　　　D. 难以确定

答案：D

【解析】考察配离子的稳定常数的概念。溶液中 $K_f^{\ominus}([HgBr_4]^{2-}) = c([HgBr_4]^{2-})/[c(Hg^{2+}) \times c^4(Br^-)]$，$K_f^{\ominus}([PtBr_4]^{2-}) = c([PtBr_4]^{2-})/[c(Pt^{2+}) \times c^4(Br^-)]$，$K_f^{\ominus}([HgBr_4]^{2-}) > K_f^{\ominus}([PtBr_4]^{2-})$，但题干中未提及 $c([HgBr_4]^{2-})$、$c([PtBr_4]^{2-})$ 和 $c(Br^-)$，故难以确定。

10-4 已知 $K_{sp}^{\ominus}(PbI_2)$ 和 $K_f^{\ominus}([PbI_4]^{2-})$，则反应 $PbI_2 + 2I^- \rightleftharpoons [PbI_4]^{2-}$ 的标准平衡常数 $K^{\ominus}$ 为（   ）。

A. $K_f^{\ominus}([PbI_4]^{2-})/K_{sp}^{\ominus}(PbI_2)$ 　　　　B. $K_{sp}^{\ominus}(PbI_2)/K_f^{\ominus}([PbI_4]^{2-})$

C. $K_{sp}^{\ominus}(PbI_2) \cdot K_f^{\ominus}([PbI_4]^{2-})$ 　　D. $1/[K_{sp}^{\ominus}(PbI_2) \cdot K_f^{\ominus}([PbI_4]^{2-})]$

答案：C

【解析】考察配位平衡与沉淀平衡的相互影响。根据多重平衡法则，$K_{sp}^{\ominus}(PbI_2)$，对应的反应是 $PbI_2 \rightleftharpoons Pb^{2+} + 2I^-$（反应 1）；$K_f^{\ominus}([PbI_4]^{2-})$ 对应的反应是 $Pb^{2+} + 4I^- \rightleftharpoons [PbI_4]^{2-}$（反应 2）；$K^{\ominus}$ 对应的反应是 $PbI_2 + 2I^- \rightleftharpoons [PbI_4]^{2-}$（反应 3）。反应 3 = 反应 1 +

反应 2，所以 $K^{\ominus} = K_{sp}^{\ominus}(PbI_2) \cdot K_f^{\ominus}([PbI_4]^{2-})$。

10-5　已知 $[Ag(NH_3)_2]^+$ 的稳定常数为 $K_f^{\ominus}$，反应 $[Ag(NH_3)_2]^+ + 2SCN^- \rightleftharpoons$ $[Ag(SCN)_2]^- + 2NH_3$ 的标准平衡常数为 $K^{\ominus}$，则 $[Ag(SCN)_2]^-$ 的不稳定常数 $K_d^{\ominus}$ 应为（　　）。

A. $K_d^{\ominus} = K_f^{\ominus} \cdot K^{\ominus}$　　　　　　　　B. $K_d^{\ominus} = K_f^{\ominus} / K^{\ominus}$

C. $K_d^{\ominus} = K^{\ominus} / K_f^{\ominus}$　　　　　　　　D. $K_d^{\ominus} = 1/(K_f^{\ominus} \cdot K^{\ominus})$

答案：D

【解析】考察不同配离子之间的转化反应。根据多重平衡法则，$[Ag(NH_3)_2]^+$ 的稳定常数为 $K_f^{\ominus}$，对应的反应是 $Ag^+ + 2NH_3 \rightleftharpoons [Ag(NH_3)_2]^+$（反应 1）；$K^{\ominus}$ 对应的反应是 $[Ag(NH_3)_2]^+ + 2SCN^- \rightleftharpoons [Ag(SCN)_2]^- + 2NH_3$（反应 2）；$[Ag(SCN)_2]^-$ 的不稳定常数 $K_d^{\ominus}$ 对应的反应是 $[Ag(SCN)_2]^- \rightleftharpoons Ag^+ + 2SCN^-$（反应 3）。反应 3 = −（反应 1 + 反应 2），所以 $K_d^{\ominus} = 1/(K_f^{\ominus} \cdot K^{\ominus})$。

10-6　将 2.0mol/L 氨水与 0.10mol/L $[Ag(NH_3)_2]Cl$ 溶液等体积混合后，混合溶液中各组分浓度大小的关系应是（　　）。

A. $c(NH_3) > c(Cl^-) = c([Ag(NH_3)_2]^+) > c(Ag^+)$

B. $c(NH_3) > c(Cl^-) > c([Ag(NH_3)_2]^+) > c(Ag^+)$

C. $c(Cl^-) > c(NH_3) > c([Ag(NH_3)_2]^+) > c(Ag^+)$

D. $c(Cl^-) > c([Ag(NH_3)_2]^+) > c(NH_3) > c(Ag^+)$

答案：B

【解析】考察对配离子解离平衡以及溶液中各离子来源的理解。溶液中的反应平衡为 $Ag^+ + 2NH_3 \rightleftharpoons [Ag(NH_3)_2]^+$ 和 $NH_3 + H_2O \rightleftharpoons NH_4^+ + OH^-$。等体积混合后，溶液中 NH_3 主要来源于氨水，故 $c(NH_3)$ 接近于 1.0mol/L，$c(Cl^-)$ 来源于 $[Ag(NH_3)_2]Cl$ 外界电离，故 $c(Cl^-)$ 可以认为等于 0.05mol/L，$[Ag(NH_3)_2]^+$ 主要来源于 $[Ag(NH_3)_2]Cl$ 的电离，有很少一部分发生解离，故 $c([Ag(NH_3)_2]^+)$ 小于 0.05mol/L，Ag^+ 主要来源于 $[Ag(NH_3)_2]Cl$ 内界的解离，其解离程度很小，故 $c(Ag^+)$ 极小。所以，它们浓度的大小关系为 $c(NH_3) > c(Cl^-) > c([Ag(NH_3)_2]^+) > c(Ag^+)$。

10-7　某溶液的 pOH = 10，其中含有 0.010mol/L 的 Al^{3+}，为防止生成 $Al(OH)_3$ 沉淀，应控制初始溶液中的 F^- 浓度不小于多少？（已知：$K_f^{\ominus}([AlF_6]^{3-}) = 6.9 \times 10^{19}$，$K_{sp}^{\ominus}(Al(OH)_3) = 1.3 \times 10^{-33}$）

解：平衡反应为：

$$Al(OH)_3 + 6F^- \rightleftharpoons [AlF_6]^{3-} + 3OH^-$$

平衡常数为：

$$K = \frac{c([AlF_6]^{3-}) \times c^3(OH^-)}{c^6(F^-)} = \frac{c([AlF_6]^{3-}) \times c^3(OH^-)}{c^6(F^-)} \times \frac{c(Al^{3+})}{c(Al^{3+})} = K_f^{\ominus} \times K_{sp}^{\ominus}$$

$$= 6.9 \times 10^{19} \times 1.3 \times 10^{-33} = 8.97 \times 10^{-14}$$

该溶液的 pOH = 10，故 $c(OH^-) = 1 \times 10^{-10}$mol/L。

$K_{sp}^{\ominus}(\text{Al(OH)}_3)$ 极小，Al^{3+} 可认为均转化为 $[\text{AlF}_6]^{3-}$，$c([\text{AlF}_6]^{3-}) = 0.010\text{mol/L}$。
故

$$K = \frac{c([\text{AlF}_6]^{3-}) \times c^3(\text{OH}^-)}{c^6(\text{F}^-)} = \frac{0.010 \times (1 \times 10^{-10})^3}{c^6(\text{F}^-)} = 8.97 \times 10^{-14}$$

解得：
$$c(\text{F}^-) = 6.94 \times 10^{-4}\text{mol/L}$$

所以 F^- 的初始浓度应大于 $6.94 \times 10^{-4}\text{mol/L}$。

【解析】 考察配位平衡与沉淀平衡的相互影响。

10-8 通过计算判断在 FeCl_3 溶液中加入足量 NaF 后，是否还能氧化 SnCl_2？（已知：$E^{\ominus}(\text{Fe}^{3+}/\text{Fe}^{2+}) = 0.771\text{V}$，$E^{\ominus}(\text{Sn}^{4+}/\text{Sn}^{2+}) = 0.151\text{V}$，$K_f^{\ominus}([\text{FeF}_6]^{3-}) = 1.0 \times 10^{16}$，各有关物种均处于标准状态下）

解： $\text{Fe}^{3+} + e \longrightarrow \text{Fe}^{2+}$

$$E(\text{Fe}^{3+}/\text{Fe}^{2+}) = E^{\ominus}(\text{Fe}^{3+}/\text{Fe}^{2+}) + \frac{0.0592}{n} \times \lg\frac{c(\text{Fe}^{3+})}{c(\text{Fe}^{2+})}$$

其中 $c(\text{Fe}^{2+})$ 为 1.0mol/L，而 $c(\text{Fe}^{3+})$ 的数值取决于配离子 $[\text{FeF}_6]^{3-}$ 的解离平衡。

$$\text{Fe}^{3+} + 6\text{F}^- \rightleftharpoons [\text{FeF}_6]^{3-}$$

$$K_f^{\ominus}([\text{FeF}_6]^{3-}) = \frac{c([\text{FeF}_6]^{3-})}{c(\text{Fe}^{3+}) \times c^6(\text{F}^-)}$$

$$c(\text{Fe}^{3+}) = \frac{c([\text{FeF}_6]^{3-})}{K_f^{\ominus}([\text{FeF}_6]^{3-}) \times c^6(\text{F}^-)} = \frac{1.0}{(1.0 \times 10^{16}) \times 1.0^6} = 1.0 \times 10^{-16}$$

所以 $E(\text{Fe}^{3+}/\text{Fe}^{2+}) = E^{\ominus}(\text{Fe}^{3+}/\text{Fe}^{2+}) + \frac{0.0592}{n} \times \lg\frac{c(\text{Fe}^{3+})}{c(\text{Fe}^{2+})}$

$$= 0.771 + \frac{0.0592}{1} \times \lg\frac{1.0 \times 10^{-16}}{1.0}$$

$$= -0.1762\text{V}$$

由于 $E(\text{Fe}^{3+}/\text{Fe}^{2+}) < E^{\ominus}(\text{Sn}^{4+}/\text{Sn}^{2+})$，所以不能氧化 SnCl_2。

【解析】 考察配位平衡与氧化还原平衡的相互影响。

10-9 通过计算说明下列氧化还原反应能否发生？若能发生，写出化学反应方程式。

（1）在含有 Fe^{3+} 的溶液中加入 KI；

（2）在含有 Fe^{3+} 的溶液中先加入足量的 NaCN 后，再加入 KI。

已知：$E^{\ominus}(\text{Fe}^{3+}/\text{Fe}^{2+}) = 0.771\text{V}$，$E^{\ominus}(\text{I}_2/\text{I}^-) = 0.536\text{V}$，$[\text{Fe(CN)}_6]^{3-}$ 的 $K_f^{\ominus} = 1.0 \times 10^{42}$，$[\text{Fe(CN)}_6]^{4-}$ 的 $K_f^{\ominus} = 1.0 \times 10^{35}$。

解：（1）由于 $E^{\ominus}(\text{Fe}^{3+}/\text{Fe}^{2+}) > E^{\ominus}(\text{I}_2/\text{I}^-)$，所以 $\text{Fe}^{3+}/\text{Fe}^{2+}$ 做正极可以将 I^- 氧化。
其反应方程式为：

$$2\text{Fe}^{3+} + 2\text{I}^- =\!=\!= 2\text{Fe}^{2+} + \text{I}_2$$

（2）由于加入足量的 NaCN 后，Fe^{3+} 和 Fe^{2+} 均会形成相应的配合物，则有：

$$E(\text{Fe}^{3+}/\text{Fe}^{2+}) = E^{\ominus}(\text{Fe}^{3+}/\text{Fe}^{2+}) + \frac{0.0592}{n} \times \lg\frac{c(\text{Fe}^{3+})}{c(\text{Fe}^{2+})}$$

根据 $Fe^{3+} + 6CN^- \rightleftharpoons [Fe(CN)_6]^{3-}$ 和 $Fe^{2+} + 6CN^- \rightleftharpoons [Fe(CN)_6]^{4-}$ 可知,

$$K_f^{\ominus}([Fe(CN)_6]^{3-}) = \frac{c([Fe(CN)_6]^{3-})}{c(Fe^{3+}) \times c^6(CN^-)}$$

$$K_f^{\ominus}([Fe(CN)_6]^{4-}) = \frac{c([Fe(CN)_6]^{4-})}{c(Fe^{2+}) \times c^6(CN^-)}$$

所以 $\dfrac{c(Fe^{3+})}{c(Fe^{2+})} = \dfrac{c([Fe(CN)_6]^{3-})}{K_f^{\ominus}([Fe(CN)_6]^{3-}) \times c^6(CN^-)} \div \dfrac{c([Fe(CN)_6]^{4-})}{K_f^{\ominus}([Fe(CN)_6]^{4-}) \times c^6(CN^-)}$

由于 NaCN 足量,所以溶液中 $c([Fe(CN)_6]^{3-})$ 和 $c([Fe(CN)_6]^{4-})$ 近似相等,故有:

$$\frac{c(Fe^{3+})}{c(Fe^{2+})} = \frac{K_f^{\ominus}([Fe(CN)_6]^{4-})}{K_f^{\ominus}([Fe(CN)_6]^{3-})}$$

$$E(Fe^{3+}/Fe^{2+}) = E^{\ominus}(Fe^{3+}/Fe^{2+}) + \frac{0.0592}{n} \times \lg \frac{c(Fe^{3+})}{c(Fe^{2+})}$$

$$= E^{\ominus}(Fe^{3+}/Fe^{2+}) + \frac{0.0592}{n} \times \lg \frac{K_f^{\ominus}([Fe(CN)_6]^{4-})}{K_f^{\ominus}([Fe(CN)_6]^{3-})}$$

$$= 0.771 + \frac{0.0592}{1} \times \lg \frac{1.0 \times 10^{35}}{1.0 \times 10^{42}}$$

$$= 0.3566V$$

由于 $E(Fe^{3+}/Fe^{2+}) < E^{\ominus}(I_2/I^-)$,所以 Fe^{3+}/Fe^{2+} 做负极,其化学反应方程式为:

$$2Fe^{2+} + I_2 === 2Fe^{3+} + 2I^-$$

【解析】考察配位平衡与氧化还原平衡的相互影响。

10-10 向含有 0.010mol/L Zn^{2+} 的溶液中通入 H_2S 至饱和,当 pH $\geq$ 1 时即可析出 ZnS 沉淀。但若往含有 1.0mol/L CN^- 的 0.010mol/L Zn^{2+} 的溶液中通入 H_2S 至饱和,则需要在 pH $\geq$ 9 时,才能析出 ZnS 沉淀。根据上述条件,计算 $[Zn(CN)_4]^{2-}$ 的 $K_f^{\ominus}$ = ?(计算中忽略 CN^- 的水解;已知 $K_{a1}^{\ominus}(H_2S) = 8.91 \times 10^{-8}$,$K_{a2}^{\ominus}(H_2S) = 1.20 \times 10^{-13}$,$K_{sp}^{\ominus}(ZnS) = 1.6 \times 10^{-24}$)

解: 两种情况中,ZnS 溶解反应方程式分别为:

$$ZnS + 2H^+ === H_2S + Zn^{2+} \qquad\qquad K_1^{\ominus}$$

$$ZnS + 2H^+ + 4CN^- === H_2S + [Zn(CN)_4]^{2-} \qquad K_2^{\ominus}$$

$$K_1^{\ominus} = \frac{c(H_2S) \times c(Zn^{2+})}{c^2(H^+)}$$

刚好析出 ZnS 的平衡状态时,

$$K_1^{\ominus} = \frac{c(H_2S) \times c(Zn^{2+})}{c^2(H^+)} = \frac{0.1 \times 0.010}{(10^{-1})^2} = 0.1$$

$$K_2 = \frac{c(H_2S) \times c([Zn(CN)_4]^{2-})}{c^2(H^+) \times c^4(CN^-)} = \frac{c(H_2S) \times c([Zn(CN)_4]^{2-})}{c^2(H^+) \times c^4(CN^-)} \times \frac{c(Zn^{2+})}{c(Zn^{2+})}$$

$$= \frac{c(H_2S) \times c(Zn^{2+})}{c^2(H^+)} \times \frac{c([Zn(CN)_4]^{2-})}{c(Zn^{2+}) \times c^4(CN^-)}$$

$$= K_1 \times K_f^{\ominus}$$

刚好析出 ZnS 的平衡状态时，由于 CN^- 过量，所以 Zn^{2+} 以 $[Zn(CN)_4]^{2-}$ 存在，则有：

$$c(H_2S) = 0.1mol/L, \quad c([Zn(CN)_4]^{2-}) = 0.010mol/L, \quad c(H^+) = 10^{-9}mol/L,$$

$$c(CN^-) = (1.0 - 0.01 \times 4) = 0.96mol/L$$

$$K_2 = \frac{c(H_2S) \times c([Zn(CN)_4]^{2-})}{c^2(H^+) \times c^4(CN^-)} = \frac{0.1 \times 0.010}{(10^{-9})^2 \times 0.96^4} = 1.18 \times 10^{15}$$

所以

$$K_f^{\ominus} = \frac{K_2}{K_1} = \frac{1.18 \times 10^{15}}{0.1} = 1.18 \times 10^{16}$$

【解析】考察配位平衡与沉淀平衡的相互影响。

10-11　在 Zn^{2+} 溶液中加碱会产生 $Zn(OH)_2$ 沉淀，若加入过量的碱则 $Zn(OH)_2$ 沉淀又会溶解生成 $[Zn(OH)_4]^{2-}$ 配离子。为使溶液中 $c(Zn^{2+}) \leqslant 1.0 \times 10^{-5}mol/L$，溶液的 pH 值应控制在什么范围？（已知：$Zn(OH)_2$ 的 $K_{sp}^{\ominus} = 3 \times 10^{-17}$，$[Zn(OH)_4]^{2-}$ 的 $K_f^{\ominus} = 2.8 \times 10^{15}$）

解：当 $c(Zn^{2+}) \leqslant 1.0 \times 10^{-5}mol/L$ 时，溶液中氢氧根的浓度 $c_1(OH^-)$ 为：

$$Zn(OH)_2 \Longrightarrow Zn^{2+} + 2OH^-$$

$$K_{sp}^{\ominus} = c(Zn^{2+}) \times c_1^2(OH^-)$$

则

$$c_1(OH^-) = \sqrt{\frac{K_{sp}^{\ominus}}{c(Zn^{2+})}} = \sqrt{\frac{3 \times 10^{-17}}{1.0 \times 10^{-5}}} = 1.73 \times 10^{-6}$$

$$pH = 14 - pOH = 14 - 5.76 = 8.24$$

当 $Zn(OH)_2$ 沉淀又溶解生成 $[Zn(OH)_4]^{2-}$ 配离子时，溶液中氢氧根的浓度 $c_2(OH^-)$：

$$Zn(OH)_2 + 2OH^- \Longrightarrow [Zn(OH)_4]^{2-}$$

$$K = \frac{c([Zn(OH)_4]^{2-})}{c^2(OH^-)} = \frac{c([Zn(OH)_4]^{2-})}{c^2(OH^-)} \times \frac{c(Zn^{2+})}{c(Zn^{2+})} \times \frac{c^2(OH^-)}{c^2(OH^-)} = K_f^{\ominus} \times K_{sp}^{\ominus}$$

$$= (2.8 \times 10^{15}) \times (3 \times 10^{-17}) = 0.084$$

则

$$c_2(OH^-) = \sqrt{\frac{c([Zn(OH)_4]^{2-})}{K}} = \sqrt{\frac{1.0 \times 10^{-5}}{0.084}} = 1.1 \times 10^{-2}$$

$$pH = 14 - pOH = 14 - 1.96 = 12.04$$

所以，溶液的 pH 值应控制在 8.24~12.04 范围内。

【解析】考察配位平衡与沉淀平衡的相互影响。

10-12　已知：$AgBr + e \longrightarrow Ag + Br^-$ 　　　　$E^{\ominus} = 0.07133V$

$[Ag(S_2O_3)_2]^{3-} + e \longrightarrow Ag + 2S_2O_3^{2-}$ 　　　$E^{\ominus} = 0.010V$

$Ag^+ + e \longrightarrow Ag$ 　　　　　　　　　　　　$E^{\ominus} = 0.7996V$

（1）将 50mL 0.15mol/L 的 $AgNO_3$ 与 100mL 0.30mol/L 的 $Na_2S_2O_3$ 混合，试计算混合液中 Ag^+ 的浓度；

（2）通过计算确定 0.0010mol AgBr 能否溶于 100mL 0.025mol/L 的 $Na_2S_2O_3$ 溶液中？

（假设溶解后溶液体积不变）

解：（1）$AgNO_3$ 和 $Na_2S_2O_3$ 组成的溶液中原电池反应为：

$$Ag^+ + 2S_2O_3^{2-} \longrightarrow [Ag(S_2O_3)_2]^{3-}$$

负极反应：$\qquad [Ag(S_2O_3)_2]^{3-} + e \longrightarrow Ag + 2S_2O_3^{2-}$

正极反应：$\qquad\qquad Ag^+ + e \longrightarrow Ag$

原电池的标准电动势：$E = 0.7996 - 0.010 = 0.7896V$

由 $\qquad lgK^{\ominus} = \dfrac{nE^{\ominus}}{0.0592} = \dfrac{1 \times 0.7896}{0.0592} = 13.34$

计算得：$\qquad\qquad K^{\ominus} = 2.19 \times 10^{13}$

混合后 Ag^+ 和 $S_2O_3^{2-}$ 的初始浓度分别为 $0.05mol/L$ 和 $0.20mol/L$。

由于 $[Ag(S_2O_3)_2]^{3-}$ 的稳定常数很大且 $S_2O_3^{2-}$ 是过量的，所以溶液中 Ag^+ 和 $S_2O_3^{2-}$ 充分反应后几乎全部转化为 $[Ag(S_2O_3)_2]^{3-}$，同时消耗掉 $S_2O_3^{2-}$ 的浓度是 $[Ag(S_2O_3)_2]^{3-}$ 浓度的 2 倍，所以溶液中 $[Ag(S_2O_3)_2]^{3-}$ 的浓度约等于 $0.05mol/L$，$S_2O_3^{2-}$ 的浓度是 $0.20 - 0.05 \times 2 = 0.10mol/L$。

设平衡时 Ag^+ 的浓度为 $x\,mol/L$，则平衡时有：

$$Ag^+ + 2S_2O_3^{2-} \longrightarrow [Ag(S_2O_3)_2]^{3-}$$

初始浓度（mol/L）：$\quad 0.05 \quad 0.20 \qquad\qquad 0$

平衡浓度（mol/L）：$\quad x \qquad 0.10 \qquad\qquad 0.05$

$$K^{\ominus} = \frac{0.05}{x \times 0.10^2} = 2.19 \times 10^{13}$$

解得：$x = 2.28 \times 10^{-13}$

所以混合液中 Ag^+ 的浓度为 $2.28 \times 10^{-13}mol/L$。

（2）正极反应：$\qquad AgBr + e \longrightarrow Ag + Br^- \qquad E^{\ominus} = 0.07133V$

负极反应：$[Ag(S_2O_3)_2]^{3-} + e \longrightarrow Ag + 2S_2O_3^{2-} \qquad E^{\ominus} = 0.010V$

电池反应 $\quad AgBr + 2S_2O_3^{2-} \longrightarrow [Ag(S_2O_3)_2]^{3-} + Br^-$

原电池的标准电动势：$E = 0.07133 - 0.010 = 0.06133V$

由 $\qquad lgK^{\ominus} = \dfrac{nE^{\ominus}}{0.0592} = \dfrac{1 \times 0.06133}{0.0592} = 1.036$

计算得：$\qquad\qquad K^{\ominus} = 10.86$

设在 $100mL\ 0.025mol/L\ Na_2S_2O_3$ 溶液中可溶解 $y\ mol\ AgBr$，则平衡时 $[Ag(S_2O_3)_2]^{3-}$ 的浓度为 $10y\ mol/L$。

$$AgBr + 2S_2O_3^{2-} \longrightarrow [Ag(S_2O_3)_2]^{3-} + Br^-$$

平衡浓度（mol/L）：$\qquad 0.025 - 20y \qquad 10y \qquad\quad 10y$

$$K^{\ominus} = \frac{(10y) \times (10y)}{(0.025 - 20y)^2} = 10.86$$

解得：$y = 1.47 \times 10^{-3}$

即在 $100mL\ 0.025mol/L\ Na_2S_2O_3$ 溶液中可溶解 $1.47 \times 10^{-3}mol\ AgBr$。

所以 $0.0010mol\ AgBr$ 能溶于 $100mL\ 0.025mol/L$ 的 $Na_2S_2O_3$ 溶液中。

【解析】 考察配位平衡与沉淀溶解平衡的相互影响。

10-13 计算溶液中与 5.0×10^{-3} mol/L $[Cu(NH_3)_4]^{2+}$ 和 1.0mol/L NH_3 处于平衡状态时游离 Cu^{2+} 的浓度。（已知：$K_f^{\ominus}([Cu(NH_3)_4]^{2+}) = 2.1 \times 10^{13}$）

　　解： 假设溶液中 Cu^{2+} 的浓度为 x mol/L，则有：

$$Cu^{2+} \quad + \quad 4NH_3 \quad \longrightarrow \quad [Cu(NH_3)_4]^{2+}$$

平衡浓度（mol/L）：$\quad x \qquad\qquad 1.0 \qquad\qquad\quad 5.0 \times 10^{-3}$

$$K_f^{\ominus}([Cu(NH_3)_4]^{2+}) = \frac{c([Cu(NH_3)_4]^{2+})}{c(Cu^{2+}) \times c^4(NH_3)} = 2.1 \times 10^{13}$$

所以 $c(Cu^+) = 2.38 \times 10^{-16}$ mol/L

【解析】 考察配合物稳定常数的定义。

10-14 向 1mL 0.04mol/L $AgNO_3$ 溶液中加 1mL 0.2mol/L $NH_3 \cdot H_2O$，求平衡时 $c(Ag^+)$？（已知：$K_f^{\ominus}([Ag(NH_3)_2]^+) = 1.1 \times 10^7$）

　　解： 混合后，$c(Ag^+) = 0.02$mol/L，$c(NH_3 \cdot H_2O) = 0.1$mol/L。

设平衡时 Ag^+ 的浓度为 x mol/L，则平衡时有：

$$Ag^+ + 2NH_3 \cdot H_2O \Longrightarrow [Ag(NH_3)_2]^+ + 2H_2O$$

初始浓度（mol/L）：0.02　　　0.1　　　　　　　　0

平衡浓度（mol/L）：$\quad x \quad 0.1-2(0.02-x) \qquad 0.02-x$

$$K^{\ominus} = \frac{0.02 - x}{x \times [0.1 - 2(0.02 - x)]^2} = 1.1 \times 10^7$$

由于 $K_f^{\ominus}([Ag(NH_3)_2]^+) = 1.1 \times 10^7$ 的值很大，溶液中 x 值很小，所以 $0.02 - x \approx 0.02$，$0.1 - 2(0.02 - x) \approx 0.06$，上式为：

$$K^{\ominus} = \frac{0.02}{x \times 0.06^2} = 1.1 \times 10^7$$

解得：$x = 5.05 \times 10^{-7}$

【解析】 考察配合物稳定常数的定义。

10-15 已知 $E^{\ominus}(Au^+/Au) = 1.692$V，$[Au(CN)_2]^-$ 的 $K_f^{\ominus} = 2 \times 10^{38}$，计算 $E^{\ominus}([Au(CN)_2]^-/Au)$ 的值。

　　解： 方法一：求 $E^{\ominus}([Au(CN)_2]^-/Au)$ 相当于求 Au^+/Au 在非标准状态的电极电势，即：

$$E^{\ominus}([Au(CN)_2]^-/Au) = E(Au^+/Au) = E^{\ominus}(Au^+/Au) + \frac{0.0592}{n} \times \lg \frac{c(Au^+)}{1}$$

$$= 1.68 + \frac{0.0592}{1} \times \lg \frac{c(Au^+)}{1}$$

根据 $[Au(CN)_2]^- + e \Longrightarrow Au + 2CN^-$ 的标准电极电势条件，$c([Au(CN)_2]^-) = c(CN^-) = 1$mol/L

$$Au^+ + 2CN^- \Longrightarrow [Au(CN)_2]^-$$

$$K_f^{\ominus}([Au(CN)_2]^-) = \frac{c([Au(CN)_2]^-)}{c(Au^+) \times c^2(CN^-)} = 2 \times 10^{38}$$

计算得：$c(\text{Au}^+) = 5 \times 10^{-39}$

所以 $E^{\ominus}([\text{Au(CN)}_2]^-/\text{Au}) = 1.692 + \dfrac{0.0592}{1} \times \lg\dfrac{c(\text{Au}^+)}{1}$

$$= 1.692 + \dfrac{0.0592}{1} \times \lg(5 \times 10^{-39})$$

$$= -0.575\text{V}$$

方法二：$\text{Au}^+ + 2\text{CN}^- \rightleftharpoons [\text{Au(CN)}_2]^-$ 两侧都加上 Au，组成原电池。

电池反应：$\text{Au}^+ + 2\text{CN}^- + \text{Au} \rightleftharpoons [\text{Au(CN)}_2]^- + \text{Au}$

正极反应：$\qquad\qquad \text{Au}^+ + \text{e} \rightleftharpoons \text{Au}$

负极反应：$\qquad\quad 2\text{CN}^- + \text{Au} \rightleftharpoons [\text{Au(CN)}_2]^- + \text{e}$

$$E^{\ominus} = E^{\ominus}(\text{Au}^+/\text{Au}) - E^{\ominus}([\text{Au(CN)}_2]^-/\text{Au})$$

根据 $\lg K^{\ominus} = \dfrac{nE^{\ominus}}{0.0592}$，其中 $K^{\ominus} = K_{\text{f}}^{\ominus} = 2 \times 10^{38}$，$n = 1$，计算得：

$$E^{\ominus} = 2.267\text{V}$$

所以 $E^{\ominus}([\text{Au(CN)}_2]^-/\text{Au}) = E^{\ominus}(\text{Au}^+/\text{Au}) - E^{\ominus} = 1.692 - 2.267 = -0.575\text{V}$

【解析】考察配位平衡与氧化还原平衡的相互影响。

10-16 含有 Fe^{2+} 和 Fe^{3+} 的溶液中，加入 KCN，有 $[\text{Fe(CN)}_6]^{3-}$、$[\text{Fe(CN)}_6]^{4-}$ 配离子生成。求 $E^{\ominus}([\text{Fe(CN)}_6]^{3-}/[\text{Fe(CN)}_6]^{4-}) = ?$（已知：$E^{\ominus}(\text{Fe}^{3+}/\text{Fe}^{2+}) = 0.771\text{V}$，$K_{\text{f}}^{\ominus}([\text{Fe(CN)}_6]^{3-}) = 10^{42}$，$K_{\text{f}}^{\ominus}([\text{Fe(CN)}_6]^{4-}) = 10^{35}$）

解：$E^{\ominus}([\text{Fe(CN)}_6]^{3-}/[\text{Fe(CN)}_6]^{4-})$ 是 $\text{Fe}^{3+}/\text{Fe}^{2+}$ 的非标准电极电势，则有：

$$E^{\ominus}([\text{Fe(CN)}_6]^{3-}/[\text{Fe(CN)}_6]^{4-}) = E(\text{Fe}^{3+}/\text{Fe}^{2+})$$

$$= E^{\ominus}(\text{Fe}^{3+}/\text{Fe}^{2+}) + \dfrac{0.0592}{n} \times \lg\dfrac{c(\text{Fe}^{3+})}{c(\text{Fe}^{2+})}$$

根据 $\text{Fe}^{3+} + 6\text{CN}^- \rightleftharpoons [\text{Fe(CN)}_6]^{3-}$ 和 $\text{Fe}^{2+} + 6\text{CN}^- \rightleftharpoons [\text{Fe(CN)}_6]^{4-}$ 可知，

$$K_{\text{f}}^{\ominus}([\text{Fe(CN)}_6]^{3-}) = \dfrac{c([\text{Fe(CN)}_6]^{3-})}{c(\text{Fe}^{3+}) \times c^6(\text{CN}^-)}$$

$$K_{\text{f}}^{\ominus}([\text{Fe(CN)}_6]^{4-}) = \dfrac{c([\text{Fe(CN)}_6]^{4-})}{c(\text{Fe}^{2+}) \times c^6(\text{CN}^-)}$$

所以 $\dfrac{c(\text{Fe}^{3+})}{c(\text{Fe}^{2+})} = \dfrac{c([\text{Fe(CN)}_6]^{3-})}{K_{\text{f}}^{\ominus}([\text{Fe(CN)}_6]^{3-}) \times c^6(\text{CN}^-)} \div \dfrac{c([\text{Fe(CN)}_6]^{4-})}{K_{\text{f}}^{\ominus}([\text{Fe(CN)}_6]^{4-}) \times c^6(\text{CN}^-)}$

由于 $E^{\ominus}([\text{Fe(CN)}_6]^{3-}/[\text{Fe(CN)}_6]^{4-})$ 时，$c([\text{Fe(CN)}_6]^{3-}) = c([\text{Fe(CN)}_6]^{4-}) = 1\text{mol/L}$，故：

$$\dfrac{c(\text{Fe}^{3+})}{c(\text{Fe}^{2+})} = \dfrac{K_{\text{f}}^{\ominus}([\text{Fe(CN)}_6]^{4-})}{K_{\text{f}}^{\ominus}([\text{Fe(CN)}_6]^{3-})}$$

$$E(\text{Fe}^{3+}/\text{Fe}^{2+}) = E^{\ominus}(\text{Fe}^{3+}/\text{Fe}^{2+}) + \dfrac{0.0592}{n} \times \lg\dfrac{c(\text{Fe}^{3+})}{c(\text{Fe}^{2+})}$$

$$= E^{\ominus}(\text{Fe}^{3+}/\text{Fe}^{2+}) + \dfrac{0.0592}{n} \times \lg\dfrac{K_{\text{f}}^{\ominus}([\text{Fe(CN)}_6]^{4-})}{K_{\text{f}}^{\ominus}([\text{Fe(CN)}_6]^{3-})}$$

$$= 0.771 + \frac{0.0592}{1} \times \lg \frac{1.0 \times 10^{35}}{1.0 \times 10^{42}}$$

$$= 0.3566V$$

【解析】 考察配位平衡与氧化还原平衡的相互影响。

10-17 向 $[Ag(NH_3)_2]^+$ 溶液中加入 KCN，可能发生下列反应：$[Ag(NH_3)_2]^+ + 2CN^- \longrightarrow [Ag(CN)_2]^- + 2NH_3$，通过计算判断反应的可能性。（已知：$K_f([Ag(NH_3)_2]^+) = 1.1 \times 10^7, K_f^\ominus([Ag(CN)_2]^-) = 1.3 \times 10^{21}$）

解： $[Ag(NH_3)_2]^+ + 2CN^- \longrightarrow [Ag(CN)_2]^- + 2NH_3$

$$K^\ominus = \frac{c^2(NH_3) \times c([Ag(CN)_2]^-)}{c([Ag(NH_3)_2]^+) \times c^2(CN^-)} = \frac{c^2(NH_3) \times c([Ag(CN)_2]^-)}{c([Ag(NH_3)_2]^+) \times c^2(CN^-)} \times \frac{c(Ag^+)}{c(Ag^+)}$$

$$= \frac{K_f^\ominus c([Ag(CN)_2]^-)}{K_f^\ominus c([Ag(NH_3)_2]^+)} = \frac{1.3 \times 10^{21}}{1.1 \times 10^7} = 1.18 \times 10^{14}$$

由于 $K^\ominus$ 足够大，所以判断正反应方向进行。

【解析】 配离子之间的转化。

10-18 已知下列配合物的磁矩：$[Cd(CN)_4]^{2-}$ 的 $\mu = 0B.M.$，$[Co(en)_2Cl_2]Cl$ 的 $\mu = 0B.M.$。

（1）分别给它们命名；

（2）根据价键理论，画出中心原子价层电子排布图；

（3）指出中心原子杂化轨道类型；

（4）指出配离子的空间构型；

（5）指出该配合物是内轨型还是外轨型。

答案：（1）$[Cd(CN)_4]^{2-}$ 的 $\mu = 0B.M.$，命名为：四氰合镉（Ⅱ）离子。

根据磁矩 μ 与未成对电子数（n）之间的近似关系：

$$\mu = \sqrt{n(n+2)}\ \mu_B$$

$n = 0$，即未成对电子数为 0。

二价镉离子的核外电子排布为：

由于 n 等于 0，所以在 $[Cd(CN)_4]^{2-}$ 中镉（Ⅱ）中心离子的核外电子排布为：

该化合物的中心原子杂化轨道类型为 sp^3 杂化。

配离子的空间构型为四面体。

该配合物为外轨型。

（2）$[Co(en)_2Cl_2]Cl$ 的 $\mu = 0B.M.$，命名为：氯化二氯·二乙二胺合钴（Ⅲ）。

根据磁矩 μ 与未成对电子数（n）之间的近似关系：

$$\mu = \sqrt{n(n+2)}\mu_B$$

$n = 0$，即未成对电子数为 0。

由于 n 等于 0，所以在 $[Co(en)_2Cl_2]Cl$ 中钴（Ⅲ）中心离子的核外电子排布为：

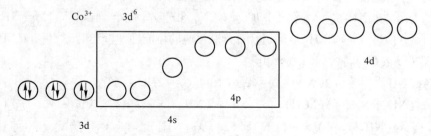

该化合物的中心原子杂化轨道类型为 d^2sp^3 杂化。

配离子的空间构型为八面体。

该配合物为内轨型。

【解析】考察内轨型和外轨型配合物的判断。

10-19　根据晶体场理论和下面所列数据，分别写出两个中心离子的 d 电子排布式，计算配合物的磁矩及晶体场稳定化能。

配离子	成对能 P/cm^{-1}	分裂能 Δ/cm^{-1}
$[Co(NH_3)_6]^{3+}$	22000	23000
$[Fe(H_2O)_6]^{3+}$	30000	13700

答案：对于 $[Co(NH_3)_6]^{3+}$ 来说，Co^{3+} 八面体强场中 d^6 电子组态。由晶体场理论可知，$[Co(NH_3)_6]^{3+}$ 的 $\Delta > P$，故中心 d 轨道电子采取低自旋排布，即：

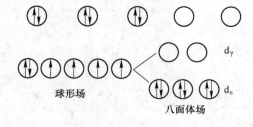

$$CFSE = -0.4\Delta \times 6 + 2P$$
$$= -2.4\Delta + 2P$$
$$= -2.4 \times 23000 + 2 \times 22000$$
$$= -11200cm^{-1}$$

单电子数 $n=0$，所以磁矩 $\mu = \sqrt{n(n+2)}\mu_B = 0$B. M.。

对于 $[Fe(H_2O)_6]^{3+}$ 来说，Fe^{3+} 八面体强场中 d^5 电子组态。由晶体场理论可知，$[Fe(H_2O)_6]^{3+}$ 的 $\Delta < P$，故中心 d 轨道电子采取高自旋排布，即：

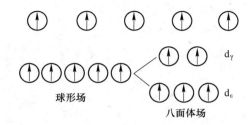

$$CFSE = -0.4\Delta \times 3 + 0.6\Delta \times 2$$
$$= 0cm^{-1}$$

单电子数 $n=5$，所以磁矩 $\mu = \sqrt{n(n+2)}\mu_B = 5.92$B. M.。

【解析】 考察晶体场稳定化能、电子成对能、磁矩计算，以及中心原子核外电子排布的概念和相互关系。

10-20 根据晶体场理论，填写下表空格：

中心离子	d轨道电子数	在八面体弱场中		在八面体强场中	
		成单电子数	CFSE/Dq	成单电子数	CFSE/Dq
V^{2+}					
Co^{2+}					
Fe^{2+}					
Mn^{3+}					

答案：见下表：

中心离子	d轨道电子数	在八面体弱场中		在八面体强场中	
		成单电子数	CFSE/Dq	成单电子数	CFSE/Dq
V^{2+}	3	3	-12	1	$-12+P$
Co^{2+}	7	3	-8	1	$-18+P$
Fe^{2+}	6	4	-4	0	$-24+2P$
Mn^{3+}	4	4	-6	0	$+16+2P$

（1）V^{2+}：

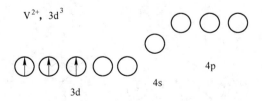

在弱场中不重排：

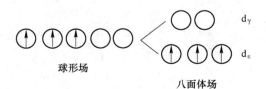

$$CFSE = -0.4\Delta \times 3$$
$$= -1.2\Delta$$
$$= -12Dq$$

在强场中重排：

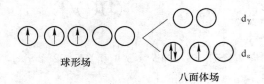

$$CFSE = -0.4\Delta \times 3 + P$$
$$= -1.2\Delta + P$$
$$= -12Dq + P$$

（2）Co^{2+}：

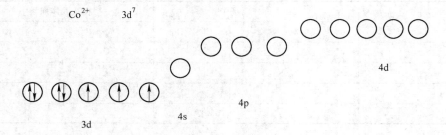

在弱场中不重排：

$$CFSE = -0.4\Delta \times 5 + 0.6\Delta \times 2$$
$$= -0.8\Delta$$
$$= -8Dq$$

在强场中重排：

$$CFSE = -0.4\Delta \times 6 + 0.6\Delta \times 1 + P$$
$$= -1.8\Delta + P$$
$$= -18 + P$$

（3）Fe^{2+}：

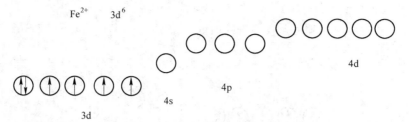

在弱场中不重排：

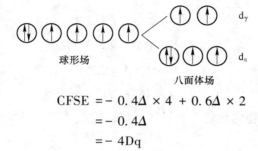

$$CFSE = -0.4\Delta \times 4 + 0.6\Delta \times 2$$
$$= -0.4\Delta$$
$$= -4Dq$$

在强场中重排：

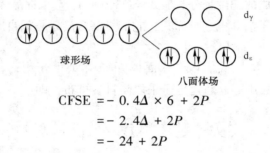

$$CFSE = -0.4\Delta \times 6 + 2P$$
$$= -2.4\Delta + 2P$$
$$= -24 + 2P$$

（4）Mn^{3+}：

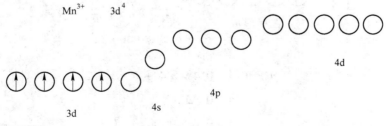

在弱场中不重排：

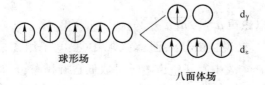

$$CFSE = -0.4\Delta \times 3 + 0.6\Delta \times 1$$
$$= -0.6\Delta$$
$$= -6Dq$$

在强场中重排：

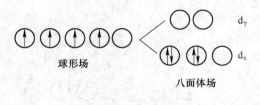

球形场 八面体场

$$CFSE = -0.4\Delta \times 4 + 2P$$
$$= -1.6\Delta + 2P$$
$$= -16 + 2P$$

【解析】 考察晶体场稳定化能、电子成对能、磁矩计算，以及中心原子核外电子排布的概念和相互关系。

10-21 若 Co^{3+} 的电子成对能 P 为 $21000cm^{-1}$，由 F^- 形成的配位场分裂能 $\Delta = 13000cm^{-1}$，由 NH_3 形成的配位场分裂能 $\Delta = 23000cm^{-1}$。根据晶体场理论推断 $[CoF_6]^{3-}$ 和 $[Co(NH_3)_6]^{3+}$ 配离子的 d 电子排布式，它们是高自旋还是低自旋？计算其磁矩大小和晶体场稳定化能（CFSE，cm^{-1}）。

答案： 对于 $[CoF_6]^{3-}$ 来说，Co^{3+} 八面体强场中 d^6 电子组态。由晶体场理论可知，$[CoF_6]^{3-}$ 的 $\Delta < P$，故中心 d 轨道电子采取高自旋排布，即：

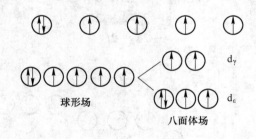

球形场 八面体场

$$CFSE = -0.4\Delta \times 4 + 0.6\Delta \times 2$$
$$= -0.4\Delta$$
$$= -0.4 \times 13000$$
$$= -5200cm^{-1}$$

单电子数 $n=4$，所以磁矩 $\mu = \sqrt{n(n+2)}\mu_B = 4.90B.M.$。

对于 $[Co(NH_3)_6]^{3+}$ 来说，Co^{3+} 八面体强场中 d^6 电子组态。由晶体场理论可知，$[Co(NH_3)_6]^{3+}$ 的 $\Delta > P$，故中心 d 轨道电子采取低自旋排布，即：

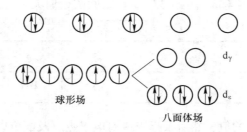

$$CFSE = -0.4\Delta \times 6 + 2P$$
$$= -2.4\Delta + 2P$$
$$= -2.4 \times 23000 + 2 \times 22000$$
$$= -11200cm^{-1}$$

单电子数 $n = 0$，所以磁矩 $\mu = \sqrt{n(n+2)}\mu_B = 0B.M.$。

【解析】 考察晶体场稳定化能、电子成对能、磁矩计算，以及中心原子核外电子排布的概念和相互关系。

10-22 根据实验测得的有效磁矩数据，判断下列各配离子中哪些是高自旋型的，哪些是低自旋型的，哪些是外轨型，哪些是内轨型？

(1) $[Fe(en)_3]^{3+}$ 5.5B.M.；

(2) $[Fe(dipy)_3]^{2+}$ 0.0B.M.；

(3) $[Mn(CN)_6]^{4-}$ 1.8B.M.；

(4) $[Mn(CN)_6]^{3-}$ 3.2B.M.；

(5) $[Mn(NCS)_6]^{4-}$ 6.1B.M.；

(6) $[CoF_6]^{3-}$ 4.5B.M.；

(7) $[Co(NO_2)_6]^{4-}$ 1.8B.M.；

(8) $[Co(SCN)_4]^{2-}$ 4.3B.M.；

(9) $[Pt(CN)_4]^{2-}$ 0.0B.M.。

答案： 见下表：

(1)	$[Fe(en)_3]^{3+}$	5.5B.M.	高自旋	外轨型
(2)	$[Fe(dipy)_3]^{2+}$	0.0B.M.	低自旋	内轨型
(3)	$[Mn(CN)_6]^{4-}$	1.8B.M.	低自旋	内轨型
(4)	$[Mn(CN)_6]^{3-}$	3.2B.M.	高自旋	内轨型
(5)	$[Mn(NCS)_6]^{4-}$	6.1B.M.	高自旋	外轨型
(6)	$[CoF_6]^{3-}$	4.5B.M.	高自旋	外轨型
(7)	$[Co(NO_2)_6]^{4-}$	1.8B.M.	低自旋	内轨型
(8)	$[Co(SCN)_4]^{2-}$	4.3B.M.	高自旋	外轨型
(9)	$[Pt(CN)_4]^{2-}$	0.0B.M.	低自旋	内轨型

【解析】 根据磁矩 μ 与未成对电子数（n）之间的近似关系：

$$\mu = \sqrt{n(n+2)}\ \mu_B$$

n	0	1	2	3	4	5	6
μ	0	1.73	2.83	3.87	4.90	5.92	6.93

求出未成对电子数 n 的值，然后根据未成对电子数以及配位原子的个数，判断杂化类型及中心原子的核外电子排布，进而判断是高自旋型的还是低自旋型，是外轨型还是内轨型。

（1）对于 $[Fe(en)_3]^{3+}$ 和 $[Fe(dipy)_3]^{2+}$ 来说，磁矩分别等于 5.5B.M. 和 0.0B.M.，则分别对应的 n 值为 5 和 0。

对于 Fe^{3+} 来说，核外电子排布为：

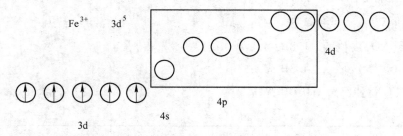

对于 $[Fe(en)_3]^{3+}$ 来说，n 等于 5，中心离子 Fe^{3+} 发生跃迁、重排和杂化核外电子排布为 sp^3d^2，高自旋排布、外轨型。

对于 Fe^{2+} 来说，核外电子排布为：

对于 $[Fe(dipy)_3]^{2+}$ 来说，n 等于 0，中心离子 Fe^{2+} 发生重排和杂化核外电子排布为 d^2sp^3，低自旋排布、内轨型。

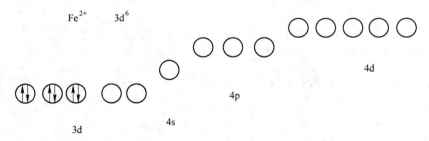

（2）对于 $[Mn(CN)_6]^{4-}$、$[Mn(CN)_6]^{3-}$ 和 $[Mn(NCS)_6]^{4-}$，磁矩分别等于 1.8B. M.、3.2B. M. 和 6.1B. M.，则分别对应的 n 的值为 1、2 和 5。

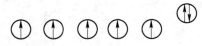

对于 Mn^{2+} 来说，核外电子排布为：

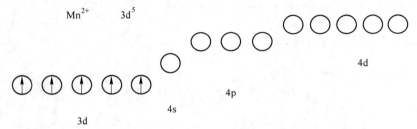

对于 $[Mn(CN)_6]^{4-}$ 来说，n 等于 1，中心离子 Mn^{2+} 发生跃迁、重排和杂化核外电子排布为 d^2sp^3，属于低自旋排布、内轨型。

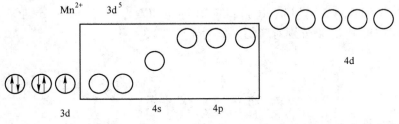

对于 $[Mn(NCS)_6]^{4-}$ 来说，n 等于 5，中心离子 Mn^{2+} 发生跃迁、重排和杂化核外电子排布为 sp^3d^2，属于高自旋排布、外轨型。

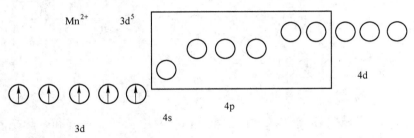

对于 Mn^{3+} 来说，核外电子排布为：

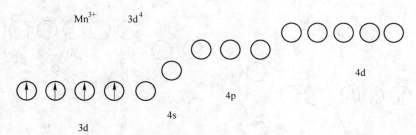

对于 [Mn(CN)₆]³⁻ 来说，n 等于 2，中心离子 Mn^{3+} 发生跃迁、重排和杂化核外电子排布为 d^2sp^3，属于高自旋排布、内轨型。

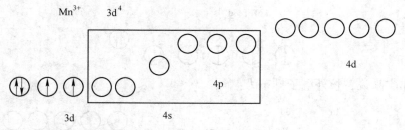

对于 Mn 来说，核外电子排布为：

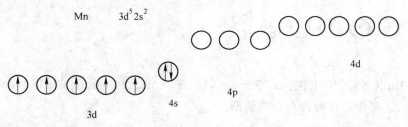

（3）对于 [CoF₆]³⁻、[Co(NO₂)₆]⁴⁻ 和 [Co(SCN)₄]²⁻，磁矩分别等于 4.5B. M.、1.8B. M. 和 4.3B. M.，则分别对应的 n 值为 4、1 和 3。

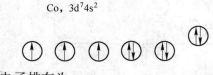

对于 Co^{3+} 来说，核外电子排布为：

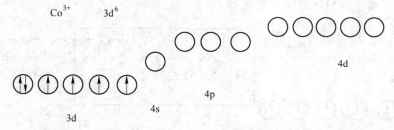

对于 [CoF₆]³⁻ 来说，n 等于 4，中心离子 Co^{3+} 发生跃迁、重排和杂化核外电子排布为 sp^3d^2，属于高自旋排布、外轨型。

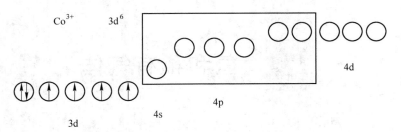

对于 Co^{2+} 来说，核外电子排布为：

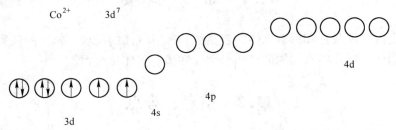

对于 $[Co(NO_2)_6]^{4-}$ 来说，n 等于 1，中心离子 Co^{2+} 发生跃迁、重排和杂化核外电子排布为 d^2sp^3，属于低自旋排布、内轨型。

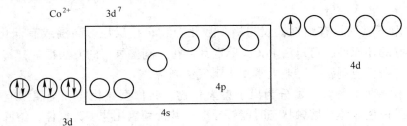

对于 $[Co(SCN)_4]^{2-}$ 来说，n 等于 3，中心离子 Co^{2+} 发生跃迁、重排和杂化核外电子排布为 sp^3d^2，属于高自旋排布、外轨型。

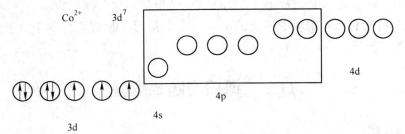

（4）对于 $[Pt(CN)_4]^{2-}$ 来说，磁矩等于 0 B.M.，n 等于 0，中心离子 Pt^{2+} 发生跃迁、重排和杂化核外电子排布为 dsp^2，属于低自旋排布、内轨型。

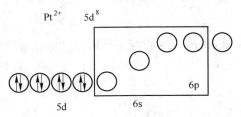

11 氢和稀有气体

11.1 知识概要

本章主要内容涉及氢和稀有气体，包括氢和稀有气体的发现，氢气的性质、用途和制备，氢化物的性质以及稀有气体的性质、用途和稀有气体化合物。

11.2 重点、难点

（1）氢是宇宙中最丰富的元素之一，可以和其他原子以多种成键方式键合，例如离子键、共价键、氢键以及特殊的氢桥键。氢的同位素由于质量相差较大，其单质和化合物的物理性质存在较大差异。

（2）常温下氢气具有惰性，仅与极少数化合物直接反应。高温或有催化剂存在时，氢气具有很好的还原性，可以由 $PdCl_2$ 鉴定其存在；制备氢气的方法很多，其中实验室多由活泼金属与酸反应制备，工业上常用水煤气法制备。

（3）氢化物种类繁多，可分为离子型氢化物、共价型氢化物和金属型氢化物。离子型氢化物都是白色晶体，熔融状态时能够导电；共价型氢化物多为气体，熔沸点较低，没有导电性；金属型氢化物有金属光泽，其导电性与氢含量相关。

（4）稀有气体以单原子分子形式存在，其化学性质很不活泼，较难与其他化合物反应，但在一定条件下可与 F 元素化合，生成氧化性很强的化合物。

（5）氦具有所有已知物质中最低的沸点，常常备用在超低温技术中。氩常用作金属焊接冶炼时的保护气。

11.3 课后习题及解答

11-1 选择题：

（1）20 世纪末英国科学家 Rayleigh 和 Ramsay 发现的第一个稀有气体是（　　）。

A. He   B. Ne   C. Ar   D. Kr

答案：C

（2）由英国化学家 N. Bartlett 发现的第一种稀有气体化合物是（　　）。

A. XeF_2 B. XeF_4 C. XeF_6 D. $Xe[PtF_6]$

答案：D

（3）下列合金材料中可用作储氢材料的是（　　）。

A. LaNi$_5$ B. Cu-Zn-Al   C. TiC   D. Fe$_3$C

答案：A

（4）在空气中含量最高（以体积百分数计）的稀有气体是（   ）。

A. He   B. Ne   C. Ar   D. Xe

答案：C

（5）氢气与下列物质反应，氢气不作为还原剂的是（   ）。

A. 单质硫   B. 金属锂   C. 四氯化钛   D. 乙烯

答案：B

（6）下列氙的氟化物水解反应中，属于歧化反应的是（   ）。

A. XeF$_2$ 的水解   B. XeF$_6$的不完全水解

C. XeF$_4$的水解   D. XeF$_6$的完全水解

答案：C

（7）用于配制潜水用的人造空气的稀有气体是（   ）。

A. Ar   B. Xe   C. Ne   D. He

答案：D

（8）稀有气体氙能与（   ）元素形成化合物。

A. 钠   B. 氦   C. 溴   D. 氟

答案：D

（9）在下面所列元素中，与氢能生成离子型氢化物的一类是（   ）。

A. 绝大多数活泼金属   B. 碱金属和钙、锶、钡

C. 镧系金属元素   D. 过渡金属元素

答案：B

（10）下列氢化物中，在室温下与水反应不产生氢气的是（   ）。

A. LiAlH$_4$ B. CaH$_2$ C. SiH$_4$ D. NH$_3$

答案：D

（11）下列物质中熔、沸点最低的是（   ）。

A. He   B. Ne   C. Xe   D. Ar

答案：A

（12）当氢原子核俘获中子时，它们形成（   ）。

A. α 粒子   B. 氚   C. β 射线   D. 正电子

答案：B

（13）下列氢化物中，稳定性最大的是（   ）。

A. RbH   B. KH   C. NaH   D. LiH

答案：D

（14）GeH$_4$属于（   ）类型的氢化物。

A. 离子型 B. 共价型 C. 金属型 D. 都不是

答案：B

（15）CrH_2 属于（　　）类型的氢化物。

A. 离子型 B. 共价型 C. 金属型 D. 都不是

答案：C

11-2　填空题：

（1）稀有气体有许多重要用途，如_____可用于配制供潜水员呼吸的人造空气，_____可以用于填充霓虹灯，_____由于热传导系数小和惰性，用于填充电灯泡。

答案：He；Ne；Ar

（2）依次写出下列氢化物的名称，指出它属于哪一类氢化物，室温下呈何状态？

BaH_2 _____，_____，_____；

AsH_3 _____，_____，_____；

$PdH_{0.9}$ _____，_____，_____。

答案：氢化钡，离子型化合物，固态；砷化氢，共价型氢化物，气态；氢化钯，金属型氢化物，固态

（3）野外制氢使用的材料主要是_____和_____，它的化学反应方程式为_____。

答案：CaH_2；H_2O；$CaH_2 + 2H_2O \longrightarrow Ca(OH)_2 + 2H_2$

（4）由于离解能很大，所以氢在常温下化学性质不活泼。但在高温下，氢显示出很大的化学活性，可以形成三种类型的氢化物，它们是_____、_____、_____。

答案：离子型氢化物；共价型氢化物；金属型氢化物

（5）写出符合下列要求的稀有气体：

温度最低的液体冷冻剂_____；电离能最低，安全的放电光源_____；可作焊接的保护性气体的是_____，具有放射性的是_____。

答案：He；Xe；Ar；Rn

（6）XeF_4水解反应式为_____。

答案：$6XeF_4 + 12H_2O \longrightarrow 2XeO_3 + 4Xe + 24HF + 3O_2$

11-3　简答题：

（1）为什么说氢能是一种二级能源，氢能的优点是什么？目前开发氢能的困难有哪些？

答案：因为氢气需要依靠其他能源如石油、煤、原子能等一级能源来制取才能得到，所以说氢能是一种二级能源。使用氢能具有如下优点：

1）来源丰富，资源可以再生。

2）热效率高，氢的燃烧热是相同质量石油燃烧热的3倍。作为动力燃料，氢比汽油、柴油更优越，氢发动机在寒冷地区更容易发动。

3）氢燃烧的产物是水，不污染环境，所以氢能的环保意义很大。

目前开发氢能的困难是：

1）氢气的发生耗能大，如何寻找高效低耗的制氢方法。

2）氢的储存困难。

3）寻找简易、安全的氢能利用方法。

（2）氢气和氧气化合为水的反应是一个强放热反应，但室温下混合氢气和氧气却看不到反应现象，当加热至 600℃ 以上时，却发生爆炸式反应，试解释之。

答案：从热力学角度看，氢与氧化合的反应 $\Delta G \ll 0$，所以反应的倾向很大。但从动力学角度看，由于 H_2 分子和 O_2 分子的解离都是高吸热过程，所以氢与氧化合反应的活化能很高，在较低温度下活化分子数很少，反应速率很小而不可觉察。但当条件适合时（如加热至 $600 \sim 700℃$），使反应分子发生活化，则由于放热很大，足以进一步活化，从而发生链式反应，反应速率迅速增大，甚至引起爆炸。如含氢 6%~67% 的氢气+空气的混合物具有爆炸性，在氢的生产中必须十分小心！

（3）试写出由 XeF_4 分别制备 XeO_3 和 Na_4XeO_6 的反应方程式，并注明必要的条件。

答案：1）由 XeF_4 制备 XeO_3：将 XeF_4 与水作用，发生歧化分解，化学反应式如下：

$$6XeF_4 + 12H_2O = 2XeO_3 + 4Xe + 3O_2 + 24HF$$

化学反应的必要条件：小心蒸干上述溶液，可得到无色透明的 XeO_3 晶体。

2）由 XeF_4 制备 Na_4XeO_6：将 XeF_4 在碱性介质中歧化分解，首先，XeF_4 与水作用生成 XeO_3 pH>10.5 时化学反应式如下：

$$XeO_3 + NaOH = NaHXeO_4$$

在 NaOH 溶液中进一步歧化为 Na_4XeO_6 和 Xe，化学反应式如下：

$$2NaHXeO_4 + 2NaOH = Na_4XeO_6 + Xe + O_2 + 2H_2O$$

蒸干上述溶液，可得 $Na_4XeO_6 \cdot 8H_2O$ 的无色晶体，室温下干燥该晶体可得到 $Na_4XeO_6 \cdot 2H_2O$，再在 373K 以上烘干即得无水 Na_4XeO_6。无水 Na_4XeO_6 在室温下很稳定，加热至 450K 也不分解。

（4）下列反应都可以产生氢气，试各举一例并写出反应方程式：

1）金属与水；

2）金属与酸；

3）金属与碱；

4）非金属单质与水蒸气；

5）非金属单质与碱。

答案：$2Na + H_2O = 2NaOH + H_2$

$Zn + H_2SO_4 = ZnSO_4 + H_2 \uparrow$

$2Al + 2NaOH + 2H_2O = 2NaAlO_2 + 3H_2 \uparrow$

$C + H_2O \xrightarrow{\text{高温}} CO + H_2 \uparrow$

$Si + 2NaOH + H_2O = Na_2SiO_3 + 2H_2 \uparrow$

（5）稀有气体为什么不形成双原子分子？

答案：因为稀有气体元素的原子都是稳定结构，不容易得失电子，也不容易与其他原子通过共用电子对结合，所以很难形成双原子分子，也难形成多原子分子，更难与其他原子形成化合物。

（6）为什么稀有气体原子（如 Xe、Kr）与 F 或 O 形成稀有气体化合物的可能性最大？

答案：稀有气体原子的半径较大，电离能较小。F 和 O 是电负性较大的活泼非金属，得到电子的趋势很大。因此，稀有气体与 F 或 O 形成化合物的可能性最大。

（7）为什么制备氙的氟化物一般使用镍制容器而不能使用石英容器？

答案：因为在高温下 XeF_6 能与 SiO_2 作用，最终生成具有爆炸性的 XeO_3，化学反应式如下：

$$2XeF_6 + SiO_2 = 2XeOF_4 + SiF_4$$
$$2XeOF_4 + SiO_2 = 2XeO_2F_2 + SiF_4$$
$$2XeO_2F_2 + SiO_2 = 2XeO_3 + SiF_4$$

镍因能与 F_2 作用形成一层稳定、致密的氟化物钝化膜，所以不再与氟及氙的氟化物反应，因而镍能作为氟及其氟化物的容器。

12 碱金属和碱土金属

12.1 知识概要

本章主要内容涉及碱金属和碱土金属元素，包括 s 区元素概述、碱金属和碱土金属单质的性质、碱金属和碱土金属化合物的性质以及对角线规则。

12.2 重点、难点

（1）碱金属和碱土金属单质均为银白色，有较好的导电性、延展性，密度小，熔点低，具有较强的还原性，可用焰色反应检验这些元素，常采用熔盐电解法和热还原法制备碱金属。

（2）碱金属可以与氧气反应化合成多种氧化物（MO_x）：普通氧化物、过氧化物、超氧化物和臭氧化物。

（3）碱金属和碱土金属的氢氧化物呈现一定的规律性，可用离子势判断其酸碱性。同族元素随着原子序数增加，碱金属和碱土金属氢氧化物的溶解度从上到下逐渐增大。

（4）碱金属和碱土金属中的钙、锶、钡能形成离子型氢化物，它们的熔沸点较高，熔融时能够导电，具有强还原性。

（5）碱金属和碱土金属盐大多为离子晶体，易溶于水，易形成复盐。锂和铍的卤化物有共价性，熔点较低。碱金属盐的热稳定性高于碱土金属，碱土金属比碱金属更易形成结晶水合物。

（6）对角线规则：处于元素周期表对角线位置的 Li/Mg，Be/Al 等元素性质相近。

12.3 课后习题及解答

12-1 选择题：

（1）下列金属中熔点最低的是（　　）。

A. 锂　　　　　　　B. 钠　　　　　　　C. 钾　　　　　　　D. 铷

答案：D

（2）在下列碱金属电对 M^+/M 中，$E^{\ominus}$ 最小的是（　　）。

A. Li^+/Li　　　　B. Na^+/Na　　　　C. K^+/K　　　　D. Rb^+/Rb

答案：A

（3）元素 Li、Na、K 的共同点是（　　）。

A. 在煤气灯火焰中加热时，其碳酸盐都不分解

B. 都能与氮反应生成氮化物

C. 在空气中燃烧时生成的主要产物都是过氧化物

D. 都能与氢反应生成氢化物

答案： D

(4) 关于 ⅠA 族与 ⅡA 族相应元素的下列说法中不正确的是（　　）。

A. ⅠA 族金属的第一电离能较小　　B. ⅡA 族金属离子的极化能力较强

C. ⅡA 族金属的氮化物比较稳定　　D. ⅠA 族金属的碳酸盐热稳定性较差

答案： D

(5) 下列分子中，最可能存在的氮化物是（　　）。

A. Na_3N　　　　　　B. K_3N　　　　　　C. Li_3N　　　　　　D. Ca_2N_3

答案： C

(6) 碱土金属氢氧化物在水中的溶解度规律是（　　）

A. 从 Be 到 Ba 依次递增　　　　　B. 从 Be 到 Ba 依次递减

C. 从 Be 到 Ba 基本不变　　　　　D. 从 Be 到 Ba 变化无规律

答案： A

(7) 下列叙述中正确的是（　　）

A. 碱金属和碱土金属的氢氧化物都是强碱

B. 所有碱金属的盐都是无色的

C. 小苏打的溶解度比苏打的溶解度小

D. 碱土金属酸式碳酸盐的溶解度比其碳酸盐的溶解度大

答案： C

(8) 下列离子中，水合热最大的是（　　）。

A. Li^+　　　　　　B. Na^+　　　　　　C. K^+　　　　　　D. Rb^+

答案： A

(9) 下列说法中正确的是（　　）。

A. 过氧化钡是顺磁性的，超氧化铷是抗磁性的

B. 过氧化钡是抗磁性的，超氧化铷是顺磁性的

C. 二者均是抗磁性的

D. 二者均是顺磁性的

答案： B

(10) 下列叙述中不正确的是（　　）。

A. 碱金属单质都能溶于液氨中

B. 钙、锶、钡单质都能溶于液氨中

C. 碱土金属单质都不能溶于液氨中

D. 碱金属单质的液氨溶液导电性良好

答案： C

（11）超氧化钠 NaO_2 与水反应的产物是（   ）。

A. $NaOH$，H_2，O_2　　　　　　　B. $NaOH$，O_2

C. $NaOH$，H_2O_2，O_2　　　　　　D. $NaOH$，H_2

答案：C

（12）加热 $NaHCO_3$ 时，其分解产物是（   ）。

A. $NaOH$，CO_2　　　　　　　　B. Na_2CO_3，H_2，CO_2

C. Na_2CO_3，H_2O，CO_2　　　　D. Na_2O，H_2O，CO_2

答案：C

（13）下列氢氧化物在水中溶解度最小的是（   ）。

A. $Ba(OH)_2$　　　　　　　　　　B. $Be(OH)_2$

C. $Sr(OH)_2$　　　　　　　　　　D. $Mg(OH)_2$

答案：B

（14）重晶石的化学组成是（   ）。

A. $SrSO_4$　　　　B. $SrCO_3$　　　　C. $BaSO_4$　　　　D. $BaCO_3$

答案：C

（15）金属钙在空气中燃烧时生成的是（   ）。

A. CaO　　　　　B. CaO_2　　　　C. CaO 和 CaO_2　　　D. CaO 和少量 Ca_3N_2

答案：D

（16）碱土金属的第一电离能比相应的碱金属要大，其原因是（   ）。

A. 碱土金属的外层电子数较多

B. 碱土金属的外层电子所受有效核电荷的作用较大

C. 碱金属的原子半径较小

D. 碱金属的相对原子质量较小

答案：B

（17）下列化合物中，具有顺磁性的是（   ）。

A. Na_2O_2　　　B. SrO　　　C. KO_2　　　D. BaO_2

答案：C

（18）下列氮化物中，最稳定的是（   ）。

A. Li_3N　　　B. Na_3N　　　C. K_3N　　　D. Ba_3N_2

答案：A

（19）铍和铝具有对角线相似性，但下述相似性提法不正确的是（   ）

A. 氧化物都具有高熔点　　　　　　B. 氯化物都是共价型化合物

C. 都能生成六配位的配合物　　　　D. 既溶于酸又溶于碱

答案：C

（20）下列碳酸盐中溶解度最小的是（   ）。

A. Cs_2CO_3　　　B. Na_2CO_3　　　C. Rb_2CO_3　　　D. Li_2CO_3

答案：D

12-2 填空题：

（1）由 $MgCl_2 \cdot 6H_2O$ 制备无水 $MgCl_2$ 的方法是_____；化学方程式是_____。

答案：将 $MgCl_2 \cdot 6H_2O$ 在 HCl 气氛中加热，是因为直接加热会发生水解，生成 $Mg(OH)Cl$；$MgCl_2 \cdot 6H_2O \xrightarrow{\triangle HCl\,(g)} MgCl_2 + 6H_2O$

（2）锂、钠、钾、钙、锶、钡的氯化物在无色火焰中燃烧时，火焰的颜色分别为：_____、_____、_____、_____、_____、_____。

答案：红色；黄色；紫色；橙红色；洋红色；绿色

（3）在钙的四种化合物 $CaSO_4$、$Ca(OH)_2$、CaC_2O_4、$CaCl_2$ 中，溶解度最小的是_____。

答案：CaC_2O_4

（4）由钾和钠形成的液态合金，由于有_____和_____，因而可用于核反应堆中作_____。

答案：较高的比热；宽的液化范围；冷却剂

（5）碱金属与氧化合能形成四种氧化物，它们的名称及通式分别为：_____、_____、_____、_____。

答案：普通氧化物 M_2O；过氧化物 M_2O_2；超氧化物 MO_2；臭氧化物 MO_3

（6）第 I A 族和第 II A 族的元素中，在空气中燃烧时，主要生成正常氧化物的是_____；主要生成过氧化物的是_____；主要生成超氧化物的是_____；能够生成臭氧化物的是_____。

答案：Li、Be、Mg、Ca、Sr、Ba；Na；K、Rb、Cs；K、Rb、Cs

（7）分别比较下列性质的大小（用"＞""＜"表示）：

1）与水反应的速率：MgO _____ BaO；

2）溶解度：CsI _____ LiI，CsF _____ LiF，$LiClO_4$ _____ $KClO_4$；

3）碱性的强弱：$Be(OH)_2$ _____ $Mg(OH)_2$，$Mg(OH)_2$ _____ $Ca(OH)_2$；

4）分解温度：Na_2CO_3 _____ $MgCO_3$；$CaCO_3$ _____ $BaCO_3$；

5）水合能：Be^{2+} _____ Mg^{2+}，Ca^{2+} _____ Ba^{2+}，Na^+ _____ K^+

答案：＜；＜、＞、＞；＜、＜；＞、＜；＞、＞、＞

（8）在第 II A 族元素中，性质与锂最相似的元素是_____。它们在过量的氧气中燃烧都生成_____；它们都能与氮气直接化合生成_____；它们的_____、_____和_____这三种盐都难溶于水。

答案：Be；正常氧化物；氮化物；碳酸盐；磷酸盐；草酸盐

（9）在 s 区金属中，熔点最高的是_____，熔点最低的是_____；密度最小的是_____；硬度最小的是_____。

答案：Be；Cs；Li；Cs

（10）LiNO$_3$ 加热到 773 K 以上时，分解的产物有 _____。

答案：Li$_2$O、NO$_2$、O$_2$

（11）熔盐电解法生产的金属钠中一般含有少量的_____，其原因是_____。

答案：金属钙；电解时加入 CaCl$_2$ 作助熔剂，因而有少量的钙电解析出

12-3 问答题：

（1）物质 A，B，C 均为一种碱金属的化合物。A 的水溶液和 B 作用生成 C，加热 B 时得到气体 D 和物质 C，D 和 C 的水溶液作用又生成化合物 B。根据不同条件，D 和 A 反应生成 B 或 C。又知 A，B，C 的火焰颜色都是紫色。问化合物 A，B，C 和 D 各是什么物质？写出各有关化学反应方程式。

答案：A 是 KOH；B 是 KHCO$_3$；C 是 K$_2$CO$_3$；D 是 CO$_2$

$$KOH + KHCO_3 === K_2CO_3 + H_2O$$

$$2KHCO_3 \xrightarrow{\triangle} K_2CO_3 + CO_2\uparrow + H_2O$$

$$K_2CO_3 + CO_2 + H_2O === 2KHCO_3$$

（2）有一白色固体混合物，其中含有 KCl、MgSO$_4$、BaCl$_2$、CaCO$_3$ 中的几种，根据下列实验现象判断其中含有哪些化合物？

1）混合物溶于水，得到透明澄清溶液；

2）对溶液作焰色反应，通过钴玻璃观察到紫色；

3）向溶液中加碱，产生白色胶状沉淀。

答案：根据 1），混合物中没有 CaCO$_3$，不会同时含有 MgSO$_4$ 和 BaCl$_2$；

根据 2），说明有 KCl；根据 3），说明有 MgSO$_4$。

综合结果，该白色固体混合物为 KCl 和 MgSO$_4$。

（3）金属钠溶解在液氨中有什么现象？写出该过程的反应方程式。所得溶液具有什么性质？

答案：金属钠溶解在液氨中可得到蓝色具有还原性和电子导电性的溶液，化学反应式如下：

$$Na + (x + y)NH_3 === Na(NH_3)_x^+ + e(NH_3)_y^-$$

由于生成了氨合电子，所以显示蓝色并具有还原性和电子导电性。

（4）现有一固体混合物，其中可能含有 MgCO$_3$、Na$_2$SO$_4$、Ba(NO$_3$)$_2$、AgNO$_3$ 和 CuSO$_4$。它溶于水后得一无色溶液和白色沉淀，此白色沉淀可溶于稀盐酸并冒气泡，而无色溶液遇盐酸无反应，其火焰反应呈黄色。试判断在此混合物中，哪些物质一定存在，哪些物质一定不存在？试说明理由。

答案：MgCO$_3$ 和 Na$_2$SO$_4$ 肯定存在，因为 MgCO$_3$ 是白色不溶物，可溶于稀盐酸并放出 CO$_2$ 气体；Na$_2$SO$_4$ 中的 Na$^+$ 能呈现黄色焰火反应。

Ba(NO$_3$)$_2$、AgNO$_3$ 和 CuSO$_4$ 肯定不存在。因为 CuSO$_4$ 溶解得蓝色溶液，而实验现象是无色溶液；若有 Ba(NO$_3$)$_2$ 存在会得不溶于稀盐酸的白色沉淀 BaSO$_4$，且 Ba^{2+} 会使焰火反应呈现绿色，而实验的焰火反应呈黄色；若 AgNO$_3$ 存在虽然可得无色溶液，但与稀盐酸反应不会有气体放出，而是产生白色 AgCl 沉淀。

（5）某金属 A 在空气中燃烧时火焰为橙红色，反应产物为 B 和 C 的固体混合物。该

混合物与水反应生成 D 并放出气体 E。E 可使红色石蕊试纸变蓝，D 的水溶液能使酚酞变红。试确定上述各字母所代表的物质，写出有关反应方程式。

答案：A 代表 Ca；B 代表 CaO；C 代表 Ca_3N_2；D 代表 $Ca(OH)_2$；E 代表 NH_3

$$2Ca + O_2 \xlongequal{\quad} 2CaO$$

$$3Ca + N_2 \xlongequal{\text{燃烧}} Ca_3N_2$$

$$CaO + H_2O \xlongequal{\quad} Ca(OH)_2$$

$$Ca_3N_2 + 6H_2O \xlongequal{\quad} 3Ca(OH)_2 + 2NH_3 \uparrow$$

(6) 为什么 Na_2O_2 常被用作制氧剂？

答案：由于 Na_2O_2 固体比较稳定，便于携带；此外，Na_2O_2 与水或 CO_2 作用都可以放出氧气，因此 Na_2O_2 常被用作制氧剂。化学反应式如下：

$$2Na_2O_2 + 2H_2O \xlongequal{\quad} 4NaOH + O_2 \uparrow$$

$$2Na_2O_2 + 2CO_2 \xlongequal{\quad} 2Na_2CO_3 + O_2 \uparrow$$

(7) 锂的标准电极电势比钠低，为什么金属锂与水作用时没有金属钠剧烈？

答案：$E^\ominus(Li^+/Li) < E^\ominus(Na^+/Na)$，这是热力学性质，表明形成 $Li^+(aq)$ 的倾向较大。但把金属投入水中与水作用速度的快与慢，则是一个动力学范畴的问题。因 Li 熔点较高，Li 与水反应放出的热不足以使之熔融；且 LiOH 的溶解性较小，覆盖在固体表面，影响反应进行。而 Na 的熔点较低，反应时可以熔融，NaOH 的溶解性较好，不影响反应进行。所以，Li 与水的作用不如 Na 剧烈。

(8) 铍与铝有哪些相似性？举例说明。

答案：铍与铝是对角线元素，它们的单质和化合物有许多相似性。

1) 铍与铝都是两性金属，既能溶于酸也能溶于强碱溶液而放出氢气，化学反应式如下：

$$Be + 2NaOH \xlongequal{\quad} Na_2BeO_2 + H_2 \uparrow$$

$$2Al + 2NaOH + 6H_2O \xlongequal{\quad} 2NaAlO_2 + 3H_2 \uparrow$$

2) 铍与铝的氢氧化物都是两性化合物，难溶于水，易溶于强碱，化学反应式如下：

$$Be(OH)_2 + 2NaOH \xlongequal{\quad} Na_2BeO_2 + 2H_2O$$

$$Al(OH)_3 + NaOH \xlongequal{\quad} NaAlO_2 + 2H_2O$$

3) $BeCl_2$ 和 $AlCl_3$ 都是共价化合物，易升华、聚合，易溶于有机溶剂。

4) 铍与铝常温下都不与水作用，都能被冷的浓硝酸钝化。

5) 铍与铝的盐都容易水解。

6) Be^{2+} 与 Al^{3+} 都易与 F^- 形成配离子：BeF_4^{2-}、AlF_6^{3-}。

7) 铍与铝的碳化物与水作用都能产生甲烷。

(9) 为什么锂盐一般都是水合的，而其他碱金属的盐类除部分钠盐有水合外，基本上都是无水的？

答案：因为 Li^+ 的半径小，水合能力强，所以锂盐一般都是水合的。而其他碱金属离子的半径都较大，水合能力小，故除部分钠盐有水合外，基本上都是无水的。

(10) 碱金属的盐绝大多数都是易溶于水的，但也有少数盐难溶于水。试列出难溶于水的碱金属盐。

答案：少数较大阴离子的碱金属盐难溶于水，如：

$Na[Sb(OH)_6]$：六羟基合锑（V）酸钠

$NaZn(UO_2)_3(CH_3COO)_9 \cdot 6H_2O$：醋酸铀酰锌钠

$M_3[Co(NO_2)_6]$：钴亚硝酸盐（M = K、Rb、Cs）

$MB(C_6H_5)_4$：四苯硼化物（M = K、Rb、Cs）

$MClO_4$：高氯酸盐（M = K、Rb、Cs）

M_2PtCl_6：氯铂酸盐（M = K、Rb、Cs）

少数锂盐难溶。因为 Li^+ 的半径特别小，所以与半径特别小的阴离子形成的盐晶格能很大，或与半径大的阴离子结合共价性较大，则这些盐难溶于水。例如：LiF、Li_2CO_3、$Li_3PO_4 \cdot 5H_2O$、$LiKFeIO_6$ 等。

13 硼族、碳族和氮族元素

13.1 知 识 概 要

本章主要内容涉及硼族、碳族和氮族元素，包括硼族元素的发现和性质，硼及其化合物的性质，铝及其化合物的性质，镓、铟、铊及其化合物的性质；碳素元素的发现和性质，碳及其化合物的性质，硅及其化合物的性质，锗、锡、铅及其化合物的性质；氮族元素的发现和性质，氮及其化合物的性质，磷及其化合物的性质，砷、锑、铋及其化合物的性质。

13.2 重点、难点

13.2.1 硼族元素

晶体硼基本结构为 B_{12} 二十面体，常温下不活泼而高温下可以与多种原子化合，具有很多成键方式。硼可以和氢化物反应生成与烷烃性质相似的共价氢化物硼烷，其在水中水解生成硼酸；硼的氧化物 B_2O_3 在潮湿空气中遇水生成硼酸，可用于干燥剂；硼酸是一元弱酸，水溶液呈弱酸性；四硼酸钠俗称硼砂，其水解生成等量的硼酸和 $B(OH)_4^-$ 使水溶液显碱性；"硼砂珠实验"可用来鉴定金属离子。

金属铝具有良好的导电性、导热性和延展性。铝是两性金属，化学性质活泼，其化合物常温下能与酸碱发生反应，其固态化合物大多为共价化合物。高纯铝不与一般酸作用，只溶于王水。铝在空气和水中都易在表面生成致密氧化膜稳定存在。铝在冷浓硝酸和硫酸中钝化可用作这些酸的盛器。氧化铝主要有 α 和 γ 两种类型，其中 α-氧化铝为六方密堆积型，不溶于水也不溶于酸和碱，耐腐蚀且电绝缘性好；γ-氧化铝也称为活性氧化铝，为面心立方密堆积型，不溶于水，能溶于强酸和强碱，疏松多孔，表面活性高，吸附能力强。氢氧化铝是两性化合物，不溶于水，其碱性略强于酸性。铝盐显金属性，铝酸盐显非金属性，其中硫酸铝和明矾是工业上重要的化工原料。铝和铍在元素周期表中处于对角线位置，具有许多相似的化学性质。

镓是两性金属，铟、铊是碱性金属，铊一般以 +1 价化合，其氢氧化物碱性很强。此外，三者均可以与卤素负离子形成配合物。

13.2.2 碳族元素

碳元素是生物体的基本元素，其以化合物的形式在自然界广泛存在。它的重要同素异形体有金刚石，石墨和富勒烯。碳因其不同的杂化形式成键方式丰富，存在稳定的单键、双键和三键。碳及其化合物一氧化碳具有还原性，二氧化碳溶于水可形成碳酸，其碳酸盐化合物溶于水显碱性。碳酸盐热稳定性较差，受热易分解，通常热稳定性顺序为：碳酸<酸式盐<正盐；铵盐<过渡金属盐<碱土金属盐<碱金属盐。

单质硅的同素异形体有晶态硅和无定形硅，高纯硅是重要的电子工业原料，常温下硅不活泼，只能与 F_2 反应，高温下可以与非金属和金属反应，与强碱剧烈反应放出氢气，不溶于各种酸和王水，仅可与 HF 反应。硅的氢化物硅烷最简单的是甲硅烷，具有还原性，在碱存在条件下易水解。硅的卤化物只有 SiF_4 和 $SiCl_4$，它们都是四面体构型的非极性分子，遇水发生强烈分解。晶态二氧化硅称为石英，可用来制造光学仪器和耐高温仪器。二氧化硅化学性质不活泼，高温下不能被氢气还原，但常温下易与 HF 反应，因此玻璃容器不能盛放 HF。硅酸的通式为 $xSiO_2 \cdot yH_2O$，其组成与形成条件有关。硅酸放置后缩合成硅溶胶，加入电解质或酸后生成硅酸凝胶，干燥活化后为多孔物质硅胶，可用作干燥剂、吸附剂和催化剂载体。变色硅胶为实验室常用干燥剂。最常见的可溶性硅酸盐是硅酸钠，其水溶液俗称水玻璃，在工业上用途极广。

锗晶体结构与金刚石类似，化学性质不活泼；锡的同素异形体有灰锡、白锡和脆锡，常温下很稳定；铅和铅的化合物都有毒，空气中铅易钝化。锗、锡、铅都有两种氧化物 MO 和 MO_2，MO 为两性偏酸，MO_2 为两性偏碱，其氢氧化物按照 Ge—Sn—Pb 的顺序酸碱性依次上升。锗和锡的四卤化物不稳定在空气中因水解发烟，铅的四氯化物极易分解。二氯化锡是工业生产和化学实验中常用的还原剂、易水解，在酸性条件下可被空气中氧气氧化。锡的硫化物均难溶水和稀酸，但易溶于 Na_2S；PbS 不溶于水、Na_2S 和稀酸，可溶于浓盐酸和硝酸。

13.2.3 氮族元素

氮常温下很稳定，高温高压下活性很高，其电负性仅次于氟和氧。氮气常温下非常稳定，主要用于高温高压且存在催化剂时合成氨。氮气由于其化学惰性也经常用作实验的保护气，液氮是常用的冷冻剂。氮的氢化物——氨极易溶于水，其水溶液氨水显碱性。氨化学性质活泼，能与许多物质发生加合反应、取代反应、氧化反应等，氨在工业上常用于合成硝酸等化工原料。铵盐加热易分解，在水中水解，其中强酸组成的铵盐水溶液显酸性。氮的氢化物还有联氨，羟胺和叠氮化物。氮的氧化物从 +1 价到 +5 价有多种，其中 NO 具有顺磁性，常温下与氧气反应立即生成 NO_2，可作为配体与金属生成配合物；NO_2 为三角形构型，也具有顺磁性，易溶于水和碱生成氧化性酸和酸盐。亚硝酸很不稳定仅存在冷稀硝酸溶液中，亚硝酸和亚硝酸盐既具有氧化性又具有还原性，且它们都有毒性，NO_2^- 配位能力很强。硝酸具有很强的氧化性，能与多种非金属和金属化合，不稳定，其与盐酸以 1 : 3 混合形成的王水溶解能力更强。硝酸盐热稳定性不如亚硝酸盐，受热易分解，产物根据其金属活泼性变化。常见的硝酸盐中硝酸钾可用于制造黑火药，硝酸铵是常用的氮肥。

单质磷主要以白磷、红磷和黑磷存在，其氢化物膦和白磷均有剧毒；卤化物 PX_3 和 PX_5 可以水解成酸。磷的氧化物有 P_2O_3 和 P_2O_5 两种，P_2O_3 是亚磷酸的酸酐，易溶于水，毒性很强；P_2O_5 是磷酸的酸酐，具有很强吸水性，可用作强力干燥剂，与水剧烈反应生成磷的各种含氧酸。磷可以形成多种含氧酸，其中磷酸二氢盐大多易溶于水，而磷酸一氢盐和正盐大多难溶于水；磷酸根配位能力很强，易与很多金属形成可溶性配合物，其可以由与钼酸铵反应生成黄色磷钼酸铵来鉴定。

砷的同素异形体有黄砷、黑砷和灰砷。砷通常以 As_4 分子形式存在，是两性元素。锑和铋易挥发，液态导电性大于固态。砷、锑、铋的氢化物都有剧毒且稳定性逐渐减弱，缺氧条件下易分解为单质，因此医学上常用"马氏试砷法"检测砷。砷、锑、铋的卤化物为三卤化物和某些五卤化物，其中三卤化物具有还原性且易水解，在配置时需加相应的酸抑制水解。砷、锑、铋的单质在空气中燃烧生成三价氧化物，砷、锑、铋的氧化物中五价化合物酸性高于三价氧化物且其三价氧化物的水合物酸性逐渐减弱。

13.3　课后习题及解答

13-1 选择题：

（1）碳最多能与四个氟原子形成 CF_4，而硅却能与六个氟原子形成 SiF_6^{2-}，对于这点不合理的解释是（　　　）。

A. 硅的电离能比碳小

B. 硅的化学活泼性比碳强

C. 硅原子具有空的外层 d 轨道，而碳原子没有

D. 化合前碳原子的 d 轨道是充满的，而硅原子的 d 轨道是空的

答案：C

（2）将 SnS 和 PbS 分离，可加入（　　）试剂。

A. 氨水　　　　　B. 硝酸　　　　　C. 硫酸钠　　　　　D. 硫化钠

答案：D

（3）下列说法不正确的是（　　　）。

A. $Sn(OH)_2$，$Sn(OH)_4$ 酸性依次增强

B. $Sn(OH)_2$，$Pb(OH)_2$ 碱性依次增强

C. $Sn(OH)_2$，$Sn(OH)_4$，$Pb(OH)_2$ 均难溶于水

D. $Pb(OH)_2$ 只显碱性，$Sn(OH)_4$ 只显酸性

答案：D

（4）下列气体中能用氯化钯（$PdCl_2$）稀溶液检验的是（　　　）。

A. O_3　　　　　B. CO_2　　　　　C. CO　　　　　D. N_2

答案：C

（5）PCl_3 和水反应的产物是（　　　）。

A. $POCl_3$ 和 HCl　　　　　B. H_3PO_3 和 HCl

C. H_3PO_4 和 HCl　　　　　D. PH_3 和 HClO

答案：B

（6）加热下列各物质，不产生 NH_3 的是（　　　）。

A. NH_4Cl　　　　　B. $(NH_4)_2SO_4$　　　　　C. NH_4NO_3　　　　　D. NH_4HCO_3

答案：C

(7) 在硝酸 HNO_3 和硝酸根 NO_3^- 结构中具有的大 π 键分别是（　　　）。

A. Π_3^3 键和 Π_3^4 键 B. Π_4^5 键和 Π_3^4 键

C. Π_3^6 键和 Π_3^4 键 D. Π_3^4 键和 Π_3^6 键

答案：D

(8) 下列物质中，不溶于氢氧化钠溶液的是（　　　）。

A. $Sb(OH)_3$ 　　B. $Sb(OH)_5$ 　　C. H_3AsO_4 　　D. $Bi(OH)_3$

答案：D

(9) 下列物质中，常可用来掩蔽 Fe^{3+} 的是（　　　）。

A. Cl^- 　　B. SCN^- 　　C. I^- 　　D. PO_4^{3-}

答案：D

(10) 下列反应的最终产物没有硫化物沉淀的是（　　　）。

A. Na_3AsO_3 的酸性溶液与 H_2S 反应

B. $SbCl_3$ 溶液与过量的 Na_2S 溶液反应后再与稀盐酸作用

C. $Bi(NO_3)_3$ 溶液与过量的 Na_2S 溶液反应

D. Na_3AsO_3 溶液与过量的 Na_2S 溶液反应

答案：D

(11) 在铝盐溶液中逐滴加入足量的碱，产生的现象是（　　　）。

A. 生成白色沉淀 B. 有气体放出

C. 先生成白色沉淀，继而沉淀消失 D. 生成白色沉淀，并放出气体

答案：C

(12) 关于硼砂的描述中不正确的是（　　　）。

A. 它是最常用的硼酸盐

B. 它在熔融状态下能溶解一些金属氧化物并显示出特征颜色

C. 它的分子式应写成 $Na_2B_4O_5(OH)_4 \cdot 8H_2O$

D. 它不能与酸反应

答案：D

(13) 下列物质从左至右碱性递减顺序正确的是（　　　）。

A. NH_3，NH_2OH，NH_2NH_2，NF_3

B. NH_3，NH_2NH_2，NH_2OH，NF_3

C. NH_3，NF_3，NH_2OH，NH_2NH_2

D. NH_3，NF_3，NH_2NH_2，NH_2OH

答案：B

(14) 二氧化氮溶解在 NaOH 溶液中可得到（　　　）。

A. $NaNO_2$ 和 H_2O B. $NaNO_2$，O_2 和 H_2O

C. $NaNO_3$，N_2O_5 和 H_2O D. $NaNO_3$，$NaNO_2$ 和 H_2O

答案：D

（15）下列硫化物中，只能溶于酸不能溶于 Na_2S 的是（　　　）。

A. Bi_2S_3 B. As_2S_3 C. Sb_2S_3 D. Sb_2S_5

答案：A

（16）关于 PH_3 的叙述中，错误的是（　　　）。

A. 它是一个平面分子   B. 它能通过 Ca_3P_2 水解制得

C. 在室温下它是气体   D. 它是极性分子

答案：A

（17）表示白磷分子组成的式子是（　　　）。

A. P   B. P_2 C. P_4 D. P_6

答案：C

（18）下列物质中，酸性最强的是（　　　）。

A. H_3AsO_4 B. H_3SbO_4 C. H_3AsO_3 D. H_3SbO_3

答案：A

（19）叠氮酸的结构式是 $N^1{=}N^2{\equiv}N^3$ ，1、2、3 号氮原子采取的杂化类型分别为

$\underset{\displaystyle H}{\displaystyle |}$ 标在 N^1 下方

（　　　）。

A. sp^3，sp，sp   B. sp^2，sp，sp

C. sp^3，sp，sp^2 D. sp^2，sp，sp^2

答案：B

（20）某白色固体易溶于水，加入 $BaCl_2$ 有白色沉淀产生，用 HCl 酸化沉淀完全溶解，再加入过量 NaOH 并加热，有刺激性气体逸出。该白色固体物是（　　　）。

A. $(NH_4)_2CO_3$ B. $(NH_4)_2SO_4$ C. NH_4Cl D. K_2CO_3

答案：A

13-2　填空题：

（1）在马氏试砷法中，把含有砷的试样与锌和盐酸作用，产生分子式为_____气体，该气体受热，在玻璃管中出现_____，若试样中含有锑将干扰检定，区分的方法是_____。

答案：AsH_3；亮黑色的砷镜；加入 NaClO 溶解，砷镜可以溶解而锑镜不溶解

（2）从极化理论来分析，因为 Ca^{2+} 的极化作用_____ Mg^{2+}（填"大于"或"小于"），所以 $CaCO_3$ 的分解温度_____ $MgCO_3$（填"高于"或"低于"）。

答案：小于；高于

（3）碳原子簇（也称为球形碳、足球烯）是 20 世纪 80 年代中期化学界的重大发现。其中 ^{60}C 也称为富勒烯或布基球，它的每个碳原子以_____杂化轨道和相邻的_____个碳原子相连，剩余的_____轨道在 ^{60}C 的外围和腔内形成_____键。

答案：sp^2；三；p；大 π

(4) 某ⅣA族单质的灰黑色固体甲与浓 NaOH 溶液共热时，可产生无色、无味、无嗅的可燃性气体乙。灰黑色固体甲在空气中燃烧可得白色、难溶于水的固体丙，丙不溶于一般的酸，但可与氢氟酸作用生成一无色气体丁。根据上述实验现象，可推断：甲是_____，乙是_____，丙是_____，丁是_____。

答案：Si；H_2；SiO_2；SiF_4

(5) 乙硼烷的分子式是_____，它的结构式为_____，其中硼–硼原子间的化学键是_____。

答案：B_2H_6；$\begin{array}{c} H \quad\; H \quad\; H \\ \diagdown \; / \;\diagdown \; / \\ B \qquad B \\ / \;\diagup\; \diagdown \;\diagdown \\ H \quad\; H \quad\; H \end{array}$；两个三中心二电子的氢桥键

(6) 硼砂受热时能分解出熔融的_____，它能溶解许多_____，产生具有特征颜色的_____，这个反应在定性分析中称为_____。

答案：B_2O_3；金属氧化物；偏硼酸盐；硼砂珠试验

(7) 硼酸在浓硫酸帮助脱水下与_____作用，生成_____，该化合物经点火燃烧，火焰呈_____色，可作为硼酸存在的定性鉴别。

答案：乙醇；硼酸乙酯；绿

(8) TlI 和 KI 具有相同的晶型，但在水中的溶解度 TlI 要比 KI _____，原因是_____。

答案：小；TlI 中共价性成分较大

(9) 乙硼烷分子中含有两个_____中心_____电子键，这种键在硼烷系列中非常普遍，这是由于硼原子的_____性质所决定的。

答案：三；二；缺电子

(10) 在 HNO_3 分子中，三个氧原子围绕氮原子在同一平面上呈三角形，其中氮原子采取_____杂化轨道成键，分子中氧原子和氮原子之间除生成_____，还有_____键。

答案：sp^2；三个 σ 键；Π_3^4

(11) 鉴定磷酸根时，通常选用的试剂是用_____酸酸化的_____，反应生成_____色的_____沉淀。

答案：硝；钼酸铵；黄；磷钼酸铵

(12) 白磷与氢氧化钠溶液共热所发生化学反应的方程式为：_____。

答案：$P_4 + 3OH^- + 3H_2O =\!=\!= PH_3\uparrow + 3H_2PO_2^-$

13-3 问答题：

(1) 写出 H_3BO_3 的电离方程式及其与 NaOH 反应的方程式。

答案：$H_3BO_3 + H_2O =\!=\!= H^+ + B(OH)_4^-$

$H_3BO_3 + OH^- =\!=\!= B(OH)_4^-$

(2) 如何制备无水氯化铝（$AlCl_3$），能否用加热方法脱去 $AlCl_3 \cdot 6H_2O$ 中水而制得无水氯化铝？写出有关反应方程式。

答案：1) $2Al(s) + 3Cl_2(g) =\!=\!= 2AlCl_3$

2) $Al_2O_3 + 3C + 3Cl_2 \stackrel{}{=\!=\!=} 2AlCl_3 + 3CO$

由于 $AlCl_3$ 水解，所以 $AlCl_3 \cdot 6H_2O$ 加热脱水得不到无水 $AlCl_3$，化学反应式如下：

$$2AlCl_3 \cdot 6H_2O \stackrel{\triangle}{=\!=\!=} Al_2O_3 + 6HCl + 9H_2O$$

（3）为什么 Be 和 Al 的化合物在许多化学性质上相似，为什么 $BeCl_2$ 和 $AlCl_3$ 都是以多聚或双聚的形式存在？

答案：Be 和 Al 在元素周期表中处于对角线位置，在它们的原子和离子中，半径因素和电荷因素相互消长，使它们的 Z/r 值大小相近，即离子极化力相近，因而呈现所谓"对角线"相似性，它们的化合物在许多化学性质上相似。$BeCl_2$ 和 $AlCl_3$ 都是缺电子化合物，都有强烈的接受电子对的倾向，因此分子间容易相互通过配位键缔合：

（4）什么叫做硼砂珠试验？写出硼砂与 NiO、CoO 共熔时的现象及反应方程式。

答案：硼砂熔融时与金属氧化物形成具有特征颜色的偏硼酸盐的复盐，可用于鉴定某些金属离子的存在，硼砂的这一类反应称为硼砂珠试验。

因为熔融的硼砂可视为 $2NaBO_2 \cdot B_2O_3$，其中 B_2O_3 作为酸性氧化物可与碱性氧化物（也即许多金属氧化物）作用生成偏硼酸盐，并呈现该金属氧化物特征的颜色，从而可用于这些金属存在的定性鉴别。化学反应式如下：

$$NiO + Na_2B_4O_7 \stackrel{\triangle}{=\!=\!=} Ni(BO_2)_2 \cdot 2NaBO_2 \quad （棕色）$$

$$CoO + Na_2B_4O_7 \stackrel{\triangle}{=\!=\!=} Co(BO_2)_2 \cdot 2NaBO_2 \quad （深蓝色）$$

（5）某白色固体 A 难溶于冷水，可溶于热水，得无色溶液。在该溶液中加入 $AgNO_3$ 溶液有白色沉淀 B 生成，B 可溶于稀氨水中，得无色溶液 C，在 C 中加入 KI 溶液有黄色沉淀 D 析出。A 的热溶液通入 H_2S 气体则生成黑色沉淀 E，E 可溶于硝酸生成无色溶液 F、白色沉淀 G 和无色气体 H。在溶液 F 中滴加氢氧化钠溶液，先生成白色沉淀 I，当氢氧化钠过量时，I 溶解得到溶液 J，在 J 中通入氯气有棕黑色沉淀 K 生成。K 可与浓盐酸反应生成 A 和黄绿色气体 L，L 能使 KI-淀粉试纸变蓝。试确定从 A→L 所代表的物质化学式。

答案：A 代表 $PbCl_2$；B 代表 AgCl；C 代表 $[Ag(NH_3)_2]^+$；D 代表 AgI；E 代表 PbS；F 代表 $Pb(NO_3)_2$；G 代表 S；H；NO；I 代表 $Pb(OH)_2$；J 代表 $[Pb(OH)_3]^-$ 或 $[Pb(OH)_4]^{2-}$；K 代表 PbO_2；L 代表 Cl_2

（6）为什么 $SnCl_2$ 溶液经长久放置后容易出现浑浊？写出相关化学反应式。

答案：因为 $SnCl_2$ 有较强的还原性，其溶液经长久放置后容易被空气中的氧氧化成为 $SnCl_4$，$SnCl_4$ 具有很强的水解作用，析出难溶的 SnO_2 而出现浑浊，化学反应式如下：

$$SnCl_4 + 2H_2O =\!=\!= SnO_2\downarrow + 4HCl$$

所以配制 $SnCl_2$ 溶液时常加入锡粒以防止其被空气氧化，化学反应式如下：

$$Sn^{4+} + Sn === 2Sn^{2+}$$

（7）举例说明 C 原子能够形成哪些类型的化学键。

答案： 1）C 原子采取 sp^3 杂化轨道成键，形成四面体构型，例如金刚石、CH_4、CCl_4、C_2H_6 等。化学键如下：

2）C 原子采取 sp^2 杂化轨道成键，形成平面三角形构型，例如石墨、$COCl_2$、C_2H_4、C_6H_6 等。化学键如下：

3）C 原子采取 sp 杂化轨道成键，形成直线形构型，例如：C_2H_2、CO、HCN。化学键如下：

$$—C\equiv$$
$$: C\equiv$$

（8）通常含氧酸盐均是酸式盐溶解度比正盐溶解度大，但 $NaHCO_3$、$KHCO_3$ 的溶解度却小于相应的 Na_2CO_3、K_2CO_3，为什么？

答案： 因为相应的正盐溶解度已很大，而酸式盐却因形成二聚体或链状多聚体，反而降低了溶解度，化学结构式如下：

$$\left[\begin{array}{c} O—H\cdots O \\ O=C \qquad\qquad C=O \\ O\cdots H—O \end{array}\right]^{2-}$$

（9）如何分离下列两对离子：Sb^{3+} 和 Bi^{3+}；PO_4^{3-} 和 SO_4^{2-}。

答案： 1）因 Sb^{3+} 具有两性而 Bi^{3+} 呈碱性，加入过量 $NaOH$ 可使 Sb^{3+} 转化为 $Sb(OH)_4^-$ 而 Bi^{3+} 则形成 $Bi(OH)_3$ 沉淀使它们沉淀分离；或加入 Na_2S 溶液，Sb^{3+} 转化为 SbS_2^- 进入溶液，而 Bi^{3+} 则形成 Bi_2S_3 沉淀。

2）利用 $Ba_3(PO_4)_2$ 可溶于 HNO_3 而 $BaSO_4$ 不溶于 HNO_3 而达分离 PO_4^{3-} 和 SO_4^{2-} 的目的。加入 $BaCl_2$ 和 HNO_3，生成不溶的 $BaSO_4$ 和 H_3PO_4 即可过滤分离。

（10）比较 NH_3、N_2H_4、NH_2OH 的碱性强弱，并说明原因。

答案： 碱性：$NH_3 > N_2H_4 > NH_2OH$

因为 N_2H_4 和 NH_2OH 可以看作 NH_3 分子中一个 H 原子被—NH_2 或—OH 取代而得的产物。由于电负性 H<N<O，所以 NH_3 中 H 原子被取代后，给出电子对的能力是按 NH_3、N_2H_4、NH_2OH 的顺序减弱，所以碱性 $NH_3 > N_2H_4 > NH_2OH$。

（11）试举例说明硝酸与非金属、金属作用时还原产物的规律性。

答案： 硝酸与非金属、金属作用的还原产物常常是多种物质（NO_2、NO、N_2O、N_2、NH_3）的混合物，具体比例视硝酸浓度和金属活泼性而定。一般规律是：

1）硝酸与非金属作用时，其被还原的产物为 NO。化学反应式如下：

$$3C + 4HNO_3 = 3CO_2\uparrow + 4NO\uparrow + 2H_2O$$

$$3P + 5HNO_3 + 2H_2O = 3H_3PO_4 + 5NO\uparrow$$

$$S + 2HNO_3 = H_2SO_4 + 2NO\uparrow$$

$$3I_2 + 10HNO_3 = 6HIO_3 + 10NO\uparrow + 2H_2O$$

稀硝酸与非金属作用时，常不能把非金属氧化至最高价态，且反应很慢。

2）浓硝酸（2∶1以上或12~16mol·L）与金属作用时，其被还原的产物为 NO_2。化学反应式如下：

$$Cu + 4HNO_3(浓) = Cu(NO_3)_2 + 2NO\uparrow + 2H_2O$$

3）稀硝酸（1∶2或6~8mol/L）与金属作用时，其被还原的产物为 NO。化学反应式如下：

$$3Cu + 8HNO_3(稀) = 3Cu(NO_3)_2 + 2NO\uparrow + 4H_2O$$

4）较稀硝酸（1∶4或2mol/L）与活泼金属（Fe 以上）作用时，主要还原产物为 N_2O。化学反应式如下：

$$4Zn + 10HNO_3(较稀) = 4Zn(NO_3)_2 + N_2O\uparrow + 5H_2O$$

5）极稀硝酸（1∶10或<2mol/L）与活泼金属（Fe 以上）作用时，主要还原产物为 NH_3。化学反应式如下：

$$4Zn + 10HNO_3(较稀) = 4Zn(NO_3)_2 + NH_4NO_3 + 3H_2O$$

（12）马氏试砷法在法医、防疫检验中有重要应用，试述其基本原理及注意点。

答案：将试样+盐酸+锌粉置于一大试管中，用带弯头玻璃管的胶塞塞紧。在弯头玻璃管的中部用酒精灯加热，在加热部位有黑亮"砷镜"生成且能溶于 NaClO。

注意点：SbH_3 热分解也能产生黑亮"锑镜"，但"砷镜"可溶于 NaClO，而"锑镜"不溶于 NaClO，以此相区别。化学反应式如下：

$$5NaClO + 2As + 3H_2O = 2H_3AsO_4 + 5NaCl$$

14 氧族元素和卤素

14.1 知 识 概 要

本章主要内容涉及氧族元素和卤族元素，包括氧族元素的发现和性质，氧及其化合物的性质，硫及其化合物的性质，硒和碲及其化合物的性质；卤素的发现和通性，卤素单质的性质，卤化氢和氢卤酸，卤化物以及卤素的含氧酸及其盐的性质。

14.2 重点、难点

14.2.1 氧族元素

氧族元素易获得两个电子形成 8e 稳定结构，从上到下原子半径、离子半径逐渐增大，电负性和第一电离能逐渐减小，金属性逐渐增强。其中氧和硫是非金属元素，硒、碲为准金属元素，非金属性较弱，钋为金属元素。

单质氧有 O_2 和 O_3 两种同素异形体。氧的化合物根据其氧原子、O_2 分子和 O_3 分子的基础构成成键特征不同，其中氧原子为基础构成可以形成离子键、共价键、配位键和氢键；氧分子为基础构成可以形成离子型超氧化物，离子型和共价型过氧化物，离子型二氧基化合物和配合物；以臭氧分子为基础构成可以形成离子型和共价型臭氧化物。氧气分子具有顺磁性，其用途广泛，实验室常用加热氧化物或含氧酸盐制备氧气。臭氧分子具有反磁性，不稳定，常温分解，是一种强氧化剂，可用作脱色剂和降解工业废水中的有机物。工业排放的还原性气体与臭氧层中的臭氧反应形成臭氧空洞会对地球生物产生严重影响。除稀有气体外所有元素都可以形成二元氧化物，同周期最高氧化态氧化物酸性从左到右依次递增；同主族氧化物从上到下碱性逐渐增强；同一元素形成不同氧化态氧化物时，酸性随着氧化数的升高而增强。氧有两种氢化物：水和过氧化氢，其中水是最常见的溶剂。由于水分子通过氢键作用缔合，使其具有很多比较奇特的物理性质；过氧化氢俗称双氧水，具有氧化性、弱还原性和不稳定性，常用于杀菌消毒和漂白。

单质硫由 S_8 环状分子构成，其同素异形体常见的有 α-硫和 β-硫，不溶于水，能溶于一些有机溶剂。硫化氢是无色有毒的臭鸡蛋味气体，其饱和水溶液浓度约为 0.1mol/L，是二元弱酸。H_2S 在酸性和碱性介质中都具有较强还原性。金属硫化物按其在水和稀酸中的溶解性可分为溶于水、难溶于水溶于稀酸、难溶于水和稀酸三类。多硫化物的颜色随着硫原子数目增多由黄色、橙色过渡到红色，其中多硫离子通过公用电子对形成链式结构，在酸性溶液中不稳定。

硫具有多种氧化态，可形成种类繁多的氧化物和含氧酸及其盐。二氧化硫是一种无色有毒气体，既有氧化性又有还原性，能和乙烯二有机色素结合成无机化合物可用于漂白纸张等；二氧化硫易溶于水形成亚硫酸，主要用于制造硫酸和亚硫酸盐，是酸雨形成的主要因素之一。亚硫酸既有氧化性又有还原性，以还原性为主，亚硫酸（氢）盐、连二亚硫酸盐、硫代硫酸盐均体现一定的还原性；浓硫酸、三氧化硫、焦硫酸、过二硫酸和过二硫酸盐具有强氧化性；连多硫酸盐中，连二硫酸盐较为稳定。亚硫酸盐、连二亚硫酸盐受热易发生歧化反应分解。硫代硫酸盐极不稳定，遇水分解；过二硫酸和过二硫酸盐加热易分解；硫酸盐的热稳定性与阳离子的活泼性有关，活泼金属硫酸盐较稳定，不活泼金属硫酸盐高温下易分解。

硒、碲都有毒性，性质和硫相似，其氧化物 SeO_2、TeO_2 以氧化性为主。

14.2.2 卤族元素

与同周期其他元素相比卤素的原子半径最小，电负性最大，电子亲和能最大，第一电离能最大，是最活泼的非金属元素。卤素原子的半径随原子序数增加而增大，电负性逐渐减小，金属性依次增强。氟是电负性最大的元素，具有最强的氧化性，与一些元素化合时可以呈现出最高氧化态，氯的电子亲和能最小。

卤素单质常温下 F_2 和 Cl_2 是气态、Br_2 是液态、I_2 是固态，其中 Cl_2 易液化、I_2 易升华。卤素单质均为共价键结合的非极性双原子分子，随着原子半径增大，分子间色散力逐渐增加，熔沸点、密度等物理性质也增加，而热稳定性逐渐降低。利用卤素单质在有机溶剂中的溶解性可以从溶液中分离出来。卤素单质气态时均为有毒刺激性气味。卤素单质具有氧化性，随着原子半径增大氧化能力逐渐减弱，其中 F_2 最活泼，可以与除氧和氮之外的所有元素直接化合，能够把金属氧化到最高价；Cl_2 单质的活泼性小于 F_2，Br_2 和 I_2 氧化性更弱。卤素单质都可以与氢气发生反应，从氟到碘单质反应活性逐渐降低。其中，F_2 遇 H_2 发生爆炸，Cl_2 遇强光或加热爆炸，Br_2 需要加热和催化剂存在，I_2 需要高温。卤素单质与水发生反应趋势为 $F_2>Cl_2>Br_2>I_2$，在碱性条件下发生歧化反应。F_2 通常采用电解法制备，主要用于原子能工业、航空航天、制备含氟有机化合物；Cl_2 在实验室中常用强氧化剂和浓盐酸反应制备，工业上用电解法制备，主要用于制备盐酸、农药、含氯有机物以及用来消毒和漂白。工业上从海水中提取 Br_2，Br_2 主要用于制备医药、农药和感光试剂等；实验室中用氧化剂和碘离子反应制备 I_2，碘是人体必需的微量元素之一，缺碘会导致甲状腺肿大。

H_2 能与卤素以不同方式化合生成卤化氢，卤化氢都是极性分子，自上而下随着卤素电负性减弱极性减弱，HCl、HBr、HI 的熔沸点随着相对分子质量增加而升高，由于 HF 存在分子间氢键熔沸点例外。卤化氢稳定性 HF>HCl>HBr>HI；氢卤酸还原能力 HF<HCl<HBr<HI；氢卤酸酸性 HF<HCl<HBr<HI。卤化氢和氢卤酸的制备方法有直接合成法，复分解反应法，非金属卤化物水解法，碳氢化物卤化法。

卤素与电负性较小的元素生成卤化物，其中非金属卤化物以共价键结合，具有挥发性，熔沸点较低；同一周期各元素的金属卤化物从左到右，成键类型由离子型过渡到共价型；熔沸点依次降低，导电性依次下降。同一金属的不同卤化物随着卤素负离子半径增大，成键类型由离子型过渡到共价型；同一金属不同氧化态的卤化物，高氧化态比低氧化态共价型更多，熔沸点更低。

次卤酸不稳定，可用于制作漂白剂，氧化性和酸性按照 Cl、Br、I 依次降低；亚氯酸及盐极不稳定，受热易分解；卤酸酸性变化同次卤酸，但氧化性按照 Br、Cl、I 依次降低，可通过卤素单质与碱反应得到；高氯酸盐酸性最强，但氧化性按 Br、I、Cl 依次降低，高碘酸盐难溶于水，可以将 Mn^{2+} 氧化至 MnO_4^-。卤素含氧酸及其盐的性质随分子中氧原子的数目呈规律性变化，随着氧原子数目增多，同种卤素的含氧酸及其盐酸性增强、热稳定性增强、氧化能力减弱。

14.3 课后习题及解答

14-1 选择题：

(1) 将 H_2O_2 加入 H_2SO_4 酸化的 $KMnO_4$ 溶液时，H_2O_2 起的作用是（　　）。

A. 氧化剂　　　　　B. 还原剂　　　　　C. 催化剂　　　　　D. 还原硫酸

答案：B

(2) 四个学生对一无色酸性未知溶液分别进行定性分析，报告检出如下离子，其中正确的是（　　）。

A. PO_4^{3-}，SO_3^{2-}，Cl^-，NO_2^-，Na^+　　　　　B. PO_4^{3-}，SO_4^{2-}，Cl^-，NO_3^-，Na^+

C. PO_4^{3-}，S^{2-}，Cl^-，NO_2^-，Na^+　　　　　D. PO_4^{3-}，SO_3^{2-}，Cl^-，NO_3^-，Na^+

答案：B

(3) 将两种固体混合而成的白色粉末进行实验，得到如下结果：

1）加入过量的水也不全溶，留有残渣；

2）加入稀盐酸产生气泡，全部溶解；

3）在试管中放入粉末，慢慢地进行加热，在试管上有液滴凝结；

4）加入过量的稀 H_2SO_4 产生气泡，还有沉淀。

这种混合物是下列各组中的（　　）。

A. $NaHCO_3$，$Al(OH)_3$

B. $AgCl$，$NaCl$

C. $KAl(SO_4)_2 \cdot 12H_2O$，$ZnSO_4 \cdot 7H_2O$

D. $Na_2SO_3 \cdot 7H_2O$，$BaCO_3$

答案：D

(4) 下列方法中不能制得 H_2O_2 的是（　　）。

A. 电解 NH_4HSO_4 水溶液　　　　　B. 用 H_2 和 O_2 在高温下直接合成

C. 乙基蒽醌法　　　　　D. 金属过氧化物与水作用

答案：B

(5) 下列反应中不产生 S 的是（　　）。

A. $SO_2 + H_2S \longrightarrow$　　　　　B. $KMnO_4 + H_2S + H_2SO_4 \longrightarrow$

C. $Na_2S_2O_3 + HCl \longrightarrow$　　　　　D. $H_2S + HNO_3 \longrightarrow$

答案：D

(6) 在照相业中，$Na_2S_2O_3$ 常用作定影液，其作用是（　　）。

A. 氧化剂   B. 还原剂   C. 配位剂   D. 漂白剂

答案：C

(7) 与 Zn 粉反应可生成 $Na_2S_2O_4$ 的试剂是 (　　)。

A. $NaHSO_3$ B. $Na_2S_2O_3$ C. Na_2SO_4 D. $Na_2S_2O_7$

答案：A

(8) 在硫的下列含氧酸中，不与氢氧化钡反应产生沉淀的是 (　　)。

A. $H_2S_2O_3$ B. $H_2S_2O_8$ C. $H_2S_2O_6$ D. H_2SO_5

答案：C

(9) 有 7 种未知溶液：Na_2S、$Na_2S_2O_3$、Na_2SO_4、Na_2SO_3、Na_3AsS_3、Na_3SbS_3、Na_2SiO_3，分别加入同一种试剂就可使它们初步鉴别，这种试剂是 (　　)。

A. $AgNO_3$ 溶液   B. $BaCl_2$ 溶液

C. 稀 HCl 溶液   D. 稀 HNO_3 溶液

答案：C

(10) 大苏打与盐酸反应 (　　)。

A. 有 S 生成   B. 有 S、SO_2 生成

C. 有 SO_2 生成   D. S、SO_2 都不生成

答案：B

(11) 在臭氧分子结构中，正确的说法是 (　　)。

A. 仅有 σ 键   B. 仅有 Π 键

C. 有 σ 键和 Π_3^4 键   D. 有 σ 键和 Π_4^6 键

答案：C

(12) 下列硫的含氧酸盐中氧化性最强的是 (　　)。

A. 焦硫酸盐   B. 硫代硫酸盐   C. 过硫酸盐   D. 连多硫酸盐

答案：C

(13) 下列离子的碱强度最大的是 (　　)。

A. ClO^- B. ClO_2^- C. ClO_3^- D. ClO_4^-

答案：A

(14) 在氯的含氧酸中，酸性强弱次序正确的是 (　　)。

A. $HClO > HClO_2 > HClO_3 > HClO_4$ B. $HClO_3 > HClO_4 > HClO > HClO_2$

C. $HClO_4 > HClO_3 > HClO_2 > HClO$ D. $HClO_2 > HClO_3 > HClO_4 > HClO$

答案：C

(15) 下列氯化物中，不发生水解反应的是 (　　)。

A. CCl_4 B. $SiCl_4$ C. $SnCl_4$ D. $GeCl_4$

答案：A

(16) 下列反应不可能按所列式子进行的是 (　　)。

A. $2NaNO_3 + H_2SO_4(浓) \longrightarrow Na_2SO_4 + 2HNO_3$

B. $2NaI + H_2SO_4(浓) \longrightarrow Na_2SO_4 + 2HI$

C. $CaF_2 + H_2SO_4(浓) \longrightarrow CaSO_4 + 2HF$

D. $2NH_3 + H_2SO_4 \longrightarrow (NH_4)_2SO_4$

答案：B

（17）至今尚未发现能发生下列反应的卤素是（   ）。

$X_2 + 2OH^- \Longrightarrow X^- + XO^- + H_2O$

$3X_2 + 6OH^- \Longrightarrow 5X^- + XO_3^- + 3H_2O$

A. 氟   B. 氯   C. 溴   D. 碘

答案：A

（18）在酸性介质中，不能将 Mn^{2+} 氧化为 MnO_4^- 的是（   ）。

A. $NaBiO_3$ B. KIO_3 C. $K_2S_2O_8$ D. PbO_2

答案：B

（19）单质碘在水中的溶解度很小，但在 KI 溶液中溶解度显著增大，原因是发生了（   ）。

A. 离解反应   B. 盐效应   C. 配位效应   D. 氧化还原反应

答案：C

（20）下列含氧酸的氧化性递变不正确的是（   ）。

A. $HClO_4 > H_2SO_4 > H_3PO_4$ B. $HBrO_4 > HClO_4 > H_5IO_6$

C. $HClO > HClO_3 > HClO_4$ D. $HBrO_3 > HClO_3 > HIO_3$

答案：B

（21）实验室用浓盐酸与二氧化锰反应制备氯气，使氯气纯化应依次通过（   ）。

A. 饱和氯化钠和浓硫酸   B. 浓硫酸和饱和氯化钠

C. 氢氧化钙固体和浓硫酸   D. 饱和氯化钠和氢氧化钙固体

答案：A

（22）下列相同浓度含氧酸盐水溶液的 pH 值大小排列次序正确的是（   ）。

A. KClO > KBrO > KIO   B. KIO > KBrO > KClO

C. KBrO > KClO > KIO   D. KIO > KClO > KBrO

答案：B

14-2 填空题：

（1）臭氧分子中，中心氧原子采取＿＿＿＿杂化，分子中除生成＿＿＿＿键外，还有一个＿＿＿＿键。

答案： 不等性 sp^2；2 个 σ；Π_3^4 离域

（2）长时间放置的 Na_2S 溶液出现浑浊，原因是＿＿＿＿＿＿＿＿＿＿＿＿＿。

答案： 在空气中，S^{-2} 被氧化成 S，S 悬浮在溶液中造成浑浊

（3）SO_2 分子中，中心原子 S 以＿＿＿＿杂化轨道与氧形成两个 σ 键外，还有一

个符号为_____大 π 键。

答案： sp^2；Π_3^4

（4）染料工业上大量使用的保险粉的分子式是_____，它有强_____。

答案： $Na_2S_2O_4 \cdot 2H_2O$；还原性

（5）硫的两种主要同素异形体是_____和_____。其中稳定态的单质是_____，它受热至 95.5℃ 时转变为_____。两者的分子都是_____，具有_____状结构，其中硫原子以_____杂化轨道成键。

答案： 斜方硫；单斜硫；斜方硫；单斜硫；S_8，环；sp^3

（6）漂白粉的有效成分是_____，漂白粉在空气中放置时会逐渐失效，其反应方程式为_____。

答案： $Ca(ClO)_2$；$Ca(ClO)_2 + CO_2 + H_2O =\!=\!= CaCO_3 + 2HCl + O_2$

（7）AgF 易溶于水，而 AgCl、AgBr、AgI 皆难溶于水，且溶解度从 AgCl 到 AgI 依次减小，可解释为_____。

答案： 虽然 Ag^+是 18 电子构型阳离子，极化能力较强，但是 F^-变形性很小，所以 AgF 仍是离子化合物；而 Ag^+半径较大，AgF 晶格能较小，因此易溶于水；Cl^-、Br^-、I^- 有较大变形性，且变形性依次增大，AgCl、AgBr、AgI 已是共价型化合物，且共价性依次增强，所以它们难溶于水，且溶解性递减

（8）碘在碱溶液中歧化的离子方程式是_____。

答案： $3I_2 + 6OH^- =\!=\!= 5I^- + IO_3^- + 3H_2O$

（9）就酸性强弱而言，氢氟酸 HF 是_____酸，但随其浓度加大，则变成_____酸；造成这种现象的原因主要是_____。

答案： 弱；强；生成了 HF_2^-，使 H^+浓度增大

（10）酸性条件下，向碘水中通入氯气，可以得到 HIO_3，而向溴水中通入氯气却得不到 $HBrO_3$，其原因是_____。

答案： 由于中间排元素的特殊性，$E^\ominus(BrO_3^-/Br_2) > E^\ominus(Cl_2/Cl^-) > E^\ominus(IO_3^-/I_2)$

14-3 问答题：

（1）1986 年化学方法制取 F_2获得成功。其步骤是：

1）在 HF、KF 存在下，用 $KMnO_4$氧化 H_2O_2 制取 K_2MnF_6；

2）$SbCl_5$和 HF 反应制取 SbF_5；

3）K_2MnF_6和 SbF_5反应制得 MnF_4；

4）不稳定的 MnF_4分解成 MnF_3 和 F_2。

试写出各步反应方程式。

答案： $2KMnO_4 + 3H_2O_2 + 10HF + 2KF =\!=\!= 2K_2MnF_6 + 8H_2O + 3O_2\uparrow$

$$SbCl_5 + 5HF =\!=\!= 5HCl + SbF_5$$
$$K_2MnF_6 + 2SbF_5 =\!=\!= 2KSbF_5 + MnF_4$$
$$2MnF_4 =\!=\!= 2MnF_3 + F_2$$

（2）海水中含有约万分之一的溴（质量比），试写出从海水中提溴的基本步骤和相关反应方程式。

答案：从海水中提取溴实际操作并不是直接用海水，而是用提取食盐后的卤水。基本步骤为：

1）在 383K 和 pH = 3.5 条件下，将氯气通入浓缩的新鲜卤水中：

$$Cl_2 + 2Br^- === 2Cl^- + Br_2$$

2）将溴用空气吹出并通入 Na_2CO_3 溶液中（富集并与空气分离）：

$$3Br_2 + 3Na_2CO_3 === 5NaBr + NaBrO_3 + 3CO_2\uparrow$$

3）经富集了溴的溶液以稀硫酸酸化并分离出溴：

$$5NaBr + NaBrO_3 + 3H_2SO_4 === 3Br_2 + 3Na_2SO_4 + 3H_2O$$

通过换算，从 1t 海水中大约可提取溴 0.14kg。

（3）为什么不能用浓硫酸与卤化物作用来制备 HBr 和 HI？作出解释并写出有关反应式。在实验室可用怎样的实际操作分别制备 HBr 和 HI？写出有关反应式。

答案：由于浓硫酸具有强氧化性，所以能把还原性较强的 HBr 和 HI 氧化，因此不能用浓硫酸与卤化物作用来制备 HBr 和 HI。化学反应式如下：

$$2HBr + H_2SO_4(浓) === SO_2\uparrow + Br_2 + 2H_2O$$

$$8HI + H_2SO_4(浓) === H_2S\uparrow + 4I_2 + 4H_2O$$

在实验室可以用无氧化性的磷酸代替浓硫酸来制备 HBr 和 HI，化学反应式如下：

$$NaBr + H_3PO_4 === HBr\uparrow + NaH_2PO_4$$

$$NaI + H_3PO_4 === HI\uparrow + NaH_2PO_4$$

（4）为什么 AlF_3 的熔点达 1563K，而 $AlCl_3$ 在 453K 即升华？

答案：由于 F 的电负性很大，所以 AlF_3 的电负性差大于 1.7，AlF_3 是典型的离子化合物，熔点较高。而 Cl 的电负性比 F 小得多，$AlCl_3$ 中的电负性差比较小，$AlCl_3$ 已属于共价化合物，所以熔点低，在 453K 即升华。

（5）一无色晶体 A 与浓硫酸共热，生成一无色刺激性气体 B，将 B 通入酸性 $KMnO_4$ 溶液中，紫红色的溶液褪色，产生另一种有刺激性气味的气体 C，C 可使湿润的淀粉碘化钾试纸变蓝。晶体 A 易溶于水，水溶液呈中性，向其水溶液中加入酒石酸氢钠，有白色沉淀 D 析出。试推断 A、B、C、D 各是什么物质，写出各步化学反应式。

答案：A 是 KCl；B 是 HCl；C 是 Cl_2；D 是 $KHC_4H_4O_6$

$$KCl + H_2SO_4(浓) \xrightarrow{\triangle} KHSO_4 + HCl\uparrow$$

$$2KMnO_4 + 16HCl === 2KCl + 2MnCl_2 + 5Cl_2 + 8H_2O$$

$$2KI + Cl_2 === 2KCl + I_2 \quad (I_2使淀粉变蓝)$$

$$KCl + NaHC_4H_4O_6 === NaCl + KHC_4H_4O_6\downarrow$$

（6）一种钠盐 A 溶于水，在水溶液中加入 HCl 有刺激性气体 B 产生，同时有白色（或淡黄色）沉淀 C 析出，气体 B 能使酸性 $KMnO_4$ 溶液褪色；若通入足量 $Cl_2(g)$ 于 A 溶液中，则得溶液 D，D 与 $BaCl_2$ 作用得白色沉淀 E，E 不溶于强酸。问：A、B、C、D、E 各为何物？写出有关化学反应方程式。

答案：A 是 $Na_2S_2O_3$；B 是 SO_2；C 是 S；D 是 SO_4^{2-}，Cl^-；E 是 $BaSO_4$

$$Na_2S_2O_3 + 2HCl === 2NaCl + S\downarrow + SO_2\uparrow + H_2O$$

$$2MnO_4^- + 5SO_2 + 2H_2O === 2Mn^{2+} + 5SO_4^{2-} + 4H^+$$

$$SO_2 + Cl_2 + 2H_2O \xrightarrow{} SO_4^{2-} + 2Cl^- + 4H^+$$
$$Ba^{2+} + SO_4^{2-} \xrightarrow{} BaSO_4 \downarrow$$

（7）现有四瓶失落标签的无色溶液，可能是 Na_2S、Na_2SO_3、$Na_2S_2O_3$ 和 Na_2SO_4，试加以鉴别并确证，写出有关化学反应方程式。

答案：在四支试管中分别加入少许四瓶失落标签的无色溶液，再分别加入少许 HCl。

1）有臭鸡蛋气味气体放出并能使醋酸铅试纸变黑的是 Na_2S 溶液，化学反应式如下：

$$S^{-2} + 2H^+ \xrightarrow{} H_2S \uparrow$$
$$Pb(Ac)_2 + H_2S \xrightarrow{} PbS \downarrow（黑）+ 2HAc$$

2）有刺激性气体放出并有乳白色（或很淡黄色）沉淀析出的是 $Na_2S_2O_3$ 溶液，化学反应式如下：

$$S_2O_3^{2-} + 2H^+ \xrightarrow{} SO_2 \uparrow + S \downarrow + H_2O$$

3）有刺激性气体放出并能使 $KMnO_4$ 褪色（或使蓝色石蕊试纸变红）的是 Na_2SO_3 溶液，化学反应式如下：

$$SO_3^{2-} + 2H^+ \xrightarrow{} SO_2 \uparrow + H_2O$$
$$5SO_2 + 2MnO_4^- + 2H_2O \xrightarrow{} 5SO_4^{2-} + 2Mn^{2+} + 4H^+$$

4）无反应现象的是 Na_2SO_4 溶液，再加入 $BaCl_2$ 溶液有白色沉淀析出则可确证。化学反应式如下：

$$Ba^{2+} + SO_4^{2-} \xrightarrow{} BaSO_4 \downarrow（白）$$

（8）现有一能溶于水的白色固体，将其水溶液进行下列试验而产生相应的实验现象：

1）焰色反应呈黄色；

2）它能使 KI_3 溶液或酸化的 $KMnO_4$ 溶液褪色而产生无色溶液，然后这无色溶液与 $BaCl_2$ 溶液作用生成不溶于稀 HNO_3 的白色沉淀；

3）加入硫黄粉，加热后硫逐渐溶解并生成无色溶液，此溶液酸化时产生乳白色或浅黄色沉淀。它能使 KI_3 溶液褪色，还能溶解 AgCl 或 AgBr。

写出该白色固体的分子式和有关的化学反应方程式。

答案：由 1）可推知该试样为钠盐。从 2）可推知该钠盐为 Na_2SO_3 或 $Na_2S_2O_3$。由 3）可确证该钠盐是 Na_2SO_3。化学反应式如下：

$$SO_3^{2-} + I_3^- + H_2O \xrightarrow{} SO_4^{2-} + 3I^- + 2H^+$$
$$5SO_3^{2-} + 2MnO_4^- + 6H^+ \xrightarrow{} 5SO_4^{2-} + 2Mn^{2+} + 3H_2O$$
$$SO_4^{2-} + Ba^{2+} \xrightarrow{} BaSO_4 \downarrow$$
$$S + SO_3^{2-} \xrightarrow{\triangle} S_2O_3^{2-}$$
$$S_2O_3^{2-} + 2H^+ \xrightarrow{} SO_2 \uparrow + S \downarrow + H_2O$$
$$2S_2O_3^{2-} + I_3^- \xrightarrow{} S_4O_6^{2-} + 3I^-$$
$$AgBr + 2S_2O_3^{2-} \xrightarrow{} [Ag(S_2O_3)_2]^{3-} + Br^-$$

（9）以碳酸钠和硫黄为原料制备硫代硫酸钠，写出有关化学反应式。

答案：
$$S + O_2 \longrightarrow SO_2$$
$$SO_2 + Na_2CO_3 \xrightarrow{} Na_2SO_3 + CO_2$$
$$Na_2SO_3 + S \xrightarrow{沸腾} Na_2S_2O_3$$

（10）将 SO_2 气体通入纯碱溶液中，有无色气体 A 逸出，所得溶液经加入氢氧化钠中和，再加入硫化钠溶液除去杂质，过滤后得溶液 B。将某非金属单质 C 加入溶液 B 中并加热，反应后再经过滤、除杂等过程，得溶液 D。取少量溶液 D，与盐酸反应，其反应产物之一为沉淀 C。另取少量溶液 D，加入少许 AgBr 固体，则其溶解，并生成配离子 E。再取少量溶液 D，在其中滴加溴水，溴水颜色消失，再加入 $BaCl_2$ 溶液，产生不溶于稀盐酸的白色沉淀 F。试确定从 A~F 的化学式，写出各步反应方程式。

答案： A 是 CO_2；B 是 Na_2SO_3；C 是 S；D 是 $Na_2S_2O_3$；E 是 $[Ag(S_2O_3)_2]^{3-}$；F 是 $BaSO_4$

$2SO_2 + CO_3^{2-} + H_2O \Longrightarrow CO_2 + 2HSO_3^-$

$SO_2 + H_2O \Longrightarrow H_2SO_3$

$H_2SO_3 + 2OH^- \Longrightarrow SO_3^{2-} + 2H_2O$（碱性介质中加硫化钠已沉淀所有重金属离子）

$HSO_3^- + OH^- \Longrightarrow SO_3^{2-} + H_2O$

$Na_2SO_3 + S \overset{\triangle}{\Longrightarrow} Na_2S_2O_3$

$Na_2S_2O_3 + 2HCl \Longrightarrow 2NaCl + S + SO_2 + H_2O$

$2S_2O_3^{2-} + AgBr \Longrightarrow [Ag(S_2O_3)_2]^{3-} + Br^-$

$S_2O_3^{2-} + 4Br_2 + 5H_2O \Longrightarrow 2SO_4^{2-} + 8Br^- + 10H^+$

$Ba^{2+} + SO_4^{2-} \Longrightarrow BaSO_4 \downarrow$

15 过渡元素

15.1 知识概要

本章主要内容涉及过渡金属元素的性质，包括过渡金属元素的通性，钪单质及其化合物的性质，钛、锆、铪单质及其化合物的性质，钒单质及其化合物的性质，铬、钼、钨单质及其化合物的性质，锰、锝、铼的单质性质及其锰化合物的性质，铁系元素的性质及其铁、钴、镍和氧化物、氢氧化物、盐及其配合物的性质，铜族元素的通性及其单质和主要化合物的性质，铜族元素和碱金属元素的性质对比，锌族元素单质及其主要化合物的性质，锌族元素和碱土金属元素的性质对比，铂系元素单质的性质和用途及其铂系金属化合物和配合物的性质。

15.2 重点、难点

过渡元素原子最外层大多有 1~2 个 s 电子，次外层有 1~10 个 d 电子，其价层电子构型为 $(n-1)d^{1\sim10}ns^{0\sim2}$。同周期过渡元素的原子半径随着原子序数的增加而减小，到Ⅷ族后元素原子半径又增大；同主族自上而下原子半径随原子序数的增加而增大，由于存在镧系收缩，第二、三过渡系同族上下原子半径很接近出现个别例外情况。除ⅡB族外，过渡元素都是熔沸点较高，热、电良导体的金属，同周期自左往右熔点先升高再下降，各周期中熔点最高的金属在 VIB 族出现，其中熔点最高的金属是 W；同一族中自上而下熔点逐渐升高，其硬度变化规律类似，硬度最大的金属是 Cr。过渡元素中密度最大的金属是 Os。过渡元素中第一过渡系金属化学性质较为活泼，第二、三过渡系金属相对较稳定。其中一些金属能形成多种配合物及杂多酸，且很多元素的离子和化合物呈现一定与 d 电子数目相关的颜色。

钪的化学性质与铝、钇、镧系元素相似，氧化态为 +3，在空气中比较稳定。钪的离子半径较小，是ⅢB族中配位能力最强的元素，能与多种络合剂生成稳定的螯合物。钪具有两性性质，其氧化物 Sc_2O_3 为弱碱性氧化物，其水合氧化物也是两性。钪及其化合物主要用于冶金，电子信息，航空航天等领域。

ⅣB族金属具有很好的抗腐蚀性，易形成 +4 价化合物。工业上用硫酸分解钛铁矿的方法制取二氧化钛，进一步制备金属钛。钛比钢轻，机械强度与钢相似，且耐高温抗腐蚀性强，广泛应用于国防工业、化工领域和医学领域。二氧化钛不溶于水也不溶于酸，是一种优良的白色颜料，同时还可用作催化剂和光触媒。二氧化钛的水合物钛酸既溶于酸也溶于碱，具有两性。四氯化钛极易水解，易与含氧或氮的配体形成配合物。锆和铪主要用于军事领域和核领域。ZrO_2 和 HfO_2 熔点高，硬度高且化学惰性，常用作耐火耐磨材料。

ZrO_2 具有两性，溶于酸生成相应的盐，与碱共熔生成锆酸盐。锆和铪的配合物主要以 $[MX_6]^{2-}$ 形式存在。

VB 族的最高氧化物 M_2O_5 呈酸性，被称作"酸土金属"，VB 族的稳定氧化态为+5，钒的+4 价氧化态较稳定。VB 族熔点较高，其中钽是最难溶的金属之一。钒主要用于炼钢，铌主要用于制造合金钢；钽由于其优异的耐腐蚀性可用于医疗器械、特种合金和耐酸设备，其单质多由活泼金属与其氧化物反应得到。在化合物中价态种类繁多，颜色各异。五氧化二钒为两性偏酸氧化物，其酸性溶液具有氧化性，在溶液中可以形成多种多钒酸盐。钒酸盐与双氧水反应可用于钒的鉴定和比色测定。

VIB 族具有高熔沸点，其中钨的熔点和沸点是一切金属中最高的，从上到下活泼性依次降低，其中铬在化合物中通常显+2、+3 和+6 价态，对应颜色不一。铬、钼、钨常用于制造合金，钨丝可以用作灯丝。Cr_2O_3 呈现两性，溶于酸和强碱生成 Cr^{3+} 和 CrO_2^- 呈现不同颜色。氢氧化铬浓溶液中也存在类似平衡。三价铬配位能力很强，极易与各种配体配位形成六配位八面体配合物、还能水解形成含有羟桥的多核配合物。六价铬因电荷转移常具有颜色，实验室常用 Ba^{2+}、Pb^{2+} 或 Ag^{2+} 来检验 CrO_4^{2-} 的存在；常用重铬酸钾来测定铁，实验室所用洗液是重铬酸钾饱和溶液和浓硫酸的混合物。MoO_3 和 WO_3 都是酸性氧化物，难溶于水且氧化性不强，钼和钨的 MO^{4-} 可以与很多离子形成沉淀来用于鉴定，两种元素也易形成杂多酸盐。

VB 族元素易形成+2、+4、+6（碱性环境）和+7（酸性环境）的化合物，高锰酸钾氧化性很强，而二价锰还原性很强，易被空气中的氧气氧化，四价锰（二氧化锰）是实验室制取 Cl_2 的原料。

铁系元素都是具有银白色光泽的金属，密度大，熔点高，具有铁磁性，常温下性质不活泼，铁可用作浓硝酸和浓硫酸的容器，镍坩埚可以熔融碱性物质。铁系元素化合物中呈现+2、+3 价，高氧化态一般不稳定，具有很强的氧化性。铁系元素氧化物都是碱性氧化物，氢氧化铁略有两性，但碱性强于酸性。低价氢氧化物从上到下还原性依次减弱，高价氢氧化物从上到下氧化性依次增强。二价铁系氧化物与强酸形成的盐都易溶于水，其碳酸盐、磷酸盐、硫化物等弱酸盐都难溶于水。三价可溶盐中只有三价铁盐能稳定存在。铁系元素易形成配合物，既可以和 CN^-、F^-、SCN^-、Cl^- 等离子形成配合物，又可以与 CO、NO 等分子或有机配体形成配合物。

IB 族元素与同周期的碱金属相比，它们最外层电子数相同都仅有一个电子，由于次外层电子构型不同，因此其性质相差很多。IB 族元素的原子半径较小，第一电离势较大，具有较高的熔点和沸点、良好的导电导性和延展性。IB 族元素从铜到金都是化学性质不活泼的重金属，空气中稳定与水不反应，不能与稀酸发生置换反应，活泼性依次减小，18 电子构型使其具有很强的极化能力和明显的变形性，所形成化合物共价性较强，能形成多种颜色的水合物；其离子易与 CN^-、F^-、NH_3 等配位，可以用来提纯。IB 族元素氢氧化物碱性较弱，且不稳定，易脱水形成氧化物。Cu 一般显+1 和+2 价，在一定条件下可相互转化。银的化合物一般为+1 价，Ag^+ 形成配合物的倾向很大，可以把难溶银盐转化为配合物溶解。金的常见化合物为+3 价，氯金酸铯的溶解度很小，可用来鉴定金元素。此外，多数氯金酸盐不仅能溶于水，还能溶于乙醚或乙酸乙酯等有机溶剂中，可以用来萃取金。

ⅡB 族元素与同周期的碱土金属相比，它们最外层电子数相同，由于ⅡB 族元素次外层为 18 电子构型，原子半径和离子半径比钙、锶、钡小，电离势比它们高，且ⅡB 族元素的离子具有很强的极化能力和明显的变形性，使得其性质和碱土金属性质相差很多。ⅡB 族元素单质的熔沸点较低，电导性较差。与同周期ⅠB 族元素相比，标准电极电势更负，活泼性高。锌镉汞的活泼性随原子序数增大而递减。ⅡB 族元素中，锌和镉化学性质相似，汞在性质上类似铜银金。锌和镉常见的化合物为+2 价，Zn 是一种两性金属，能与多种分子、离子络合，易与酸、氧气反应化合，性质活泼，其氯化物浓溶液是一种强酸，能溶解金属氢氧化物，金属锌是制造干电池的重要材料。Hg 具有一定的金属溶解能力，易形成汞齐，多以+1、+2 存在于化合物中，在一定条件下两者能相互转化。汞常温为液态、密度很大且蒸气压低，可用于制造温度计、压力计与太阳灯。

铂系金属化学性质稳定，常温下与非金属元素不反应，钯和铂溶于王水，而钌、铑、锇和铱不能溶于王水。铂系元素多形成氯化物、易形成配合物、多为卤配合物、羰基配合物及金属有机配合物。+2 价的钯和铂都可形成平面四方形配合物。实验室常用氯铂酸检验 NH_4^+、K^+、Rb^+、Cs^+ 等离子，工业上常用加热分解氯铂酸铵来分离提纯金属铂。将氯铂酸甲与醋酸铵作用制得的顺铂被认为是抗癌药剂。

15.3　课后习题及解答

15-1　选择题：

(1) 组成黄铜合金的两种金属是（　　）。

A. 铜和锡　　　　　B. 铜和锌　　　　　C. 铅和锡　　　　　D. 铜和铝

答案：B

(2) Cu_2O 和稀 H_2SO_4 反应，最后能生成（　　）。

A. $Cu_2SO_4 + H_2O$　　　　　　　　　B. $CuSO_4 + H_2O$

C. $CuSO_4 + Cu + H_2O$　　　　　　　D. $Cu_2S + H_2O$

答案：C

(3) 加 $NH_3 \cdot H_2O$ 于 Hg_2Cl_2 上，容易生成的是（　　）。

A. $Hg(OH)_2$　　B. $[Hg(NH_3)_4]^{2+}$　C. $[Hg(NH_3)_4]^+$　D. $HgNH_2Cl+Hg$

答案：D

(4) 下列化合物中，既能溶于浓碱，又能溶于酸的是（　　）。

A. Ag_2O　　　　B. $Cu(OH)_2$　　　　C. HgO　　　　　D. $Cd(OH)_2$

答案：B

(5) 在 $CuSO_4$ 溶液中加入过量的碳酸钠溶液，形成的主要产物是（　　）。

A. $Cu(HCO_3)_2$　　B. $CuCO_3$　　　　C. $Cu_2(OH)_2CO_3$　D. $Cu(OH)_2$

答案：C

(6) 下列阳离子中，能与 Cl^- 在溶液中生成白色沉淀，加氨水时又将转成黑色的是（　　）。

A. 铅（Ⅱ）   B. 银（Ⅰ）   C. 汞（Ⅰ）   D. 锡（Ⅱ）

答案：C

（7）能共存于酸性溶液中的一组离子是（   ）。

A. K^+，I^-，SO_4^{2-}，MnO_4^- B. Na^+，Zn^{2+}，SO_4^{2-}，NO_3^-

C. Ag^+，AsO_4^{3-}，S^{2-}，SO_3^{2-} D. K^+，S^{2-}，SO_4^{2-}，$Cr_2O_7^{2-}$

答案：B

（8）现有 ds 区某元素的硫酸盐 和另一元素氯化物 B 的水溶液，各加入适量 KI 溶液，则生成某元素的碘化物沉淀和 I_2。B 则生成碘化物沉淀，这种碘化物沉淀进一步与 KI 溶液作用，生成配合物溶解，则硫酸盐和氯化物 B 分别是（   ）。

A. $ZnSO_4$，Hg_2Cl_2 B. $CuSO_4$，$HgCl_2$

C. $CdSO_4$，$HgCl_2$ D. Ag_2SO_4，Hg_2Cl_2

答案：B

（9）下列离子与过量的 KI 溶液反应只得到澄清的无色溶液的是（   ）。

A. Cu^{2+} B. Fe^{3+} C. Hg^{2+} D. Hg_2^{2+}

答案：C

（10）下列物质中既溶于稀酸又溶于氨水的是（   ）。

A. $Pb(OH)_2$ B. $Al(OH)_3$ C. $Cu(OH)_2$ D. $AgCl$

答案：C

（11）向含有 Ag^+、Pb^{2+}、Al^{3+}、Cu^{2+}、Sr^{2+}、Cd^{2+} 的混合溶液中，加入稀 HCl，两种离子都发生沉淀的一组离子是（   ）。

A. Ag^+ 和 Cd^{2+} B. Cd^{2+} 和 Pb^{2+}

C. Ag^+ 和 Pb^{2+} D. Pb^{2+} 和 Sr^{2+}

答案：C

（12）用奈斯勒试剂检验 NH_4^+，所得红棕色沉淀的化学式是（   ）。

A. $HgNH_2I$ B. $Hg(NH_3)_4^{2+}$ C. $(NH_4)_2HgI_2$ D. $HgO \cdot HgNH_2I$

答案：D

（13）在含有 Al^{3+}、Ba^{2+}、Hg_2^{2+}、Cu^{2+}、Ag^+、Hg^{2+} 等离子的溶液中加入稀 HCl，发生反应的离子是（   ）。

A. Ag^+ 和 Cu^{2+} B. Hg^{2+} 和 Al^{3+} C. Ag^+ 和 Hg_2^{2+} D. Al^{3+} 和 Ba^{2+}

答案：C

（14）下列说法中不正确的是（   ）。

A. 高温、干态时 Cu(Ⅰ) 比 Cu(Ⅱ) 稳定

B. Cu^{2+} 的水合能大，水溶液中 Cu^{2+} 稳定

C. 要使反歧化反应 $Cu^{2+} + Cu \Longrightarrow 2Cu^+$ 顺利进行，须加入沉淀剂或配合剂

D. 任何情况下 Cu(Ⅰ) 在水溶液中都不能稳定存在

答案：D

(15) 向 $Hg_2(NO_3)_2$ 溶液中加入 NaOH 溶液, 生成的沉淀是 (　　)。

A. Hg_2O　　　　B. HgOH　　　　C. HgO+Hg　　　　D. $Hg(OH)_2 + Hg$

答案: C

(16) 将过量的 KCN 加入 $CuSO_4$ 溶液中, 其生成物是 (　　)。

A. CuCN　　　　B. $[Cu(CN)_4]^{3-}$　　C. $Cu(CN)_2$　　　　D. $[Cu(CN)_4]^2$

答案: B

(17) 下列配制溶液的方法中, 不正确的是 (　　)。

A. $SnCl_2$ 溶液: 将 $SnCl_2$ 溶于稀盐酸后加入锡粒

B. $FeSO_4$ 溶液: 将 $FeSO_4$ 溶于稀硫酸后放入铁钉

C. $Hg(NO_3)_2$ 溶液: 将 $Hg(NO_3)_2$ 溶于稀硝酸后加入少量 Hg

D. $FeCl_3$ 溶液: 将 $FeCl_3$ 溶于稀盐酸

答案: C

(18) $CuSO_4 \cdot 5H_2O$ 可以溶于浓盐酸中, 对所得溶液的下列说法中正确的是 (　　)。

A. 所得溶液呈蓝色

B. 将溶液煮沸时能释放出氯气, 留下一种 Cu(I) 的配合物溶液

C. 该溶液与过量的氢氧化钠溶液反应, 不生成沉淀

D. 该溶液与金属铜共热, 可被还原为一种 Cu(I) 的氯配合物

答案: D

(19) 在 $Cr_2(SO_4)_3$ 溶液中, 加入 Na_2S 溶液, 其主要产物是 (　　)。

A. Cr+S　　　　　　　　　　B. $Cr_2S_3 + Na_2SO_4$

C. $Cr(OH)_3 + H_2S$　　　　D. $CrO_2^- + S^{2-}$

答案: C

(20) 欲使软锰矿 (MnO_2) 转变为 K_2MnO_4, 应选择的试剂是 (　　)。

A. $KClO_3(s) + KOH(s)$　　　　B. 浓 HNO_3

C. Cl_2　　　　　　　　　　　D. O_2

答案: A

(21) 下列四种绿色溶液, 加酸后溶液变为紫红色并有棕色沉淀产生的是 (　　)。

A. $NiSO_4$　　　　B. $CuCl_2$(浓)　　　C. $Na[Cr(OH)_4]$　　D. K_2MnO_4

答案: D

(22) 同一族过渡元素从上到下, 氧化态的变化规律是 (　　)。

A. 趋向形成稳定的高氧化态　　　B. 先升高后降低

C. 趋向形成稳定的低氧化态　　　D. 没有一定规律

答案: A

(23) 在某种酸化的黄色溶液中加入锌粒, 溶液颜色从黄经过蓝、绿直到变为紫色, 则该溶液中含有 (　　)。

A. Fe^{3+}　　　　B. VO_2^+　　　　C. CrO_4^{2-}　　　　D. $[Fe(CN)_6]^{4-}$

答案：B

（24）在强碱性介质中，钒（V）存在的形式是（　　）。

A. VO_2^+　　　　B. VO^{+3}　　　　C. $V_2O_5 \cdot nH_2O$　　　D. VO_4^{3-}

答案：D

（25）将 K_2MnO_4 溶液调节到酸性时，可以观察到的现象是（　　）。

A. 紫红色褪去　　　　　　　　　B. 绿色加深

C. 有棕色沉淀生成　　　　　　　D. 溶液变成紫红色且有棕色沉淀生成

答案：D

（26）（NH_4）$_2Cr_2O_7$受热分解时主要产物是（　　）。

A. NH_3 和 Cr_2O_3　　　　　　B. N_2 和 Cr_2O_3

C. N_2H_4 和 CrO　　　　　　D. N_2 和 CrO

答案：B

（27）下列物质热分解时不产生单质的是（　　）

A. CrO_5　　　B. CrO_3　　　C. $Cr(OH)_3$　　　D. （NH_4）$_2Cr_2O_7$

答案：C

（28）向重铬酸钾的溶液中，加入过量的浓硫酸则有橙红色的晶体析出，这是（　　）。

A. Cr_2O_3　　　　　　　　　　B. $KCr(SO_4)_2 \cdot 12H_2O$

C. CrO_3　　　　　　　　　　D. $Cr_2(SO_4)_3 \cdot 18H_2O$

答案：C

（29）将 Mn^{2+} 转化为 MnO_4^-，可选用的试剂为（　　）。

A. $NaBiO_3$　　　B. Na_2O_2　　　C. $K_2Cr_2O_7$　　　D. $KClO_3$

答案：A

（30）Zn 与 NH_4VO_3 的盐酸溶液作用，溶液的最终颜色是（　　）。

A. 紫色　　　　B. 蓝色　　　　C. 绿色　　　　D. 黄色

答案：A

（31）关于过渡元素氧化数的叙述中不正确的是（　　）。

A. 过渡元素的最高氧化数在数值上不一定都等于该元素所在的族数

B. 所有过渡元素在化合物中都是正氧化态

C. 不是所有过渡元素都有两种或两种以上的氧化态

D. 某些过渡元素的最高氧化数可以超过元素所处的族数

答案：B

（32）下列方法在工业生产中被用于制取金属钛的是（　　）。

A. 在氢气流中加热 TiO_2，使钛被还原

B. 电解 $TiCl_4$ 液体

C. $TiCl_4$ 与镁一起在氩气保护下加热使钛还原

D. 将 TiO_2 与焦炭一起加热，使钛还原

答案：C

（33）可溶性铁（Ⅲ）盐溶液中加入氨水后主要生成的物质是（　　）。

A. $Fe(OH)_3$　　　　　　　　　　B. $[Fe(NH_3)_3(H_2O)_3]^{3+}$

C. $[Fe(OH)_6]^{3-}$　　　　　　　　D. $[Fe(NH_3)_6]^{3+}$

答案：A

（34）下列气体中能用氯化钯（$PdCl_2$）稀溶液检验的是（　　）。

A. O_3　　　　　B. CO_2　　　　　C. CO　　　　　D. Cl_2

答案：C

（35）在 $FeCl_3$ 与 $KSCN$ 的混合溶液中加入过量 NaF，其现象是（　　）。

A. 产生沉淀　　　B. 变为无色　　　C. 颜色加深　　　D. 无变化

答案：B

（36）用于治疗癌症的含铂药物是（　　）。

A. 顺 -$[Pt(NH_3)_2Cl_2]$（橙黄色）　　B. 反-$[Pt(NH_3)_2Cl_2]$（鲜黄色）

C. H_2PtCl_6　　　　　　　　　　D. $PtCl_4$

答案：A

（37）下列氢氧化物溶于浓 HCl 的反应不仅仅是酸碱反应的是（　　）。

A. $Fe(OH)_3$　　　B. $Co(OH)_3$　　　C. $Cr(OH)_3$　　　D. $Ni(OH)_2$

答案：B

（38）下列试剂中可用于检验 Fe^{2+} 存在的是（　　）。

A. $SnCl_2$　　　　　　　　　　　　B. $KSCN$

C. $K_4[Fe(CN)_6]$　　　　　　　　D. $K_3[Fe(CN)_6]$

答案：D

（39）下列试剂中可用于检验 Fe^{3+} 存在的是（　　）。

A. $SnCl_2$　　　　　　　　　　　　B. $NaBiO_3$

C. $K_3[Fe(CN)_6]$　　　　　　　　D. $K_4[Fe(CN)_6]$

答案：D

（40）下列物质中不易被空气中的 O_2 氧化的是（　　）。

A. $Mn(OH)_2$　　　　　　　　　　B. $Ni(OH)_2$

C. $Fe(OH)_2$　　　　　　　　　　D. $[Co(NH_3)_6]^{2+}$

答案：B

（41）下列氢氧化物中，不能溶于过量氢氧化钠却可溶于过量氨水的是（　　）。

A. $Ni(OH)_2$　　　　　　　　　　B. $Zn(OH)_2$

C. $Al(OH)_3$ D. $Fe(OH)_3$

答案：A

(42) 可用于检验 Fe^{2+} 的试剂是 (   )。

A. 奈氏试剂   B. 硫氰化钾   C. 黄血盐   D. 赤血盐

答案：D

(43) 某黑色固体溶于浓盐酸时有黄绿色气体放出，反应后溶液呈蓝色，加水稀释后变成粉红色，该化合物是 (   )。

A. Ni_2O_3 B. Fe_2O_3 C. MnO_2 D. Co_2O_3

答案：D

(44) 下列化学反应方程式中，不正确的是 (   )。

A. $4Fe(OH)_2 + O_2 + 2H_2O \Longrightarrow 4Fe(OH)_3$

B. $2Ni(OH)_2 + Cl_2 + 2NaOH \Longrightarrow 2NiO(OH) + 2H_2O + 2NaCl$

C. $4Ni(OH)_2 + O_2 \xrightarrow{\triangle} 4NiO(OH) + 2H_2O$

D. $4Co(OH)_2 + O_2 \xrightarrow{\triangle} 4CoO(OH) + 2H_2O$

答案：C

(45) 为了防止亚铁盐溶液的变质，通常采取的措施是 (   )。

A. 加入 Fe^{3+}，酸化溶液   B. 加入 Fe^{3+}，加入铁屑

C. 加入铁屑，酸化溶液   D. 加入铁屑，加热溶液

答案：C

15-2 填空题：

(1) Cu^{2+} 和有限量 CN^- 的反应方程式为 _____；Cu^{2+} 和过量 CN^- 的反应方程式为 _____。

答案：$2Cu^{2+} + 4CN^- \Longrightarrow 2CuCN\downarrow + (CN)_2\uparrow$；$2Cu^{2+} + 6CN^- \Longrightarrow 2Cu(CN)_2^- + (CN)_2\uparrow$

(2) 将少量的 $SnCl_2$ 溶液加入 $HgCl_2$ 溶液中，有_____产生，其反应方程式为 _____；而将过量的 $SnCl_2$ 溶液加入 $HgCl_2$ 溶液中，有_____产生，其反应方程式为 _____。

答案：白色沉淀 Hg_2Cl_2；$2HgCl_2 + SnCl_2 \Longrightarrow Hg_2Cl_2\downarrow + SnCl_4$；黑色沉淀 Hg；$HgCl_2 + SnCl_2 \Longrightarrow Hg\downarrow + SnCl_4$

(3) 在 $CuSO_4$ 和 $HgCl_2$ 溶液中各加入适量 KI 溶液，将分别产生_____和 _____；使后者进一步与 KI 溶液作用，最后会因生成_____而溶解。

答案：$CuI\downarrow + I_2$；$HgI_2\downarrow$；$[HgI_4]^{2-}$

(4) 含有 Cu^{2+} 的溶液加入过量的浓碱及葡萄糖后再加热，生成_____色的 _____，该产物的热稳定性比 CuO _____；该反应现象在医学上可用于检验 _____病。

答案：暗红；Cu_2O 沉淀；高；糖尿

(5) 若 Hg^{2+}、Cd^{2+}、Mn^{2+}、Cu^{2+}、Zn^{2+} 的浓度均为 0.1mol/L 的溶液中，盐酸的浓度均为 0.3mol/L。通入 H_2S 时不生成沉淀的离子是＿＿＿＿＿＿＿＿＿＿＿。

答案： Mn^{2+}，Zn^{2+}

(6) 在硝酸汞溶液中加入过量的碘化钾溶液，再用氢氧化钾将溶液调到强碱性，然后加入少量铵盐溶液，得到一红褐色沉淀，有关化学反应方程式为：＿＿＿＿＿＿＿＿＿＿。

答案： $2HgI_4^{2-} + 4OH^- + NH_4^+ \Longrightarrow [OHg_2NH_2]I\downarrow + 7I^- + 3H_2O$

(7) 在 $AgNO_3$ 溶液中，加入 K_2CrO_4 溶液，生成＿＿＿＿＿＿沉淀；离心分离后，在该沉淀中加入氨水，则生成＿＿＿＿＿＿而溶解，然后再加入 KBr 溶液，将生成＿＿＿＿＿＿色的＿＿＿＿＿＿沉淀；若在该沉淀中加入 $Na_2S_2O_3$ 溶液，将生成＿＿＿＿色的＿＿＿＿＿＿＿＿而溶解。

答案： 砖红色的 Ag_2CrO_4；$Ag(NH_3)_2^+$；淡黄；AgBr；无；$Ag(S_2O_3)_2^{3-}$。

(8) 五氧化二钒溶解在浓盐酸中，发生反应的化学方程式是：＿＿＿＿＿＿＿＿＿＿。

答案： $V_2O_5 + 6HCl（浓）\Longrightarrow 2VOCl_2 + Cl_2\uparrow + 3H_2O$

(9) $K_2Cr_2O_7$ 具有＿＿＿＿＿＿性，实验室中可将 $K_2Cr_2O_7$ 的饱和溶液与浓硫酸配成铬酸洗液，若使用后的洗液颜色从＿＿＿＿＿＿色变为＿＿＿＿＿＿，则表明＿＿＿＿＿＿。

答案： 强氧化；橙黄（浓时呈棕褐色）；绿色；Cr（VI）已全部还原为 Cr（III），洗液已失效

(10) 下列离子在水溶液中各呈现的颜色是：Ti^{3+}＿＿＿＿＿＿，Cr^{3+}＿＿＿＿＿＿，MnO_4^{2-}＿＿＿＿＿＿，$Cr_2O_7^{2-}$＿＿＿＿＿＿。

答案： 紫色；蓝紫色或绿色；深绿色；橙色

(11) 下列物质：$(NH_4)_2S_2O_8$，H_2O_2，Cl_2，$K_2Cr_2O_7$，H_5IO_6，$KClO_3$，$NaBiO_3$，PbO_2，H_3AsO_4。在硝酸介质中能将 Mn^{2+} 氧化为 MnO_4^- 的有：＿＿＿＿＿＿。

答案： H_5IO_6、$NaBiO_3$、PbO_2、$(NH_4)_2S_2O_8$

(12) 向 $CrCl_3$ 溶液中滴加 Na_2CO_3 溶液，产生的沉淀组成为＿＿＿＿＿＿，沉淀的颜色为＿＿＿＿＿＿。

答案： $Cr(OH)_3$；灰绿色（或灰蓝色）

(13) 钒（V）的存在形态与溶液的酸碱性有关。溶液为强酸性时，以＿＿＿＿＿＿离子为主，溶液为强碱性时，以＿＿＿＿＿＿离子为主。

答案： VO_2^+；VO_4^{3-}

(14) 在酸化的钼酸铵溶液中，趁热加入磷酸二氢钠溶液，生成＿＿＿＿＿＿黄色晶状沉淀，其化学式为＿＿＿＿＿＿＿。该反应可用于鉴定＿＿＿＿＿＿离子。

答案： 12-磷钼酸铵；$(NH_4)_3[P(Mo_{12}O_{40})]\cdot 6H_2O$；$MoO_4^{2-}$

(15) 用酸化法从锰酸钾制备高锰酸钾，产率最高只能达到＿＿＿＿＿＿，其原因是＿＿＿＿＿＿＿＿＿＿＿＿＿＿＿。

答案： 2/3；K_2MnO_4 在酸性介质中歧化时，有 1/3 生成了 MnO_2

(16) 重铬酸钾的饱和溶液与浓 H_2SO_4 混合后，制得实验室常用的＿＿＿＿＿＿，它的＿＿＿＿＿＿很强，可用于洗涤＿＿＿＿＿＿上附着的＿＿＿＿＿＿。

答案： 铬酸洗液；氧化性；玻璃仪器；油污

(17) Fe（III），Co（III），Ni（III）的三价氢氧化物与盐酸反应分别得到

_____、_____、_____这说明_____较稳定。

答案：$FeCl_3$；$CoCl_2$；$NiCl_2$；Fe(Ⅲ)

(18) 在 $CoCl_2$ 溶液中加入适量氨水，生成_____，再加入过量氨水则生成_____，在空气中放置后变为_____。

答案：$Co(OH)_2\downarrow$；$[Co(NH_3)_6]^{2+}$；$[Co(NH_3)_6]^{3+}$

(19) $FeCl_3$ 的蒸气中含有_____分子，其结构类似于_____，结构中都含有_____键。FeCl 易溶于_____溶剂。

答案：Fe_2Cl_6；Al_2Cl_6；氯桥；有机

(20) 滕氏（Turnbulls）蓝是_____与_____反应的产物，其分子式可写作_____；结构分析证明，它与普鲁士蓝（Prussion）为_____。

答案：Fe^{2+}；$K_3[Fe(CN)_6]$；$[KFe^{Ⅲ}(CN)_6Fe^{Ⅱ}]_x$；同一化合物

(21) 对癌有疗效的铂的配合物化学式是_____。

答案：$cis\text{-}Pt(NH_3)_2Cl_2$

15-3 问答题：

(1) 为鉴别和分离含有 Ag^+、Cu^{2+}、Fe^{3+}、Pb^{2+} 和 Al^{3+} 的稀酸性溶液，进行了如下的实验，请回答：

1) 向试液中加盐酸（适量），生成_____色沉淀，其中含有_____和_____，分离出沉淀（设沉淀反应是完全的）；

2) 向沉淀中加入热水时，部分沉淀溶解，未溶解的沉淀是_____，过滤后向热的滤液中加入_____使之生成黄色沉淀；

3) 向实验 1) 所得的滤液中通入 H_2S，生成_____沉淀，Fe^{3+} 则被 H_2S 还原为 Fe^{2+}。过滤后用热浓 HNO_3 溶解沉淀，加入 NaOH 溶液时生成蓝色的_____沉淀，此沉淀溶于氨水，生成深蓝色的_____溶液；

4) 将实验 3) 所得的滤液煮沸赶去 H_2S 之后，加入少量浓 HNO_3 煮沸以氧化_____。然后加入过量 NaOH 溶液，生成_____沉淀，_____留在滤液中。

答案：1) 白，AgCl，$PbCl_2$；2) AgCl，K_2CrO_4 或 KI；3) 黑色 CuS，$Cu(OH)_2$，$Cu(NH_3)_4^{2+}$；4) Fe^{2+}，$Fe(OH)_3$，$Al(OH)_4^-$

(2) NaCl 和 AgCl 的正离子氧化数都是 +1，为什么 NaCl 易溶于水而 AgCl 却不溶于水？NaCl 的熔、沸点比 AgCl 高？

答案：因为 Na^+ 是 8 电子构型离子，而 Ag^+ 是 18 电子构型离子，虽然它们的电荷数相同，但 Ag^+ 的变形性较大，在与阴离子相互极化时会产生较大的附加极化力，所以 Ag^+ 的总极化力比较 Na^+ 要大得多，使 AgCl 为过渡型晶体，键的共价性成分较多，而 NaCl 是典型的离子型晶体，故 NaCl 易溶于水，熔、沸点较高。

(3) 白色化合物 A 不溶于水和氢氧化钠溶液。A 溶于盐酸得无色溶液 B 和无色气体 C。向 B 中加入适量氢氧化钠溶液得白色沉淀 D，D 溶于过量的氢氧化钠溶液得无色溶液 E。将气体 C 通入 $CuSO_4$ 溶液有黑色沉淀 F 生成，F 不溶于浓盐酸。白色沉淀 D 溶于氨水得无色的溶液 G。将气体 C 通入 G 中又有 A 析出。试给出 A～G 所代表的化合物或离子，写出有关化学反应方程式。

答案：A 代表 ZnS；B 代表 $ZnCl_2$；C 代表 H_2S；D 代表 $Zn(OH)_2$；E 代表 $Zn(OH)_4^{2-}$；F 代表 CuS；G 代表 $Zn(NH_3)_4^{2+}$。

$$ZnS + 2HCl \Longrightarrow ZnCl_2 + H_2S\uparrow$$

$$ZnCl_2 + 2NaOH \Longrightarrow Zn(OH)_2\downarrow + 2NaCl$$

$$Zn(OH)_2 + 2NaOH \Longrightarrow Zn(OH)_4^{2-} + 2Na^+$$

$$Cu^{2+} + H_2S \Longrightarrow CuS\downarrow + 2H^+$$

$$Zn(OH)_2 + 4NH_3 \Longrightarrow [Zn(NH_3)_4]^{2+} + 2OH^-$$

$$[Zn(NH_3)_4]^{2+} + H_2S \Longrightarrow ZnS\downarrow + 2NH_3 + 2NH_4^+$$

（4）某同学欲进行如下实验：向无色 $(NH_4)_2S_2O_8$ 酸性溶液中加入少许 Ag^+，再加入 $MnSO_4$ 溶液，经加热后溶液变为紫红色。然而，实验结果却产生了棕色沉淀。试解释出现上述现象的原因，写出有关反应方程式（原来计划的反应式和实际发生的反应式）。要想实现原来计划的反应，应当注意哪些问题？（已知：$E^{\ominus}(MnO_4^-/Mn^{2+}) = +1.51V$，$E^{\ominus}(MnO_2/Mn^{2+}) = +1.23V$）

答案：该同学原来计划的反应式为：

$$5S_2O_8^{2-} + 2Mn^{2+} + 8H_2O \xrightarrow{Ag^+} 2MnO_4^- + 10SO_4^{2-} + 16H^+$$

然而实验结果却产生了棕色沉淀，实际发生了如下反应：

$$2MnO_4^- + 3Mn^{+2} + 2H_2O \Longrightarrow 5MnO_2\downarrow + 4H^+$$

原因是体系中有过量的 Mn^{2+}，所以 $S_2O_8^{2-}$ 反应完后，新生成的 MnO_4^- 将氧化剩余的 Mn^{2+}：$E^{\ominus}(MnO_4^-/Mn^{2+}) = 1.51V > E^{\ominus}(MnO_2/Mn^{2+}) = 1.23V$。

要使实验成功，Mn^{2+} 的量要少，因此，$MnSO_4$ 溶液浓度应小一些，且缓慢加入并不停搅拌以防止局部过浓。

（5）某绿色固体 A 可溶于水，水溶液中通入 CO_2 即得棕褐色固体 B 和紫红色溶液 C。B 与浓 HCl 溶液共热时得黄绿色气体 D 和近于无色溶液 E。将此溶液和溶液 C 混合即得沉淀 B。将气体 D 通入 A 的溶液可得 C。试判断 A~E 各为何物？写出各步反应方程式。

答案：A 是 K_2MnO_4；B 是 MnO_2；C 是 $KMnO_4$；D 是 I_2；E 是 $MnCl_2$。

$$3K_2MnO_4 + 2CO_2 \Longrightarrow 2KMnO_4 + MnO_2\downarrow + 2K_2CO_3$$

$$MnO_2 + 4HCl(浓) \Longrightarrow MnCl_2 + Cl_2\uparrow + 2H_2O$$

$$2KMnO_4 + 3MnCl_2 + 2H_2O \Longrightarrow 5MnO_2\downarrow + 2KCl + 4HCl$$

$$2K_2MnO_4 + Cl_2 \Longrightarrow 2KMnO_4 + 2KCl$$

（6）有一橙红色固体 A 受热后得绿色的固体 B 和无色气体 C，加热时 C 能与镁反应生成灰色的固体 D。固体 B 溶于过量的 NaOH 溶液生成绿色的溶液 E，在 E 中加适量 H_2O_2 则生成黄色溶液 F。将 F 酸化变为橙色的溶液 G，在 G 中加 $BaCl_2$ 溶液，得黄色沉淀 H。在 G 中加 KCl 固体，反应完全后则有橙红色晶体 I 析出，滤出 I 烘干并强热则得到的固体产物中有 B，同时得到能支持燃烧的气体 J。试判断 A~J 各为何物？写出有关反应方程式。

答案：A 是 $(NH_4)_2Cr_2O_7$；B 是 Cr_2O_3；C 是 N_2；D 是 Mg_3N_2；E 是 $Cr(OH)_4^-$；F

是 CrO_4^{2-} ；G 是 $Cr_2O_7^{2-}$ ；H 是 $BaCrO_4$ ；I 是 $K_2Cr_2O_7$ ；J 是 O_2

$$(NH_4)_2Cr_2O_7 \xrightarrow{\triangle} Cr_2O_3 + N_2\uparrow + 4H_2O$$

$$3Mg + N_2 \xrightarrow{\triangle} Mg_3N_2$$

$$Cr_2O_3 + 3H_2O + 2OH^- \Longrightarrow 2Cr(OH)_4^-$$

$$2Cr(OH)_4^- + 3H_2O_2 + 2\,H^+ \Longrightarrow 2CrO_4^{2-} + 8H_2O$$

$$2CrO_4^{2-} + 2H^+ \Longrightarrow Cr_2O_7^{2-} + H_2O$$

$$2Ba^{2+} + Cr_2O_7^{2-} + H_2O \Longrightarrow 2BaCrO_4\downarrow + 2H^+$$

$$Na_2Cr_2O_7 + 2KCl \Longrightarrow K_2Cr_2O_7 + 2NaCl$$

$$4K_2Cr_2O_7 \xrightarrow{\triangle} 4K_2CrO_4\downarrow + 2Cr_2O_3 + 3O_2\uparrow$$

（7）某橙红色钾盐晶体 A 用浓 HCl 处理产生黄绿色刺激性气体 B 和生成暗绿色溶液 C。在 C 中加入适量 KOH 溶液生成灰绿色沉淀 D，加入过量 KOH 溶液则沉淀溶解，生成亮绿色溶液 E。在 E 中加入 H_2O_2，加热则生成黄色溶液 F，F 用稀硫酸酸化，又变为原来的化合物 A 的溶液。问 A~F 各为何物？写出各步变化的反应方程式。

答案： A 是 $K_2Cr_2O_7$ ；B 是 Cl_2 ；C 是 $CrCl_3$ ；D 是 $Cr(OH)_3$ ；E 是 $Cr(OH)_4^-$ ；F 是 CrO_4^{2-}

$$K_2Cr_2O_7 + 14HCl \Longrightarrow 3Cl_2\uparrow + 2CrCl_3 + 2KCl + 7H_2O$$

$$CrCl_3 + 3KOH \Longrightarrow Cr(OH)_3\downarrow + 3KCl$$

$$Cr(OH)_3 + KOH \Longrightarrow K[Cr(OH)_4]$$

$$2KCr(OH)_4 + 3H_2O_2 + 2\,KOH \Longrightarrow 2K_2CrO_4 + 8H_2O$$

$$2K_2CrO_4 + H_2SO_4 \Longrightarrow K_2SO_4 + K_2Cr_2O_7 + H_2O$$

（8）实验室过去常用洗液来洗涤玻璃仪器，怎样配制洗液，原理是什么？为什么现在不再使用洗液来清洗玻璃仪器？根据洗液的应用原理，可以选用什么试剂来代替洗液清洗玻璃仪器？

答案： 洗液配制：$K_2Cr_2O_7$ + 浓 H_2SO_4

使用原理：利用 CrO_3 的强氧化性和 H_2SO_4 的强酸性。

由于 $Cr(\text{Ⅵ})$ 是致癌物质，污染环境，且在玻璃上有残留，所以现在不太用了，可以改用王水代替。将浓硝酸与浓盐酸按体积比 1：3 混合，利用 HNO_3 的强氧化性、Cl^- 的配合性以及大多数金属硝酸盐的可溶性等性质。由于王水在放置过程会分解，所以王水应现用现配制的溶液。

（9）在 $MnCl_2$ 溶液中加入适量的 HNO_3，再加入 $NaBiO_3$，溶液中出现紫色后又消失，说明其原因，写出有关反应方程式。

答案： 在 HNO_3 介质中，$NaBiO_3$ 能将 Mn^{2+} 氧化为紫色的 MnO_4^-，化学反应式如下：

$$5NaBiO_3 + 2Mn^{2+} + 14H^+ \Longrightarrow 2MnO_4^- + 5Na^+ + 5\,Bi^{3+} + 7H_2O$$

但是，因溶液中有 Cl^- 存在，Cl^- 能还原 MnO_4^-，使溶液中出现的紫色又消失，化学反应式如下：

$$2MnO_4^- + 10Cl^- + 16H^+ \Longrightarrow 2Mn^{2+} + 5Cl_2\uparrow + 8H_2O$$

若溶液中有过量的 Mn^{2+}，也会使 MnO_4^- 的紫色出现后又消失。因 Mn^{2+} 也会使 MnO_4 还原，此时溶液中会出现棕褐色 MnO_2 沉淀，化学反应式如下：

$$2MnO_4^- + 3Mn^{2+} + 2H_2O \Longrightarrow 5MnO_2 + 4H^+$$

（10）在饱和 $K_2Cr_2O_7$ 溶液中加入浓硫酸，然后加热至200℃，写出可能看到的反应现象和有关反应式。

答案： 溶液的颜色将由橙红色变为蓝绿色。所发生的反应如下：

在 $K_2Cr_2O_7$ 的饱和溶液中加入浓 H_2SO_4 应析出红色 CrO_3。加热到200℃时已超过 CrO_3 的熔点（193℃），CrO_3 将分解为 Cr_2O_3 和 O_2。分解生成的 Cr_2O_3 与 H_2SO_4 作用生成了 Cr^{3+}，Cr^{3+} 的水合离子呈蓝绿色。

（11）举出鉴别 Fe^{2+} 和 Fe^{3+} 的三种方法，写出实验现象和反应方程式。

答案： 1）鉴别 Fe^{2+}：加入赤血盐溶液，产生深蓝色沉淀。反应方程式如下：

$$K^+ + Fe^{2+} + Fe(CN)_6^{3-} \Longrightarrow KFe[Fe(CN)_6]\downarrow$$

2）鉴别 Fe^{3+}：加入黄血盐溶液，产生深蓝色沉淀。反应方程式如下：

$$K^+ + Fe^{3+} + Fe(CN)_6^{4-} \Longrightarrow KFe[Fe(CN)_6]\downarrow$$

3）鉴别 Fe^{3+}：加入硫氰酸钾溶液，出现血红色，Fe^{2+} 不反应。反应方程式如下：

$$Fe^{3+} + SCN^- \Longrightarrow FeSCN^{2+}$$

（12）某同学在实验中发现：$CoCl_2$ 与 $NaOH$ 作用所得的沉淀久置后用 HCl 酸化时，有刺激性气体产生。请给予解释，并写出有关化学方程式。

答案： $CoCl_2 + 2NaOH \Longrightarrow Co(OH)_2\downarrow + 2NaCl$

$4Co(OH)_2 + O_2 + 2H_2O \Longrightarrow 4Co(OH)_3$（$Co(OH)_2$ 久置后有部分被空气氧化）

$Co(Ⅲ)$ 在酸性条件下有强氧化性，可以氧化 Cl^- 而产生有刺激性的 Cl_2：

$$2Co(OH)_3 + 2Cl^- + 6H^+ \Longrightarrow 2Co^{2+} + Cl_2\uparrow + 6H_2O$$

（13）写出下列化学变化的反应方程式：

1）氢氧化钴（Ⅲ）与浓盐酸作用；

2）在碱性介质中，过氧化氢与硫酸铬的反应；

3）在酸性溶液中，五氧化二钒与亚铁盐的反应；

答案： 1）$2Co(OH)_3 + 6HCl(浓) \Longrightarrow 2CoCl_2 + Cl_2\uparrow + 6H_2O$

2）$Cr^{3+} + 4OH^- \Longrightarrow Cr(OH)_4^-$

$2Cr(OH)_4^- + 3H_2O_2 + 2OH^- \Longrightarrow 2CrO_4^{2-} + 8H_2O$

3）$V_2O_5 + 2Fe^{2+} + 6H^+ \Longrightarrow 2VO^{2+} + 2Fe^{3+} + 3H_2O$

（14）为什么碳酸钠溶液作用于 $FeCl_3$ 溶液时，得到的是 $Fe(OH)_3$ 的沉淀而不是 $Fe_2(CO_3)_3$ 的沉淀？

答案： 碳酸钠是一种强碱弱酸盐，它的水溶液由于水解产生的 OH^- 浓度足以使 $FeCl_3$ 变成 $Fe(OH)_3$，而且即使生成 $Fe_2(CO_3)_3$，也由于其完全水解而生成 $Fe(OH)_3$ 沉淀。

（15）变色硅胶含有什么成分？为什么干燥时呈蓝色，吸水后变成粉红色？

答案： 变色硅胶中含有 $CoCl_2 \cdot xH_2O$，由于 x 的数值不同水合氯化钴会产生不同的颜色，见下表：

x	0	1	1.5	2	4	6
颜色	浅蓝色	蓝紫色	暗蓝紫色	淡红紫色	红色	粉红色

当变色硅胶完全干燥时含无水氯化钴，硅胶呈浅蓝色；当氯化钴含 6 个结晶水分子时，硅胶呈粉红色。变色硅胶从浅蓝色递变为粉红色后，表明它的吸水作用已失效，要重新烘烤以除去水分，然后仍可重复使用。

16 镧系元素和锕系元素

16.1 知 识 概 要

本章主要内容涉及镧系元素和锕系元素，包括镧系元素和锕系元素的通性、镧系元素和锕系元素的提取和分离、镧系元素和锕系元素重要化合物的性质。

16.2 重点、难点

(1) 镧系元素包括镧、铈、镨、钕、钷、钐、铕、钆、铽、镝、钬、铒、铥、镱、镥 15 种元素，其原子最外层电子和次外层电子结构相似，电子结构差别主要在 4f 内层，故化学性质相似。镧系金属通常具有顺磁性和延展性。镧系元素原子半径随原子序数升高而呈减小趋势，称为镧系收缩，其中铕和镱出现反常。镧系元素易失去三个电子形成+3 价特征氧化态，也有的能失去 2 个或 4 个电子形成+2 和+4 价。Ln^{3+}水合离子的颜色由于未成对电子数呈现周期性变化。镧系元素的化学性质活泼，其金属还原性仅次于碱金属和碱土金属。其氧化物和氢氧化物和碱土金属的类似，在水中溶解度小碱性较强；氯化物、硝酸盐、硫酸盐易溶于水；草酸盐、氟化物、碳酸盐、磷酸盐难溶于水；高价态的化合物通常显氧化性，低价态的显还原性。Ln^{3+}只与强螯合剂形成稳定配合物。

(2) 锕系元素是元素周期表锕之后的 15 种元素，均为放射性元素，其中铀是最早被发现的锕系元素。锕系元素价电子层结构和镧系元素相似，也存在类似镧系收缩的锕系收缩。锕系元素水合离子的颜色变化规律和镧系元素相似，也有周期性变化。锕系元素中最常见的是钍和铀及其化合物，多用于原子能工业和核燃料。

(3) 稀土元素的提取和分离：由于稀土元素的物理性质和化学性质十分相似，而且它们在水溶液中都以稳定的+3 价态存在，易形成水合物，稀土元素的分离十分困难。此外，除了这些化学性质极其相近的稀土元素之间的分离，还要考虑伴生杂质元素的分离，故稀土元素的提取和分离化学工艺十分复杂，常用的分离方法有分步法、离子交换法、溶剂萃取法等。

16.3 课后习题及解答

16-1 选择题：

(1) 由于镧系收缩使性质极其相似的一组元素是（　　　）。

A. Sc 和 La　　　　　B. Co 和 Ni　　　　　C. Nb 和 Ta　　　　　D. Cr 和 Mo

答案：C

（2）下列氢氧化物溶解度最小的是（　　　）。

A. $Ba(OH)_2$　　　B. $La(OH)_3$　　　C. $Lu(OH)_3$　　　D. $Ce(OH)_4$

答案：D

（3）和镧系元素 Eu 、Yb 的化学性质相近的一组元素是（　　　）。

A. Ca、Sr、Ba　　　　　　　　　　B. Li 、Na 、K

C. Ti 、Zr、Hf　　　　　　　　　　D. Cr、Mo 、W

答案：A

（4）下列稀土元素中，能形成氧化数为 +2 的是（　　　）。

A. Ce　　　　　B. Pr　　　　　C. Tb　　　　　D. Yb

答案：D

（5）下列元素属于锕系元素的是（　　　）。

A. Pr　　　　　B. Po　　　　　C. Pu　　　　　D. Nd

答案：C

（6）镧系元素的原子半径从左到右递变过程中出现极大值（双峰效应）的两种元素是（　　　）。

A. La 和 Eu　　　B. Eu 和 Yb　　　C. Yb 和 Lu　　　D. La 和 Lu

答案：B

（7）镧系收缩的后果之一是使下列各组元素中性质很相似的一组是（　　　）。

A. Mn 与 Tc　　　　　　　　　　B. Ru 、Rh 、Pd

C. Sc 与 La　　　　　　　　　　D. Zr 与 Hf

答案：D

（8）57 号元素镧的价电子构型是（　　　）。

A. $4f^1 6s^2$　　　　　　　　　　B. $5d^1 6s^2$

C. $4f^1 5d^1 6s^1$　　　　　　　　D. $5d^2 6s^1$

答案：B

（9）$CeCl_3 \cdot n H_2O$ 在 823 K 时加热，水解的最后产物是（　　　）。

A. CeO_2　　　　　B. Ce_2O_3　　　　　C. $CeCl_3$　　　　　D. $CeOCl$

答案：A

（10）下列各元素的正三价离子的半径由大到小的正确排列顺序为（　　　）。

A. Pm、Pr、Tb、Er　　　　　　　　B. Tb、Pm、Er、Pr

C. Pr、Pm、Tb、Er　　　　　　　　D. Tb、Pr、Pm、Er

答案：C

（11）被称为镧系元素的下列说法中，正确的是（　　　）。

A. 从 51 号到 65 号元素　　　　　　B. 从 56 号到 70 号元素

C. 从 57 号到 71 号元素　　　　　　D. 从 58 号到 72 号元素

答案：C

（12）向含有下列离子的混合溶液中逐滴加入氨水，首先从溶液中析出沉淀的是（　）。

A. La^{3+}　　　　　　　B. Lu^{3+}　　　　　　　C. Gd^{3+}　　　　　　　D. Ce^{3+}

答案：B

（13）Pr 的磷酸盐为 $Pr_3(PO_4)_4$，其最高氧化态氧化物的化学式是（　）。

A. Pr_2O_3　　　　　　　　　　　　　　　B. Pr_2O

C. PrO_2　　　　　　　　　　　　　　　　D. Pr_3O_4

答案：C

（14）下列元素属于镧系元素的是（　）。

A. Am　　　　　　　B. Cm　　　　　　　C. Sm　　　　　　　D. Fm

答案：C

（15）Nd^{3+} 的颜色是（　）。

A. 无色　　　　　　B. 浅绿色　　　　　　C. 黄色　　　　　　D. 淡紫色

答案：D

16-2　填空题：

（1）$La(OH)_3$，$Lu(OH)_3$，$Sm(OH)_3$，$Nd(OH)_3$ 的 $K_{sp}^{\ominus}$ 值递减的顺序是：_____。

答案：$La(OH)_3 > Nd(OH)_3 > Sm(OH)_3 > Lu(OH)_3$

（2）迄今已知镧系元素中能生成 LnO_2 型氧化物的元素是_____，它们在酸性介质中都是_____剂。

答案：Ce 、Pr、Tb；氧化

（3）在镧系元素原子半径总的收缩趋势中，某些元素具有较大的偏离，其中原子半径特别大的元素有_____和_____。

答案：Yb；Eu

（4）镧系元素原子的价电子层构型除 La 是_____、Ce 是_____、Gd 是_____和 Lu 是_____外，其他元素的构型通式是_____。

答案：$4f^0 5d^1 6s^2$；$4f^1 5d^1 6s^2$；$4f^7 5d^1 6s^2$；$4f^{14} 5d^1 6s^2$；$4f^n 5d^0 6s^2$（$n=3$，4，…，14）

（5）锕系元素的原子半径随原子序数的增大而_____，这种现象称为_____。

答案：缓慢减小；锕系收缩

16-3　问答题：

（1）指出镧系元素的主要氧化态。根据 4f 轨道有保持或接近全空、半充满或全充满的倾向，写出哪些元素呈现 +4 或 +2 氧化态？

答案：镧系元素的主要氧化态为 +3。

Ce，Pr，Tb，Dy 呈现 +4 氧化态；Sm，Eu，Tm，Yb 呈现 +2 氧化态。

（2）镧系元素为什么要保存在煤油中？

答案：因为镧系元素都是典型的金属元素，它们的活泼性仅次于碱金属和碱土金属，在空气中容易被 O_2 氧化，也容易与水反应。它们不与煤油反应，故保存在煤油中以与空气和水隔绝。

（3）在熔炼玻璃的过程中，加入 Ce（Ⅳ）的化合物为什么能使玻璃脱色？

答案：在玻璃中，二价铁能使玻璃染上绿色。加入 Ce（Ⅳ）的化合物能把二价铁氧化为三价铁的化合物，从而能使玻璃脱色。

（4）什么是锕系收缩？试与镧系收缩相比较并作简要解释。

答案：锕系元素的原子半径和离子半径随原子序数增大而缓慢减小的现象叫做锕系收缩。与镧系收缩相比，锕系收缩比镧系收缩稍大一些。因为锕系元素的 5f 电子云比较扩展，对原子核的屏蔽作用比镧系元素的 4f 要小一些，所以原子半径和离子半径随原子序数增大而减小程度大于镧系收缩。

参 考 文 献

[1] 王志林，黄孟健. 无机化学学习指导 ［M］. 北京：科学出版社，2002.

[2] 北京大学化学学院普通化学原理教学组. 普通化学原理（第4版）习题解析 ［M］. 北京：北京大学出版社，2015.

[3] 张丽荣，等. 无机化学核心教程学习指导 ［M］. 2版. 北京：科学出版社，2017.

[4] 杨昕. 普通化学原理同步练习与解析 ［M］. 北京：清华大学出版社，2018.

[5] 王莉，等. 无机化学习题解答 ［M］. 4版. 北京：高等教育出版社，2019.

[6] 徐家宁，等. 无机化学例题与习题 ［M］. 3版. 北京：高等教育出版社，2016.

[7] 王明华，许莉. 普通化学解题指南 ［M］. 北京：高等教育出版社，2003.

[8] 竺际舜. 无机化学习题精解 ［M］. 3版. 北京：科学出版社，2019.

[9] 宋其圣. 无机化学学习笔记 ［M］. 北京：科学出版社，2009.

[10] 张祖德，刘双怀，郑化桂. 无机化学：要点·例题·习题 ［M］. 4版. 合肥：中国科学技术大学出版社，2011.

[11] 杨宏孝.《无机化学》习题解析 ［M］. 北京：高等教育出版社，2002.

[12] 福建师范大学，河北师范大学，辽宁师范大学和宁德师范学院. 无机化学学习指导 ［M］. 2版. 北京：高等教育出版社，2019.

[13] 天津大学无机化学教研室. 无机化学学习指导 ［M］. 2版. 北京：高等教育出版社，2018.

[14] 王莉，张丽荣，于杰辉，等. 无机化学习题解答 ［M］. 4版. 北京：高等教育出版社，2019.

[15] 于永鲜，牟文生，孟长功，等. 无机化学（第六版）精要与习题解析 ［M］. 北京：高等教育出版社，2019.

[16] 天津大学无机化学教研室. 无机化学 ［M］. 3版. 北京：高等教育出版社，2004.

[17] 天津大学无机化学教研室. 无机化学习题解析 ［M］. 北京：高等教育出版社，2002.

[18] Weller M, Overton T, Rourke J, et al. 李珺，雷依波，刘斌，等译. Inorganic Chemistry （6th edition） ［M］. 北京：高等教育出版社，2018.

[19] Earnshaw A, Greenwood N. Chemistry of the elements （2nd edition）［M］. Oxford, Butterworth - heinemann Elsevier, 1997.

[20] 宋天佑，程鹏，徐家宁，等. 无机化学 ［M］. 4版. 北京：高等教育出版社，2019.

[21] Hydrolysis of Xenon Hexafluoride and the Aqueous Solution Chemistry of Xenon; E. H. Appelman and J. G. Malm, J. Am. Chem. Soc. 1964, 86, 11, 2141-2148.